VOYAGE
EN
TOSCANE.

VOYAGE
MINÉRALOGIQUE,
PHILOSOPHIQUE,
ET HISTORIQUE,
EN TOSCANE,

PAR le Docteur JEAN TARGIONI TOZETTI.

TOME SECOND.

A PARIS,

Chez LAVILETTE, Libraire, rue du Battoir, No. 8.

1792.

VOYAGE
MINÉRALOGIQUE, PHILOSOPHIQUE ET HISTORIQUE, EN TOSCANE,

PAR le Docteur JEAN TARGIONI TOZZETTI, pendant l'automne de l'année 1742.

SECONDE PARTIE,

QUI contient la description des collines et des montagnes du territoire de Volterra.

VOYAGE DE PECCIOLI A VOLTERRA.

VENDREDI 2 novembre 1742, je partis de Peccioli pour aller à Volterra. Il y a deux routes qui y conduisent. L'une qui cotoye l'*Era*, est la plus courte et la plus unie ; mais en même temps la plus incommode, parce qu'il faut traverser le fleuve à gué environ seize fois ; d'ailleurs on ne découvre d'autre campagne que ce petit espace de terrein, qui se trouve circonscrit par une longue suite de ruines de craie, qui n'offrent aux yeux qu'une stérilité continuelle. Je choisis donc la route la plus escarpée, et je montai vers le château de *Laiatico*.

En montant, j'apperçus, autour des sources d'eau qui rendent le chemin fangeux, une grande quantité de sélénite en gros morceaux qui sont mêlés avec la craie, et qui ont des crystallisations couleur de rose.

Eaux sulphureuses d'Orciatico.

Dans ces environs, on trouve certaines eaux minérales, qui ont été décrites de la manière suivante, par le docteur *Carlo Taglini de Chianni*, ancien professeur de philosophie, très-célèbre dans l'Université de Pise, à la page 65 de sa lettre philosophique.

La première eau minérale que l'on trouve dans le fief de M. le Marquis *Medici*, appellé la *Castellina*, dans les plages maritimes de Pise, sort d'une source, ou fontaine appellée *Papacqua*, et a la propriété de former, autour de différentes pailles et de morceaux de bois, une incrustation terreuse tout-à-fait étonnante, et qui est composée de diverses feuilles, ou lames placées l'une sur l'autre. M'étant donc transporté dans cet endroit au mois de septembre, je trouvai en différentes places, le long du courant de l'eau, des fetus de paille qui, par le moyen de cette incrustation formée naturellement, étoient parvenus à une grosseur dix, vingt, trente fois plus considérable que celle qui leur est ordinaire, de sorte que la surface de ces corps n'étoit pas parfaitement lisse, et qu'ils étoient par-tout d'une grosseur égale.

Je trouvai tous ces corps sur des plans inclinés, où l'eau avoit un cours, et jamais dans les lieux où elle séjournoit. Cela peut provenir de ce que l'eau par l'impétuosité que lui donne cette pente, s'insinue plus aisément dans les pores de ces corps, et y dépose ce tartre qu'elle contient. Quoique cette eau produise des incrustations très-considérables, cependant, autant que j'ai pu le remarquer, elle n'est point capable de pétrifier les morceaux de bois.

« L'autre espece d'eau minérale que l'on trouve dans *Orciatico*, fief de M. le prince Corsini, et qui ressemble à l'eau infecte de *Montepulciano* et aux eaux de Viterbe, bouillone à froid, et exhale une odeur si fétide, qu'on ne sauroit y rester peu de temps sans éprouver de la difficulté à respirer. J'y fis porter, il y a quelques années, des moineaux dans une cage ; mais en moins de deux ou trois minutes, ils tomberent tous morts. J'y trouvai des papillons, des sauterelles qui y étoient expirées, ainsi que des hérissons. On m'a même assuré qu'on y avoit trouvé une fois un veau mort. Je fis attacher tout près de la source un chien de chasse, mais quoiqu'il y restât trois quarts d'heure, il n'éprouva pas le même sort. Néanmoins il se tourmentoit de mille manieres différentes, et cherchoit toujours à tourner sa tête du côté opposé à l'eau. Je fis prendre un peu de la terre imbibée, et quand elle fut bien seche, j'en jettai la poussiere sur un fer chaud. Alors je m'apperçus que plusieurs parties de cette terre prenoient feu parce qu'elles étoient de soufre, ce que l'odeur de cette terre et même celle de l'eau indiquoient suffisamment. Il est certain d'ailleurs qu'elle contient, outre cela, des parties venimeuses qui causent la mort des animaux. » J'ai lu jadis dans un catalogue d'une collection d'Histoire Naturelle, envoyé à son excellence M. le sénateur marquis *Carlo Ginori*, l'article suivant : pierres à feu et travertines qui se trouvent dans le torrent d'*Orciatico*, dans le fief de M. le prince Corsini, à la distance d'environ six milles de Volterra.

Observations sur les ligatures du mattaion et sur l'Osteocolle.

La campagne qui environne *Laiatico* et *Orciatico*, quoique entierement composée de tuf, est cependant très-fertile et bien cultivée. Un peu au-delà de *Laiatico*, le tuf commence à finir, et delà jusqu'à Volterra, je ne trouvai que des collines de craie qui s'étendent de tous côtés et occupent un terrein immense. J'eus occasion de vérifier par des observations réitérées et non interrompues, toutes les conjectures que je n'ai fait que proposer dans la premiere partie de cet ouvrage sur la formation, la nature des lits de craie que l'on appelle encore communément *mattaion*. Ces observations charmerent un peu l'ennui que m'auroit infailliblement causé cette route, qui est singulierement uniforme, difficile et tortueuse, et m'encouragerent à supporter la chaleur incommode produite par le reflet de ces *biancanes*. Ce nom de *biancane*, soit dit en passant, désigne la couleur blanchâtre que prend la superficie du *mattaion* desséché, à cause de cette fleur saline et sélénitique qui s'y trouve, et qui a été si bien décrite par le docteur Joseph Baldassari, alors médecin de la montagne supérieure des oliviers, et depuis professeur public à l'université de Sienne, qui en a lui-même fait la découverte dans les mattaions des états de Sienne, auxquels les nôtres de *Valdera* et même aussi ceux d'*Elsa* ressemblent parfaitement.

J'eus sur-tout occasion dans cette journée, de reconnoître sur les dos nuds et très-spacieux de certains lits de mattaïon, qui est inculte et absolument stérile, que les petites mottes dont ils sont composés, forment à leur point de contact et de réunion des lignes ou especes de fentes de couleur de tabac, qui suivant ordinairement une ligne droite et quelquefois aussi serpentant, se coupent entr'elles, et ressemblent en quelque sorte à un filet de corde couleur de tabac à mailles grandes et inégales, qui seroit étendu sur les vastes *biancanes* de *mattaion*, couleur de cendre.

M. Alberto Ritter, a remarqué aussi de semblables veines, *luteæ, pulverulentae instar ochrae*, dans une vaste étendue de collines du pays de Calemberg. Cette couleur de tabac existe néanmoins réellement dans les superficies contigues de petites mottes, et penétre environ d'un demi-pouce dans le *mattaion*, qui forme ces mottes. Ce qui prouve clairement que cette couleur est accessoire, et qu'elle s'est insinuée du dehors dans le *mattaion*, lorsqu'il avoit déja commencé à se durcir et à former des mottes, vraisemblablement par l'intervention de quelque suc ferrugineux. C'est dans ces fentes que je viens de décrire, et non autre part que sont placées les crystallisations de selenite, et particulierement celles qui sont faites en maniere de rose, ou en croix. Il faut lire les judicieuses Réflexions que l'illustre docteur *Joseph Baldassari* a publiées à ce sujet : elles lui font infiniment d'honneur.

Il y a encore d'autres pétrifications qui tirent leur origine du fer, comme, par exemple, les *étites*, c'est-à-dire, les pierres *aquilines*, les *geodes* et autres petits pavés, ou entre-deux de pierre ferrugineuse de couleur de tabac.

Dans ces entre-deux, on pourroit aussi, en apportant beaucoup d'attention, trouver de l'*osteocolla*, dont on fait usage dans la médecine. Elle est semblable à celle que l'on trouve dans le comté de Stemberg, près de la ville de *Driesen*, en Prusse et dans d'autres endroits de l'Allemagne. On peut voir à ce sujet l'*Aldovrando Mus. Metall. pag.* 627 : *Anselmo Boetio de Boodt Gemmarum et Lapidum Historia Lib.* 2, *pag.* 234. Les transactions d'Agleterre année 1668, n. 39, art. 4, pag. 289 : *Leibnitz Protogaeae* §. 33, *pag.* 51, et la description du Museum Ginnani, p. 56. En effet j'ai trouvé de côtés et d'autres dans ces collines de *Valdera*, dans celles de *Valdelsa* et enfin dans celles du *Valdarno* supérieur, des concrétions branchues et même creusées en maniere de canaux. Elles sont de matiere ferrugineuse, de couleur de tabac, plus ou moins chargée, et peuvent se réduire au genre de l'*osteocolla* qui a été décrite par les Auteurs cités ci-dessus. Mais je n'en ai jamais trouvés, qui eussent les branches et les troncs aussi gros que ceux que l'on assure être dans la Prusse et dans le Palatinat. Je crois d'ailleurs qu'il n'y a point dans la formation de ces concrétions, autant de mystere qu'en ont bien voulu supposer différens Naturalistes, et particulierement M. de Colonne, qui veut en tirer une preuve de la végétation des pierres. Je crois pareillement que les propriétés médicinales de l'*osteocolla*, ne dépendent uniquement que des particules de fer qui s'y trouvent renfermées, et que l'acide minéral fait naturellement dissoudre.

Testacées fossiles dans le mattaion.

Il est à propos d'observer que les testacées se trouvent quelquefois incoporés et épars dans l'intérieur des mottes de *tuf* et *mattaion*, formées comme je l'explique ici. Mais ils se trouvent plus ordinairement dans certains autres lits particuliers de tuf, ou de mattaion, entre ceux que j'ai dit être formés de mottes, dont la surface est teinte d'une couleur de tabac. Je ne crois cependant pas que ces lits remplis de coquillages, aient les ligatures dont nous avons parlé, ou soient de couleur de tabac, comme les autres qui leur sont contigus. Il se trouve dans ces campagnes un quantité prodigieuse de testacées fossiles. Quelqu'un qui auroit assez de loisir en pourroit faire une collection superbe, capable d enrichir le Museum le plus complet. Les seules collines nues et stériles de *Valdera* deviendroient aussi célébres dans l'Histoire Naturelle que celles de la *Svevia* décrites par Gio. Bald. Erhart. Obs. 115. « *quâ asseritur potiora fossilium » genera per certas majores minoresque » regiones suis limitibus cinctas, disposita » jacere, in actis physicomed. Acad. Na- » turae curiosor. vol. 8, pag. 411.* » Elles ne le seroient pas moins que celles d'*Alzei* décrites par Gio. Dan. Geiero *Schediasma de Montibus conchiferis ;* pas moins que celles de l'*Annoverese*, d'*Hildesheim* et *Calemberg* et de la *Caramanie*, décrites par Leibnitz *Protogeae* §. 23, pag. 38, §. 33, pag. 51. Enfin pas moins qu'aucune de celles du territoire de Modene et de Reggio, qui se trouvent décrites par *Vallisnieri*, dans différens endroits de ses ouvrages si savants et si instructifs.

On trouve encore d'autres amas de testacées, semblables à ceux de nos collines de Pise, près des eaux salsules de S. Christophe dans le Faentin, dans les collines du territoire de *Chianciano* et dans celles de *Cerreto*

Guidi aux confins du *Valdarno* inférieur, près *Valdinievole*.

Au sujet des testacées fossiles de Volterra, le docteur *Carlo Taglini*, a écrit la note suivante : « *Vidi ego hoc anno 1736, in Pisanis Collibus, nonnullas Maritimas Conchas ab aquis universae Terrarum Alluvionis, unà cum aliis varii generis Testaceis ibidem, ut arbitror, relictis, quae dum frigidis humidisque in locis infra Telluris faciem servantur, molles quasi pultis deprehenduntur ; contra autem durissime fiunt si externo liberoque acri exponantur.* » Je ne voudrois cependant pas garantir cette observation. L'opinion de *Cardano* et de *Girolamo Fracastoro*, étoit que les testacées fossiles étoient produits par la mer ; et *Claudio Dansquio*, a écrit « *Conchulas, Arenas, Buccinas, Calculos variè infectos, frequenti solo, quibusdam etiam in montibus reperiri, certum signum mares alluvione eos coopertos locos volunt Herodotus, Plato, Strabo, Seneca, Tertullianus, Plutarchus, Ovidius, Aliique.* »

Dans ces collines qui sont situées entre *Laiatico* et le petit hôpital, je trouvai de distance en distance, des endroits remplis de débris de cette espece d'*acropore* que j'ai décrite dans la seconde partie de ce volume; j'en ai trouvé encore beaucoup d'autres tellement couverts de testacées, qu'il paroissoit ne s'y trouver aucun mélange de craie. Je présume que les eaux de pluie auront détaché et emporté la craie dans laquelle les testacées étoient restés comme emprisonnés; et que comme ils ont opposé plus de résistance que la craie, ils n'ont pas pu être emportés comme elle : la preuve en est que quelques-uns de ces testacées sont élevés sur une petite colonne de craie, et se trouvent ainsi séparés du sol qui est contigu, parce qu'ils ont protégé et défendu, contre l'action de l'eau, la craie sur laquelle ils étoient placés et qu'ils couvroient. Il est arrivé quelquefois que des pluies furieuses ont soulevé et même emporté la partie la plus fine de la terre de quelqu'un de ces endroits, de maniere que le sol est resté entierement à découvert, et qu'il n'a plus présenté qu'un lit uniquement composé de testacées, de sables et de pierres *idiomorphes*. Un ignorant qui verroit après une telle pluie, la face de la terre ainsi changée et couverte de coquillages et de petites pierres uniformes, pourroit croire que dans cet orage, il a plu des coquilles et des pierres. En voici un exemple tiré de l'histoire mélangée. » *Septem continuos dies Grando Lapidum im-* » *mixtis etiam Testarum fragmentis terram* » *latissimè verberavit.* » Quoiqu'il en soit toutes ces pluies de pierres qui ont été rapportées par les anciens Historiens comme des prodiges surprenans, doivent s'expliquer de cette maniere, ou s'entendre seulement de grêles monstrueuses. *V.* Vallisnieri, Recueil de différens traités, page 165. *Leibnitii Protogea* §. 22, *pag.* 37. *Phil. Jac. Hartmanni Exercit. de Generatione Mineralium, &c. in acre, &c. cap.* 1. *de pluviis prodigiosis, in ephemerid. Acad. Nat. Curios. A 1688. app. p.* 5 *et Henr. Kommanni Templum Naturae Historicum, pag.* 95.

Les testacées qui se trouvent en plus grand nombre dans ces lieux, sont :

Concha Rhoboidalis Gualt. tab. 87. B.

Concha Cordiformis Gualt. tab. 83. D.

Pecten Gualt. Tab. 73. R. et J.

Petites huitres, plus petites que celles qu'on nous apporte de Venise,

Huitres d'une grosseur énorme.

Conchà Gryphoides Gualt. tab. 101. C. très-grosses et très-grandes, mais toutes piquées et rongées par les vers et les folades.

Purpura Rectirostra.

Purpura Curvirostra.

Tubulus Marinus Gualt. tab. 10. L.

Tubulus Dentalis Gualt. tab. 10 G. H. Ils s'appellent communément *tuyaux sympathiques.*

Turbo Gualt. tab. 58. A. et une infinité d'autres dont on ne peut point se former une idée sans en voir la figure, et dont la description mérite qu'on y emploie plus de temps que je ne puis le faire ici.

Il ne s'y trouve aucune plante, excepté quelques foibles tiges de Chiendent et de

« *Seriphium Montanum Italicum, foliis tenuissimè divisis, capitulis angustioribus Mich. Hort. Flor. pag. 88, n. 5.*

Trifolium semen sub terram condans H. R. Par. Inst. R. H. 406.

Situation de Volterra.

Réflexions sur la structure de la colline de Volterra.

Volterra est une des plus anciennes villes de la Toscane : sa situation a été très-bien décrite par Strabon et par *Antonio Ivani* : on en voit le plan dans un Traité d'architecture de *Francesco Marchi* de Bologne, qui se trouve manuscrit dans la bibliothéque de Magliabechia.

Dans une vaste étendue de terrein, et pour ainsi dire une vallée plate et basse de colline de craie, ou de mattaion, qui s'appellent *val d'Era* et *val de Cecina*, s'éleve une autre colline plus haute et oblongue, dont le sommet se divise en plusieurs branches. La partie la plus grande et la plus élevée qui regarde la mer, est à peu près de la figure d'un croissant dont les deux pointes sont tournées vers le septentrion, et dans l'enceinte elle se divise en trois sommets différens, qui imitent par leur longueur, les doigts d'une main. C'est sur ce sommet tortueux qu'étoit autrefois située Volterra, comme le prouvent incontestablement les vieilles murailles du château construites exactement comme celles de *Fiesole* et d'autres villes très-antiques, en masses de pierres énormes, et posées avec symétrie l'une sur l'autre, sans aucune liaison de chaux, ou de bitume.

LUMACHELLE DE VOLTERRA.

La montagne de Volterra, dans la partie la plus basse, est formée d'une infinité de lits horizontaux, et très-élevés de craie couleur de cendre, ou de mattaion. Sur ces lits de craie on en trouve encore beaucoup d'autres, qui sont aussi horizontaux, mais de tuf, ou de sable durci, et couleur de tabac. Entre ces deux lits, ils s'en trouve aussi de très grands de *panchina*, c'est-à-dire, d'une pierre composée de ce sable, mêlé d'une infinité de coquilles de différens testacées, liées ensemble et pétrifiées par une glu pierreuse et inconnue. Il y a en outre beaucoup de lits de ce sable qui renferment une très-grande quantité de certains corps, ou noyaux pierreux formés par le le même sable pétrifié, d'une grosseur et d'une forme variées à l'infini; il y en a qui ressemblent à des cosses de féves, d'autres à des melons, quelques-uns à des poires, d'autres à des noix, d'autres enfin à des lupins, &c. Ils sont séparés l'un de l'autre, ou grouppés bisarrement en masses très-grandes et qui ressemblent parfaitement à celles que j'ai remarquées le long du *Lazzerreto* de S. Jacques à Livourne. L'air de la mer mine et réduit en poudre, le tuf dans lequel sont renfermés ces corps *idiomorphes* pierreux, comme je l'ai aussi remarqué autour du couvent des Capucins de *Peccioli*. Il pourroit bien se faire qu'il y eût quelque portion de sel marin mêlé dans ce tuf, et que ce sel, en se liquefiant dans les temps humides, fît décomposer le tuf.

Les lits de *panchina*, ou pierre *lumachelle* sont de différente grosseur, dureté et qualité; j'en ai pris pour mon Museum, quelques morceaux, qui, quand on les coupe, deviennent luisans et forment de très-belles *lumachelles*, dont le fond est couleur de terre ou de sable, et qui sont toutes marquées de petites taches noires qui se couvrent l'une et l'autre. Ce sont les coquilles qui ont été teintes par quelque suc minéral. Ces morceaux de lumachelle de Volterra, rangés à leur place dans ma nombreuse collection de lumachelles, ne la déparent nullement. On les prend même d'abord pour le *Marmor Pediculosum Aldrov. Mus. Metall. pag.* 752 : ils ressemblent aussi à une certaine espece que le pere Augustin *del Riccio*, au chapitre 20 de son Histoire manuscrite des pierres, appelle *pierre pouilleuse de Verone*, dont j'ai moi-même trois morceaux, mais qui sont beaucoup plus beaux et qui viennent de l'Orient.

Les habitans de Volterra emploient pour les édifices, la *panchina* la plus dure et la plus fine, comme nous faisons à Florence la pierre de Fiesole, parce que le travail en est le même. C'est de cette pierre que sont faites ces murailles si antiques et si fameuses, dont *Nicolo Stenone* a parlé avant moi. Les especes de testacées qui s'y sont incorporés, sont innombrables. Ils sont très-petits et ressemblent à un certain sable que quelques marées jettent quelquefois sur leur rivage.

On trouve encore dans cet endroit des

coquilles d'huitres monstrueuses, des *peignes* et des *spondyles*. On m'a assuré que souvent en brisant ces masses, on y trouvoit de petits poissons conservés tout entiers, comme ceux d'*Hildesheim* et du *Mont Bolca*. Ceux qui sont curieux de savoir comment des poissons et d'autres animaux et plantes marines membraneuses, ont pu laisser leurs empreintes dans des pierres, peuvent se satisfaire en lisant » *Christophori Ludovici* » *Scheid Præf. ad. Jo. Godof. Leibnitz* » *Protogaeam*, *pag.* 15.

Sépulcres hypogées de Volterra.

La nature et la substance des matériaux, qui composent, comme je l'ai expliqué, la partie supérieure de la montagne, se reconnoît non-seulement dans les ruines et les précipices qui se trouvent à l'extérieur, mais encore dans les excavations que l'art y a pratiquées, et qui découvrent son intérieur. Outre celles que l'on y fait journellement pour creuser des puits, ou jetter les fondements de quelques édifices, on trouve encore à la montagne de *Bradone* et au *Portone*, un nombre infini de sépulcres hypogées, c'est-à-dire, souterreins, qui sont construits dans le tuf et dans la *panchina*. Mais comme mon plan n'est point de parler de ces monuments antiques, on peut lire ce qu'en a écrit le célébre Prevôt *Gori* au troisiéme volume du Musée Toscan.

Ces sépulcres hypogées qui sont très-profonds, font connoître au Naturaliste que les entrailles mêmes de la montagne de Volterra sont aussi formées de lits horizontaux de tuf et de *panchina*, qui ordinairement servent de voutes à ces grottes. On y voit encore certains lits de panchina d'un grain plus fin et presque aussi blanche que l'albâtre.

Description de la comté d'Elci.

La comté d'Elci, ainsi nommée d'un roc, ou comme disent les Français, d'un château présentement ruiné, est un fief de l'ancienne famille d'Elci, de Sienne et de Florence. *D'Anqua*, ville de cette comté, on arrive à la Ceima, par une pente très-douce, sur un côteau formé d'un amas immense de petites pierres d'alberese, liées par une grande quantité de margon, terre grossiere et tenace, semblable à celle des côteaux des environs de Florence, et disposée en lits horisontaux comme celle des collines. Il est évident que cette roche a existé de tout temps sous cette forme. Des éboulements considérables, et des précipices creusés par un torrent qui coule au-dessous, et par quelques autres qu'on trouve le long du chemin, en sont une preuve.

On peut conjecturer que des flancs de la Cornata du Gerfalco, formés d'alberese, et qui s'étendent dans cette partie, les eaux ont détaché, roulé, en différents temps, toutes les petites pierres, avec la terre qui y étoit mêlée, et les ont disposées comme le terrein des collines, un peu au-dessus du pied des montagnes, lorsque leur chûte n'étoit pas assez rapide pour les porter plus bas. Les masses d'alberese sont presque toujours mêlées de jointures de marbre ou de spath, qui, ne résistant pas long-temps aux injures du temps, laissent sans liaison la masse du rocher qui se morcele en une infinité de petites pierres. C'est pour cela, qu'au pied des montagnes d'alberese, surtout si elles sont rapides, on rencontre de semblables amas; c'est par la même raison que depuis leur base jusqu'à une certaine hauteur, elles sont fertiles et susceptibles de culture, mais que depuis le milieu jusqu'au sommet, elles sont absolument stériles, parce qu'elles sont dépouillées de la terre qui les couvroit, et qui a été entraînée, avec les pierres, par les eaux. On trouve fréquemment la même chose dans le district de Florence, et notament sur la voye Aretine, depuis la montée du bain jusqu'à l'Apparita; et au pied du Montalto et du côteau *della Cappella*, ramifications du mont *Murello*, jusqu'à *Doccia*, *Quercetto* et *Settinello*. On pourroit croire que le margon dans lequel ces pierres sont enterrées, dans la comté d'Elci, a été formé de la décomposition de l terre rougeâtre, qui, selon le systême de M. de Buffon, devoit recouvrir la montagne du *Gerfalco*. J'avoue que je ne suis pas trop persuadé de l'existence de cette immense couche de terre primitive, qui enveloppoit notre globle, et dont je ne crois pas que M. de Buffon eût pu nous montrer un atôme, puisque, selon lui, toutes les montagnes ont été formées par le flux, le reflux et les courants de la mer, ce qui est précisément dire, qu'elles sont postérieures à cette couche supposée, dont nous ne pouvons avoir aucune connoissance. Tout le monde sçait qu'en histoire naturelle, on ne reconnoît point un genre, proprement dit, de terre vierge et labourable. Toutes les espèces de terre se réduisent à deux classes, sçavoir la simple et la composée. La terre simple n'est pas autre chose que la superficie des couches du sol primitif des montagnes, ou celle des lits de sable et craie des collines, morcelés et pulvérisés, pour ainsi dire, par l'action des météores ou l'artifice des hommes; ce terrein est plus ou moins fertile, selon la résistance plus ou moins forte qu'éprouvent les racines des plantes, pour le percer dans la végétation. La terre composée, est celle qui, formée de la décomposition de la terre simple, et de celle des animaux et des végétaux, a été entraînée par les eaux, et déposée dans les vallées et les gorges des montagnes et des collines. Et comme c'est un amas sans ordre, peu serré, et qui n'a aucun lieu pierreux entre ses parties, elle est plus douce, plus pénétrable aux racines des plantes, qui y trouvent plus d'humidité, et par conséquent plus de facilité dans le développement de la végétation.

M. de Buffon s'est imaginé que son lit de terre végétale primitive, va toujours diminuant, et finit par disparoître dans les pays les plus peuplés, de sorte que, peu-à-peu, les pays habités deviendroient nuds comme l'Arabie-Pétrée, où on ne trouve que des rochers et du sable. Remarquez cependant, que nos côtes maritimes et la campagne de Rome, sont très-peuplées depuis plusieurs siecles, et qu'il s'en faut bien qu'elles soient réduites à l'état de l'Arabie-Pétrée, qui, dit-on, a toujours été ce qu'elle est, c'est-à-dire, stérile et sans terre, dans plusieurs de ses cantons. La couleur rougeâtre n'est pourtant pas naturelle à la terre, qui l'acquiert le plus souvent par un mêlange de *croco marziale*, comme elle reçoit les autres couleurs des différens minéraux, puisque la terre, qu'on appelle *composée*, correspond exactement, pour le grain et la couleur, aux matériaux des montagnes, d'où elle est descendue. Dans la vallée *Della Cecina*, enclavée dans la comté d'Elci, il s'est formé, vraisemblablement lorsqu'elle étoit couverte des eaux de la mer, une chaîne de collines, à lits horisontaux, qui doivent leur origine aux rochers détachés et aux terres éboulées autrefois des flancs de la montagne du *Gerfalco*, alors plus élevée qu'à présent : la mer s'étant depuis retirée, les eaux contenues dans la Cecina, se sont ouvertes un nouveau lit, en minant et rongeant ces mêmes collines qu'elles avoient autrefois formées. Elles ne roulent cependant pas de *mattaion*, parce qu'elles n'en trouvent pas, mais seulement du gravier, et de très-gros cailloux d'alberese et de *gabbro*. J'entends par cailloux, certains morceaux de roches, qui, à force de rouler dans les rivieres, s'émoussent, prennent une forme ronde, et ne different du gravier et des boules d'*agliaia*, que par la grosseur. De *Sellano* jusqu'à la mer, les eaux roulent peu de gravier, mais beaucoup de mattaion et de sable, peut-être parce qu'elles ne rencontrent pas autre chose, ou que leur chûte n'étant pas assez rapide, elles n'ont pas la force d'entraîner les cailloux et le gravier.

Arrivé au sommet, je quittai le chemin de *Castelletto*, et remontai le fleuve, l'espace d'un mille, jusqu'au-dessus d'un moulin, appellé *la Galleraye*, pour analyser des eaux thermales.

A droite, au pied du Gerfalco, j'observai plusieurs filons considérables, et coupés de pierre gypseuse ou de tartre spongieux, semblable au *travertin*, sans être aussi dur, qui cependant pourroit s'employer utilement pour la construction des chemins, s'il étoit voisin de quelque ville considérable. Vis-à-vis est le pied de la montagne *di Travallé*, formé aussi d'alberese, mais moins escarpé.

D'une saillie dépouillée de la terre végétale des collines, sort une grosse veine d'eau sulphureuse et chaude, dont l'odeur, qui ressemble à celle de *l'acqua pozzolente* de Livourne, décrite plus haut, se fait sentir de très-loin ; on l'appelle communément le bain *delle Galleraie*. On avoit construit à sa source, un bassin profond d'une brasse, qui pouvoit contenir six personnes, ce bassin étoit couvert d'un toît de bruyeres. La mauvaise odeur se faisoit plus sentir dehors que dans la cabane, et c'étoit précisément la même que répandent toutes les eaux sulphureuses, tant chaudes que froides. La couleur de l'eau est blanchâtre, vraisemblablement à cause de certaines couches de bitume blanc, qui se forme à sa superficie, ou sur les parois du bain, car, prise dans un verre, elle est très-limpide. Elle n'a aucune saveur, si ce n'est un très-léger goût d'acide, comme beaucoup d'eau de la même espèce. Elle a seulement un peu de puanteur, semblable à celle de l'œuf de poule trop couvé. Elle fit monter le thermometre à 32 dégrés de Reaum. 102 Farents : ces eaux ont à peu près la même qualité que celles *della fossa del Ricciardi*, que j'ai décrites en parlant des lagunes de *Castel nuovo*. Un peu plus loin, sur la pente qui conduit à la vallée de *Cecina*, elle laisse sur son passage, une trace de couleur d'yvoire, dont elle couvre les pierres. J'en recueillis un peu, et je la trouvai semblable aux membranes que fait le vinaigre, souple, onctueuse, composée de lames ou de feuilles, d'une couleur entre le blanc et le jaune de soufre, contenante beaucoup de bulles d'air; desséchée, elle se réduit en poudre très-subtile, s'évapore toute au feu, en jettant une flamme bleue, et répendant une odeur de soufre pur. Je la crois composée de particules très-déliées de la partie bitumineuse du soufre, détachées par cette eau, en passant sur quelques filons de soufre natif, unies ensemble par leur attraction réciproque, ou par la fluctuation de l'eau. Elle mériteroit un examen chimique, pour l'employer ensuite dans la médecine ou dans les arts, car elle paroît être autre chose que le foufre ordinaire, parce qu'elle se coagule par l'humidité, et qu'elle n'a pas besoin comme lui, du feu de charbon, ni d'aucun mêlange de parties calcaires de pierres et de plâtre. J'ai trouvé quelques exemples d'un pareil phénomene, entr'autres le suivant, décrit par *Gio. Goebelio*. Auprès de la forêt *bitvervalde*, sort une fontaine pleine de bitume, dont le suc gras et très-léger, surnage comme de l'huile, et répand une odeur agréable. L'eau chaude de la fontaine admirable du Boll, produit de semblables concrétions membraneuses et sulphureuses ; son odeur ressemble à celle du soufre, et son goût à celui d'un œuf couvé. L'eau sulphureuse de *Rappensagel*, dans le Wittemberg, a le même goût, et dans la saison où il pleut rarement, sa surface est couverte d'une substance semblable à la crême de lait. Il y en a une autre au pied du mont Vallemberge, en Suisse, qui se couvre aussi d'une matiere blanche sulphureuse, comme celle des galleraies ; une autre dans le canton de Zurich, couverte de plusieurs croutes vertes *d'idrocalimma*, comme celle del bagno à Acqua, décrite plus haut. La fontaine Sebacée de Diemplingen, auprès de Wimmis, en Suisse, est peut-être aussi de cette nature ; la matiere qu'elle contient, d'abord blanche, ensuite d'une couleur rougeâtre, prend, si vous la gardez plusieurs jours, l'odeur de la chair en putréfaction ; cette eau est insipide, pourtant potable, mais très-purgative. On voit de même sur les eaux thermales d'Hirscherg, dans la Silésie inférieure, une matiere grasse, surnageante à la superficie. Cette matiere exposée à l'air libre, se met en fusion ; rendue ensuite à l'eau plus froide, elle devient un corps visqueux, blanc et léger, uni entre ses parties, et semblable au lait de soufre. Peut-être ce lait de soufre est-il quelque chose d'approchant du bitume liquide, qui est la base et le fondement de tous les soufres, que quelques-uns appellent *maltha*, et que *Michel Bernardo Valentini*, dit se trouver dans la comté de Schaumburg, en Hesse. Aldrovando *Mus.*

metall. p. 380, a nommé plusieurs endroits où l'on trouve du bitume liquide.

A gauche, un peu au-dessous des bains *Delle Galleraie*, sur la même pente il sort d'une crevasse de margon et d'alberese, une autre source semblable aux eaux de ce bain, et qui sert à baigner les chiens et les chevres, infectés de maladies cutanées.

J'appelle *margone*, une espece de terre semblable au *mattaion*, mais d'une couleur plus foncée et d'une pâte plus visqueuse et plus tenace, et ressemblante à la terre *di-purgo*; presque toutes les eaux sulphureuses que j'ai observées, sortent de cette espece de terre, qui contient ordinairement beaucoup de soufre. J'ai aussi remarqué que les mines d'où on tire le soufre souterrein, ressemblent en grande partie au margon; cette espece de terre est celle que les François appellent *marne*, par corruption du nom *marga*, que lui donnoient les anciens. Ils la répandent sur les champs de terre maigre sabloneuse ou trop légere, au lieu de fumier pour les rendre plus fertiles, sur les propriétés médicinales des eaux sulphureuses, comme celle *Delle Galleraie*, et plusieurs autres qu'on trouve dans la Toscane ; on peut voir *Io. Baubinus de aquis meditatis*, *lib.* 1, *cap.* 10, *pag.* 33.

Beaucoup de personnes se rendent aux bains de Galleraie, vers les mois de mai et de septembre. Ils sont excellents pour guérir de la galle, des rhumatismes, ou des douleurs anciennes. On dit que pour guérir de la galle, il suffit de se baigner deux fois. Il Signor *Campani*, chirurgien de la communauté de *Belforte*, les avoit mis en grande réputation ; il y assistoit et appliquoit les ventouses à qui en avoit besoin. On ne peut se loger ailleurs que dans deux maisons de meûnier, deux de paysan et dans le grand palais du Comte *Jacomino d'Elci*, situé au N. E. sur le sommet du côteau, où il se tient une foire considérable le huit de septembre.

On trouve au pied de toutes les montagnes une suite de lits de terre secondaire, tombée autrefois de la croupe des montagnes. Cette terre ne s'est pas ébranlée tout d'un coup, mais successivement et par laps de temps. Pour s'en convaincre, il faudra suivre le cours d'un torrent, qui tombant de la montagne, se sera ouvert un lit au travers de ces couches. On verra que les matieres entraînées de la cime de la montagne, ont été déposées sur un terrein, qui s'abbaisse graduellement en s'éloignant du pied, et que les pierres suivant le même ordre de dégradation, diminuent aussi de grosseur. On verra en outre, que parmi les différentes couches de terre, il y en a de très-épaisses qu'on peut croire avoir été formées par une inondation subite. Mais il y en a parmi elles de très-basses, qui supposent des inondations moins fortes, ou arrivées plus fréquemment. Lorsqu'on trouve d'arides couches de terre, des corps marins très-délicats, parfaitement bien conservés, on ne peut supposer un bouleversement aussi horrible que dût l'être le déluge universel. Mais il semble qu'autrefois ces terres ayant servi de lit à la mer, ont été depuis des plages et des bancs de sable, où se sont multipliés les corps marins, et qu'elles ont été portées par les torrens au pied de la montagne, déposées dans un autre lit supérieur, et ont couvert celles qui étoient dessous, comme il arrive dans la construction des digues.

Le dimanche 18 novembre, je saisis un

instant de beau temps pour aller voir certaines souffrieres situées au levant de *Castelletto*, dans un bois le long d'un ravin appellé *la Coua*, au-dessous du prieuré de san *Lorenzo al Casletetto* , et dans les terres dépendantes de ladite église.

En approchant de ces souffrieres , on sent une odeur pareille à celle du bain de *Boccanella*, décrite plus haut , mais plus supportable. On trouve d'abord une petite fosse, ou lagune, du fond de laquelle l'eau sort froide, mais agitée et remplie de bulles d'air comme si elle bouilloit. Sa source , son goût et son odeur sont absolument semblables au bain de Baccanella : on l'appelle *le bain des chevres* , parce qu'on a coutume d'y baigner ces animaux pour les guérir de la galle. *Giovani Fabro* dit que les bergers font passer plusieurs fois à gué à leurs bestiaux infectés de la galle, les fameuses eaux sulfureuses situées auprès de Frescati , ce qui peut servir de régle aux bergers des bords de la mer , où il se trouve tant d'eaux sulfureuses. Au-dessous et autour de cette fosse sont quelques souffrieres semblables à celles de *Libbiana* , c'est-à-dire , un terrein nud, composé de cailloux, de gravier , presque tous blanchâtres, parce que leur surface est corrodée ; les autres sont teints d'une espece d'ocre orange et mauvaise au goût.

Je retournai par un autre chemin à *Castelletto* , pour analyser une fontaine d'eau acide, qui sort du flanc occidental de la colline ; elle est dans un petit bassin auprès d'un sentier, froide , sans odeur de soufre, mais un peu trouble à cause de l'huile de tartre dont elle est mêlée. Ce matin là elle me parut peu acide ; mais on m'assura que dans les temps secs, lorsque les sources sont moins abondantes , elle est tellement acide qu'on lui donne le nom d'*eau forte* ; mais on peut en boire sans en être incommodé. Il y a une semblable fontaine acide dans le Dauphiné ; Voy. description de la fontaine vineuse , dans le discours de M. de Lancelot , sur les sept merveilles du Dauphiné, Mémoires de Littérature de l'Académie et des Inscriptions , t. 9 , pag. 577. Au-dessous de cette fontaine *del Castelletto*, en descendant vers le Saio, on trouve des lits considérables de pierre gypseuse ou tartre carverneux.

Deux cent pas plus loin et vis-à-vis *Castelletto* , sur le chemin qui conduit à Chiusdino, on trouva il y a environ trente ans en remuant la terre, quelques urnes cinéraires de terre, autant qu'on put croire, avec quelques médailles de bronze et quelques petits vases de terre, parmi lesquels les *Signori Mascagni* me montrerent une lampe sépulcrale de terre, assez bien faite, dans la partie supérieure de laquelle on voyoit une tête de Jupiter. On lisoit au fond en relief, C. ANNE.

Montieri, un des bons châteaux de la côte maritime de Sienne, sur les bords de *la Mersa*, est dans une situation horrible, adossé au midi à une vaste montagne la plus élevée de ces contrées, qui non-seulement l'empêche de recevoir les douces influences du soleil; mais encore lui renvoie des vents de nord extrêmement froids.

Ses mines d'argent ne sont pas sans réputation. Elles furent découvertes et exploitées avant le douzieme siecle, l'époque la plus reculée que les Historiens aient donnée à ces travaux. Si on juge par l'amas immense de scories, on ne peut pas croire que 174 années aient suffi pour faire les fontes qui auroient rendu une si énorme quantité de ces matieres vitrifiées. Il est même possible que ces mines fussent ouvertes avant que les Toscans tombassent sous le joug des Romains. Cette conjecture est d'autant mieux fondée, qu'on voit à *Populonia* de pareilles scories dans les ruines de cette ville, une des plus anciennes de l'Italie. Les procès occasionnés par cette exploitation, prouvent qu'elle fournissoit d'amples résultats à l'avidité des hommes.

Les filons qui forment la montagne de Montieri, sont composés de différentes pierres; l'espece la plus commune, est l'alberese et un rocher calcaire de couleur rouge dont les nuances très-marquées, varient à l'infini depuis la couleur de chair, la couleur de rose, jusqu'à la couleur foncée du pavot. Il est disposé en filons, très-déliés, posés l'un sur l'autre en grand nombre, et formant comme une muraille de brique; ces filons ne sont pas composés de masses ou de lames longues et continuelles, mais de petites tablettes, pour la plûpart, rectangles comme des briques ou des tuiles plates, jointes ensemble sans liaison ou division de tarse. Elles sont cependant unies par une petite veine de spath blanc ou verdâtre; mais cette liaison est dans la substance même, et non à la superficie. Ces pierres taillées et lustrées prennent un poli très-brillant. La majeure partie de ces filons sont, comme j'ai dit, très-minces, il est pour cela très - difficile d'en tirer des morceaux d'une grande épaisseur; mais seulement de ronds et des lames propres à paver. On voit souvent à Sienne de ce marbre rouge employé à paver, comme dans l'église Della Madanna di Provenzano. Il y en a cependant de plus gros filons dont on pourroit tirer de petites colonnes, et peut-être qu'en creusant plus avant, on en trouveroit des lits d'une grande épaisseur. Dans un endroit à gauche du château au milieu d'une épaisse châtegneraye, est une carriere ouverte de marbre rouge de Montieri, dont les filons observés avec beaucoup de soin, m'ont paru tenir de la nature de l'ardoise, s'écaillant comme elle lorsqu'ils ont été quelque temps exposés à l'air. Les plus gros sont de la nature de l'alberese, teints de rouge par le mêlange de quelque corps ferrugineux, lorsque leur pâte n'avoit pas encore acquis toute sa consistance. Remarquez qu'en allant de Lucques à *Ripafratta*, aux deux tiers du chemin sur la gauche, je vis en 1764, un éboulement au pied des montagnes de Pise, composé de filons de pierre rouge, tellement semblables à ceux de Montieri, qu'on s'y seroit volontiers trompé, mais la neige ne me permit pas d'observer jusqu'à quelle hauteur ils s'étendoient.

Il y a encore des filons d'ardoise blanche, dont les paysans se servent au lieu de tuile pour couvrir leurs maisons.

Il y a en outre des amas considérables de filons hauts de quatre doigts, de certaines pierres qui forment comme une muraille perpendiculaire de brique; leur croute est jaunâtre, leur pâte comme celle du tuf et semblable à la croute de calcedoine de Volterra que j'ai décrite. A l'intérieur ce sont des jaspes de couleur rougeâtre, qui se fendent en éclats du haut au bas comme l'alberese *cultellina*; leur disposition et leur figure sont absolument semblables aux filons ci-dessus décrits du marbre rouge de Montieri. Je serois tenté de croire que dans l'origine ce n'étoit qu'une même espece; mais qu'elles ont acquis successivement plusieurs dégrés de plus de dureté. Il y en a des lits innombrables disposés non en ligne droite, mais d'une maniere ondoyante, composés de couches assez minces. On en voit cependant d'un peu plus épaisses. Elles ont quelques jointures de quartz, ou matrice de cristal ondoyant, mais elles n'ont aucune séparation. C'est peut-être l'union du quartz à leur pâte primitive qui en a fait du jaspe, comme elles seroient seulement devenues alberese, si au lieu de quartz, il s'y fût mêlé du spath.

On voit encore de gros filons d'une pierre graveleuse, semblable à la grise de Fiesole dont j'ai parlé ; cette pierre a plusieurs brillants qu'on prendroit plutôt pour du cristal que pour du talc.

On voit de plus des filons de pierre d'un grain plus fin, couleur d'yvoire vieux, avec des veines rougeâtres, pleines d'écailles de talc, et semblables à celle des montagnes de *Cucigliana* décrites plus haut.

On y trouve enfin des filons très-élevés de pierre blanchâtre avec quelques marques rondes et brillantes, qui la fait ressembler au premier coup d'œil à une espece de lenticulaire ; mais ce n'est autre chose que des aiguilles de cristal, et quelques morceaux de quartz. Cette pierre est assez dure, et dans le pays on s'en sert pour faire des meules. On voit des filons plus ou moins gros de cette même pierre, d'une couleur obscure qui ne sont pas d'un grain serré et uni, mais spongieux comme les tufs de Livourne, et plus caverneux encore, de sorte qu'on diroit que les vides en auroient été remplis par des troncs d'arbres ; dans ces cavernes, dont les parois sont couverts de traces et de teinture de fer, on trouve des matrices cristallines très-belles, dont les parties brillantes sont de très-beaux cristaux de montagne, composés d'un prisme allongé de six faces, terminé par une pyramide hexagone. Les premiers sont formés du quartz, ou de la pâte cristalline, qui revet les parois de la caverne, et les pointes ou pyramides sont dirigées vers le centre de la voute. Quelques-unes de ces aiguilles sont crues plus que les autres, et les ont en quelque sorte étouffées, remplissant elles seules presque toute la capacité de la matrice. Ces cristaux de Montieri sont aussi durs que ceux de la Suisse ; mais plus longs que ceux *della Verrucola*, de diverses grandeurs, selon les cavités où ils ont pris naissance ; ils sont d'une eau très-claire, à la réserve de quelques aiguilles qui paroissent avoir été arrêtées dans leur croissance et imprégnées de quelques feuilles très-subtiles de fange, et se sont formées successivement au pied des autres de feuilles concentriques, comme se formoient les cristallisations de l'alun à *Monte Rotondo* en 1745. J'observai que toutes ces aiguilles de cristal ne naissent pas dans les cavernes des pores de la pierre. Il y en a beaucoup qui forment une croute cristalline aux parois latéraux des masses et dans les jointures, comme le cristal *della Verrucola*. Quoique ces masses qui recelent du cristal, soient aussi dures que la pierre à meules ci-dessus décrite, cependant exposées au grand jour et au soleil, elles s'exfolient aisément. Je crois que la matiere ferrugineuse mêlée à leur pâte en est la cause. Alors les aiguilles de cristal se détachent, et roulent comme des pierres au bas de la montagne, ce qui fait qu'on y en trouve une si prodigieuse quantité.

Voici une autre preuve que le quartz n'est pas toujours une pierre parasite et secondaire, mais qu'il peut s'en trouver des filons dans les pierres des montagnes primitives. Il sign. Charles Linné, Suédois, renommé par ses travaux considérables et ses découvertes importantes, qui lui ont mérité le premier rang parmi les Naturalistes, a démontré par plusieurs raisons que le quartz et le spatz sont des pierres parasites, qui s'engendrent dans les cavités des autres pierres. M. de Buffon est aussi du même avis. Mais sans blesser le respect dû à d'aussi grands hommes, qu'il me soit permis de remarquer quelques particularités qui sont des exceptions à leur régle. Le quartz a été évidemment dans son origine une matiere liquide, rassemblée en grande quantité et à une grande hauteur, comme un lac de bourbe mêlé de différentes terres, ou liquide comme du limon, ou ferme et séparé commes des mottes de terre. Ce limon quartzeux ainsi disposé en lit, s'est depuis consolidé, et a formé une couche de pierre dure, liante et renfermant au dedans d'elle toutes les substances hétérogenes qui s'y trouvoient mêlées. En formant cette table de pierre dure, la matiere s'est beaucoup condensée par la co-hésion des parties lapidifiques, et peut-être aussi par l'expulsion des parties aqueuses, qu'elle contenoit. C'est vraisemblablement en se resserrant de toutes parts, et selon les spheres plus ou moins vastes d'attraction réciproque, qu'il s'est formé dans cette pâte des cavités et des crévasses, qui s'étendent dans tous les points du lit de quartz. La matiere quartzeuse pure et sans mêlange, ou imprégnée de quelque substance métallique, a pu facilement se rassembler dans ses cavernes, et y former des cristallisations, lorsque les cavités le permettoient. Voici en peu de mots la formation de la pierre dure, dont on trouve des filons, comme sont les jaspes de Sicile, ceux des monts *du Val di Sterza* et les calcédoines de Volterra. La théorie de cette formation est trop évidente et trop certaine, et n'a besoin d'autre preuve que d'être observée sur les lieux. Il est donc démontré que le quartz n'est point une pierre parasite, ou secondaire; mais qu'il est seul une pierre premiere, qui constitue beaucoup de filons entiers des montagnes primitives du globe, et qu'il ne se trouve jamais dans les collines.

Cette proposition semblera d'abord étrange et paradoxale, à ceux qui n'ont vu des pierres dures que dans les collections de quelque Musée, ou mises en œuvre dans des boutiques; mais je me flatte qu'on en reconnoîtra la vérité , lorsqu'on observera sans prévention les pierres dures dans les montagnes primitives. On trouvera que tous les jaspes de carrieres, sont composés de quartz pétrifié comme tout ce qu'elles contiennent, d'où résulte cette variété infinie dans la couleur , la substance et la dureté des jaspes. Sans parler de la couleur , leur substance démontre évidemment qu'ils sont formés d'une pâte quartzeuse. Ce qu'on voit clairement dans les *ventri gemmati ed agatati*, et comme on en trouve des exemples dans les masses de jaspes de Sicile , mêlés d'agate et de calcédoine , dont on voit de grands morceaux dans l'arsenal de Pise , et dans la grande galerie royale de Florence. Les agathes elles-mêmes ont été originairement du quartz , qui trouvant peu de matieres hétérogenes , a formé une plus grande quantité de cristallisations. Les calcédoines et les cornalines ou *cogoti* doivent également leur origine aux cristallisations du quartz ; que la petitesse des cavités , ou quelque mêlange hétérogene a empêché de déployer leurs aiguilles, les a forcé de s'arrèter dans leur croissance et de former des especes de boutons ; le quartz a encore une grande affinité avec les métaux dont il est souvent imprégné, et forme une grande variété de substances minérales. En un mot le quartz est un des principaux et plus considérables matériaux, qui constituent les montagnes primitives. Si cependant on en trouve quelques veines, ou quelque croûte dans différentes pierres, je ne crois pas pour cela qu'on doive l'appeller une pierre parasite, ou secondaire, ou tartre pierre dure, parce qu'en l'examinant avec attention, on voit que cette veine ou croute s'est emparée de la pierre adjacente par sa propre force d'attraction différente de celle des autres.

Il suit de cette théorie que les méthodes inventées jusqu'à présent pour distinguer les fossiles, ne sont pas naturelles, qu'on auroit dû faire une classe à part des pétrifications quartzeuses, dans laquelle auroient été comprises celles qui ont formé leurs cristallisations, comme les cristaux de montagne, et les cristallisations celles qui n'ayant pu les former, sont demeurées simple pâte de quartz, mêlée de diverses substances, comme les jaspes et quelque mines, de la même maniere qu'on comprend sous la dénomination générale d'alun de roche ; non-seulement ses aiguilles à quatre faces, mais encore leurs bases et leurs matrices, par lesquelles elles tiennent aux cavités, de même encore que l'imperfection, ou la perfection des fruits ne met point de différence générique entre les plantes. Il suit en second lieu que les filons de pierres à meule, et ceux plus spongieux, de Montieri, sont du quartz pétrifié avec les terres qu'il contenoit, de la maniere dont nous avons dit que se forment les jaspes. Il suit enfin que le quartz et toutes les pétrifications qui lui doivent leur origine, ne sont pas des pierres parasites, ou secondaires, comme les tartres ; mais des pierres primitives, fondamentales et constituantes des montagnes entieres. Je me flatte à présent d'avoir démontré lequel des deux est le plus ancien, du tartre, ou du quartz, et lequel des deux constitue seul les filons des montagnes primitives. Peut-être une autrefois pourrai-je faire voir que les spaths, dont on trouve plusieurs especes qui n'ont été ni observées, ni nommées par les naturalistes, étoient, dans le principe, des sucs lapidifiques, rassemblés en grande quantité, et coagulés à froid comme le quartz avec toutes les sub tances hétérogenes qu'ils contenoient. C'est pour cela qu'on peut considérer plusieurs especes de spaths dont j'ignore le nom, comme l'espece générale d'où d'écoulent toutes les especes de pierres tendres qui se subdivisent à l'infini; mais en faisant tous les jours des observations plus soigneuses, j'espere pousser plus loin cette théorie. Si je peux l'amener jusqu'à la démonstration, sûrement quelque systême de cosmogenie ſera nauffrage, et le régne minéral pourra vraisemblablement être distribué avec plus de méthode, en classes, genres et especes.

Cependant, si personne ne veut croire à ma théorie sur la formation des cristaux de montagnes, qu'on consulte là-dessus d'autres écrivains.

La réputation de la mine d'argent de Monticri et les remarques historiques qu'on a fait dessus, m'avoient donné l'envie de faire quelques excavations pour la trouver, j'en avois obtenu la permission. Mais les canaux étoient tellement engorgés, qu'il m'eût fallu beaucoup de peines et de temps pour en venir à bout; je me contentai donc de faire fouiller quelques monticules qui se trouvoient auprès d'eux. Mais je ne trouvai aucune apparence de veine métallique, si ce n'est un petit morceau de mine de fer semblable à celle d'*elba*, qui est un amas irrégulier et compact de corpuscules de fer, partie cubiques, ou cuboïdes, partie piramidaux, à quatre faces triangulaires équilateres, et partie demi-lenticulaires ; brillans dans tous les sens et se levants par écailles comme le talc. Leur forme irréguliere laisse des cavités couvertes d'ocre rouge, comme le cinabre, et teintes aussi de couleur orange. Parmi ces fragments sont des morceaux de talc blanchâtre et d'autres de pierre rouge de la nature de l'ardoise. Je trouvai aussi parmi eux deux morceaux de croute de plâtre assez curieux. Tous les deux hauts d'un pouce, composés de cristallisations très-déliées, serrées et étroitement unies entr'elles, comme des fils d'amiante, de sorte qu'elles forment une espece de pâte de pierre similaire d'une substance plâtreuse et brillante, de couleur verdâtre, ou bleu céleste, qui se fend perpendiculairement suivant la direction des filaments et leur disposition en cannelures

cannelures antimoniales , ou plutôt, comme ce minéral pyrite , que les Allemands appellent *Wolfert* , ou *Wolfram*.

On ne voit dans cette pierre de Montieri, aucune trace de métal à la réserve du bleu-celeste, qui peut provenir du cuivre, ou de l'argent ; je la crois seulement de l'espece de plâtre que j'ai décrite plus haut , car ses filaments partent tous de la même base et s'élevent perpendiculairement à la même hauteur, formant avec leurs pointes très-déliées un plan raboteux parallele à leur base lisse. Le second de ces morceaux est aussi plus dur et plus pesant, de couleur plus foncée, formé , comme le premier , de filaments ou aiguilles , mais plus serrés et plus droits , et marqué du haut au bas de lignes transversales très-épaisses, plus ou moins coloriées, toutes paralleles à la base, comme les agathes, ce qui feroit croire que c'est une concrétion de cette pierre ; il faut remarquer qu'elle n'a pas par-tout la même dureté , parce que suivant le trait des lignes paralleles, elle est restée plus ou moins exposée aux injures de l'air , qui l'a corrodée.

Devant le bourg *del Castello*, on voit une

grande esplanade de terrein composé de minerais et d'écume d'argent assez pesante et dure, recouverte en quelques endroits, *de rouille*, ou *crocoverde* ; j'en pris quelques morceaux pour les conserver dans mon cabinet, les faire examiner par quelques décompositeurs habiles et voir si on peut se rappeller de quelle menstrue, ou flux se servirent les anciens pour fondre l'argent de cette mine. Je n'ai cependant pu réussir à y trouver des globules d'argent, comme on en trouve de cuivre dans le minerais *di caporciano* ; il est dur et cassant et jette des étincelles sous les coups du marteau, mais il est caverneux et fistuleux, de couleur obscure et noirâtre et mêlé de quelques lames brillantes de talc. J'y ai remarqué les différences suivantes, plusieurs morceaux ont une croute *de rouille*, ou verd de gris, d'une couleur vive, plus ou moins chargée de ces croutes ; les unes sont bleu d'azur, d'autres *malachite*, d'autres enfin verd de montagne. Autour de ces concrétions de verd de gris, et le plus souvent à leur centre, on voit une espece matiere de fer, dont une partie solide et noire, communique sa couleur aux vitrifications adjacentes, et l'autre partie se décompose et devient une ocre écumeuse et fragile, de couleur obscure ou orange; dans certains endroits, on voit aussi des petites croutes de terre blanche. En rompant un petit morceau, j'y ai trouvé dans une cavité un demi-globe d'argent dont la couleur sembloit un peu tirer sur le rouge, mais grattée avec la pointe d'un couteau, elle se trouva très-tendre et donna une très-belle couleur d'argent; il y avoit encore dans le morceau une cavité incrustée de verd de gris natif de couleur bleue, dont les lames brillantes ressemblent au plus beau vitriol de Chypre. Cinq morceaux qui avoient la forme de noyaux, de matiere métallique, de couleur obscure, caverneux, remplis à leur superficie, de saillies et d'inégalités, mais présentants de très-petites facettes de talc jaunâtre, presque semblables au cuivre pyritique, mais embrouillées et parmi lesquelles on trouve des parties de fer changé par la décomposition en ocre de couleur obscure. Auprès de ces noyaux la superficie contigue du minerai a une vaste place concentrique de verd de gris de couleur *malachite*, qui se dégradant insensiblement prend une couleur de bleu céleste. On peut conjecturer de là que ces noyaux sont une portion d'une veine de cuivre mêlée avec celle d'argent que l'humidité de l'air a décomposé et changé en *rouille*. Ils paroissent évidemment avoir été formés à peu près par le même mécanisme de ceux qui se trouvent dans les masses de *perino* de la montagne de *S. Fiora* que je décrirai ailleurs. 4°. Un petit morceau de pure écume de fer que j'ai trouvé incorporé avec ce minerai, dans lequel on remarque deux cavités dont les parois sont de fer solide, incrustées au-dedans d'ocre d'une couleur d'or très-vive, de laquelle part un petit globe de matiere de fer en lames et feuilles, partie brillantes et partie enveloppées d'une espece de poussiere rouge. 5°. Un petit morceau du même minerai, dans lequel, l'ayant rompu par hazard je trouvai une cavité incrustée de terre rude, couleur de rouille, parmi laquelle étoient certaines petites aiguilles bien formées, semblables par leur transparence et leur figure au cristal de montagne, à l'exception des pyramides à six triangles à la cîme ; auxquelles suppléoient quelques rectangles. Elles sont fragiles et s'exfolient comme le spath. Leur base tient à la substance du minerai, qui forme la caverne, et leurs pointes sont tournées vers le centre de cette même caverne, presque toute teinte de verd de gris, à cause du minerai qu'elle recele.

Voici une preuve moderne de la cristallisation du spath. 6°. En rompant un autre morceau, j'ai trouvé une cavité, sur le fond de laquelle étoit posée une cristallisation spatheuse, claire et luisante, ayant des cristallisations hautes d'une ligne avec des facettes brillantes, dont je ne sçaurois précisement déterminer la figure. On ne voit dans cette matrice aucun mêlange de terre, mais dans une antre voisine et plus petite, on voit plusieurs autres cristallisations spatheuses, moins élevées et plus grosses, partantes de tous les points de la cavité, et parmi elles de la terre noirâtre. Quelques fragments de ce morceau sont incrustés de matiere spatheuse mince, et sont mêlés de beaucoup de fer. 7°. Différents petits morceaux, dans lesquels, en les rompant, j'ai trouvé une grande quantité de fer mêlé avec le minerai, une cristallisation longue de deux lignes ; de selenite rhomboïdale très-bien formée, entiere et plus transparente que le cristal. Elle étoit au milieu d'une cavité qu'elle touchoit de ses deux pointes opposées, quelques petites masses oblongues, transparentes comme le cristal, se séparant en filaments fragiles et laissant sur la langue un goût de nitre. Elles sont exactement scellées dans la masse de fer qui en se réfroidissant les aura renfermées. Certains petits hémispheres de matiere spatheuse, qui se trouvent au fond de quelques cavités, inégaux à leur superficie, et qui semblent être quelques embrions de cristallisation, qui n'ont pu s'accroître faute de matiere. Quelques croutes larges et minces de matiere semblable à la selenite, qui se levent par écailles, et d'autres croutes de spath impur, semblable aux *lasague* et aux croutes, qui se trouvent dans quelques *geodes*.

Au mois d'août 1751, les Barons Alexandre Funk et Renaud Angerstein, Gentilshommes Suédois, très-versés dans la connoissance des mines, s'arrêterent quelques jours à Florence. Ils avoient déja fait un très-long voyage pour faire des découvertes dans cette partie ; entr'autres choses, ils me firent observer que le minerai de Montieri dont je leur montrai quelques morceaux, contient tout à la fois beaucoup d'argent et beaucoup plus de cuivre; que les anciens, qui avoient bien la maniere de tirer l'argent de cette mine, n'avoient pas celle d'en tirer le cuivre, et le rejettoient avec les restes du minerai. Ils m'assurerent aussi que de ce même minerai on pourroit retirer beaucoup d'argent, beaucoup plus de cuivre et faire un bénéfice considérable. Pendant quelques jours ils furent eux-mêmes dans les montagnes à la recherche des anciens minerais, ils les fondirent et en tirerent en abondance différents métaux, profitant ainsi de l'impéritie des anciens. L'autorité de deux gentilshommes aussi versés dans la minéralogie, doit être d'un grand poids, et nous faire croire que la mine de Montieri étoit la plus riche de celles dont parle l'Histoire. La prodigieuse quantité de minerai qu'on trouve dans cet endroit, prouve qu'on en tiroit tous les jours une très-grande quantité; cependant je ne peux me persuader que pendant l'espace de cinquante-quatre ans, on en ait autant tiré que l'annoncent les mémoires de ce temps-là ; mais je crois que cette mine s'exploitoit dans des temps très-reculés, et que les événements tragiques de la Toscane ayant forcé de l'abandonner, elle avoit de nouveau été ouverte en 1181. La peine incroyable qu'on éprouvoit à pier dans le jaspe et autres pierres dures, suffiroit pour démontrer l'avantage qu'on retiroit de cette mine ; ce qui le prouve mieux encore c'est le cens, ou canon de trente *marche* qui font vingt livres d'argent que payoient les Evêques de Volterra à la Chambre Impériale, pour leur exploitation, somme très-considérable avant la découverte du nouveau monde.

Je ne croirois pas inutile de faire quelques tentatives dans cette montagne, pour retrouver cette mine, car il n'est pas douteux que les anciens n'ont pu épuiser la veine d'argent que la Nature y a ensevelie ; qu'ils ont, au contraire, dû laisser intacte celle qui étoit hors la portée de leurs puits étroits et peu profonds. Joignez à cela, qu'en 1355 elles furent délaissées, faute de bras pour les exploiter, que la peste avoit enlevés, et à cause des embarras de la guerre. Si on parvenoit à retrouver la direction de cette mine, je croirois beaucoup plus facile d'ouvrir une carriere, et non pas des puits, comme faisoient les anciens : de percer la montagne horisontalement, et de prolonger la caverne autant qu'il seroit possible, en observant de laisser, de distance en distance, des piliers pour soutenir la voûte. Cela pourroit se pratiquer aisément dans la montagne de Montiéri, parce qu'étant très-escarpée, les éboulemens de terres et de pierres, coûteroient fort peu de peine, et qu'il y a précisément sous la mine une excavation considérable dans la montagne. En travaillant de cette maniere à carriere ouverte, on pourroit faire une ouverture aussi grande qu'on le voudroit, en faisant usage de la poudre à canon, que les anciens ne connoissoient pas, ou bien en creusant la partie inférieure, mettant ensuite le feu aux pieces de bois, qui soutiennent la supérieure ; ce qui se pratiquoit aux carrieres *de Lastre* de Saint-François de Paule, auprès de Florence. On éviteroit encore, de cette maniere, la peine que se donnoient les anciens, de rompre les masses à coups de pics ; et d'armer les parois des puits de branches d'arbres, pour prévenir les éboulemens. On auroit encore de moins un obstacle qui rompoit toutes leurs mesures, les réservoirs souterrains, qui les obligeoient souvent à dépenser beaucoup d'argent, en contre-poids et autres machines, pour extraire l'eau d'un puits qu'ils étoient souvent forcés d'abandonner pour en ouvrir un autre. A carriere ouverte, on peut diriger les eaux à volonté, et suivre plus facilement la direction de la mine.

Si jamais on s'avisoit de la r'ouvrir, on trouveroit, à Montiéri, un des meilleurs châteaux de la côte, toutes les commodités nécessaires pour le logement et la subsistance des ouvriers. On pourroit y construire des fours et des maisons; les pierres, la chaux et autres matériaux nécessaires, qui n'y sont pas rares, rendroient ces constructions peu dispendieuses. L'eau y est très-abondante, et les environs fournissent beaucoup de charbon.

On m'a dit, à Montiéri, qu'il y a quelques années, on y envoya un Chymiste de Florence, pour essayer cette mine, et qu'il rapporta l'avoir trouvée très-pauvre. Je ne sais pas quelles étoient les lumieres de ce Chymiste, mais je sais qu'il ne put pas faire d'essai sur de la mine saine et entiere, et récemment tirée, puisqu'il ne fit aucune excavation pour en obtenir, et qu'il se servit, au contraire, de quelques vieux morceaux longtemps exposés aux injures de l'air, qui ne pouvoient donner une idée de la richesse de cette mine, que l'expérience a démontré très-grande.

Description des mines *Delle Carbonaie* : on appelle *Carbonaie* un côteau escarpé, qui part de la pente méridionale de la montagne de Montiéri, dont la *Mersa* baigne le pied. On voit sur le sommet une maison commode de laboureurs, appartenante aux Signori Narducci, entourée de quelques ruines. Les flancs de ce côteau, tant au Levant qu'au Couchant, ont été beaucoup fouillés, et sont remplis de puits la plupart comblés. Je ne pus deviner quelle espèce de mine on en tiroit autrefois ; je remarquai seulement quelques grandes masses de pierre, semblable *aux lastre* de Florence, mais plus dure, de couleur plombée, légérement teinte et mêlée de rouille. Huit morceaux que j'en détachai, pour les emporter, sont par-tout marquetés d'une couleur tannée, obscure, d'ocre ferrugineuse : j'y ai observé 1°. quelques lames incrustées de fer noir et luisant, semblable à un vernis, toutes couvertes de mamelons très-petits, que je croirois du crayon noir globulaire, dont certaines cavités et *madrosités* sont incrustées. Une grosse croûte posée sur une autre de quartz, couverte de mamelons de cristal de montagne, mêlés de facettes cubiques, de marcassite, tirant sur le noir. Dessus est une croûte presque concentrique de crayon noir, avec des fibres rayées, qui, partant de différens centres voisins, forment des hémisphères qui rendent sa surface pleine d'inégalités. Sur le crayon noir, s'étendent plusieurs facettes très-minces, d'une ocre presqu'aussi rouge que le cinabre, et qui teint le papier d'un rouge pareil à celui du crayon dont on se sert pour dessiner. Quoique cette ocre soit unie, lamineuse et fibreuse, je ne l'appellerai cependant pas crayon rouge, parce qu'elle est friable. Ces croûtes rouges sont mêlées de quelques autres couleurs de fer et jaune doré. 2°. Plusieurs madrosités, qui donnent à ces fragmens un air vermoulu. Dans ces petites et irrégulieres cavités, on voit quelques petites parties brillantes de fer, pyramidales, à quatre faces triangulaires, équilateres, quelques petits morceaux globuleux de fer rongés à leur superficie, et quelques autres petites masses de fer à facettes, brillantes et irrégulieres. Il y a aussi des petites écailles de talc blanc et argentin. 3°. Quelques veines et lames de quartz, partie marbré et partie cristallin, mais taché d'une couleur de rouille ou rougeâtre : il y en a aussi de verdâtre. De ce quartz, sortent des groupes d'embryons de cristal de montagne, mais peu ont la forme ordinaire. Je doute cependant qu'il s'y trouve aucun mélange de spath, puisque, dans ces fragmens, on trouve quelques prismes transparens à trois, quatre et cinq faces, disposés en long, et que chacun de ces prismes a laissé vide l'alvéole quartzeux ou pierreux qui le contenoit. Leur petitesse m'empêche de déterminer s'ils sont une espece de crystallisation d'étain, comme celles de certaines mines de Saxe et de Bohême, que j'ai dans mon cabinet. 4°. Plusieurs marcassites cubiques et globulaires, de couleur de laiton, irréguliérement répandues dans les fragmens. 5°. Beaucoup d'ocre et de terre jaune, couleur orange, obscure, et couleur de terre ordinaire, répandue dans les cavités et madrosités de la pierre. Quelques-unes des mottes de cette terre friable, sont restées compactes sans se durcir comme la pierre qui les environnoît de toutes parts. On voit que le rocher d'où j'ai détaché ces morceaux, est un mélange singulier de matieres nageantes autrefois dans un commun véhicule liquide, et qui, venant à se réunir et se consolider chacun selon ses propres forces d'attraction, ont formé cet amas hétérogène, qui peut servir d'échantillon à ces mines.

Je descendis ensuite dans un ravin, appelé *Cagnano*, situé au Couchant. Sur l'un de ses bords, j'apperçus un grand filon de marcassite, couleur de laiton, composé de crystallisations cubiques, menues comme du sable, si fortement unies ensemble, qu'elles forment les grandes masses de ce filon, qui suit la direction ou l'inclinaison des autres, et est au milieu de deux grandes couches de marne, assez dure, de la couleur du *mattaion*; c'est vraisemblablement la marcassite, dont parle il signor Baldassari, au n°. 72 de son Essai sur les Productions naturelles de l'état de Sienne. Remarquez que la marcassite à petits grains, est regardée, par les Minéralogistes, comme un signe de la richesse d'une mine. Un peu au-dessous, le long du même torrent, sont d'autres filons de marcassite, moins élevés, et différens entre eux par la qualité du grain. Parmi ces filons, il y en a un composé de cubes très-menus, de marcassite brillante comme de l'or, liés dans une pâte blanche et pierreuse, comme on voit de gros grains de sable liés dans la chaux : je ne sais pas cependant si toutes ces marcassites pourroient donner du vitriol, ou si on pourroit en tirer quelque espèce de *zinco*. Le docteur Baldassari remarque, d'après le signor Secondat, que la figure cubique, dans les marcassites, est un signe que le fer et le cuivre, unis ensemble, y dominent. Dans la remarque citée de quelques essais des mines de l'état de Sienne, on lit, « à Montiéri, est une carriere » de marcassite unie avec le vitriol et le » cuivre, chose rare » ; ce qui fait croire qu'il est question d'une mine autrefois ouverte dans ces cantons.

Je descendis sur le bord de la *Mersa*, dans laquelle se jette le *Cagnano* ; je la remontai plus d'un mille, jusqu'à des bocages immenses et pittoresques, et dont l'ombrage est impénétrable aux rayons du soleil : je trouvai partout d'innombrables filons, inclinés d'ardoise couleur de plomb brillant, avec quelques veines longues, mais rares, et quelques jointures inégales de quartz blanc, assez dur, comme celles du marbre verd de *Macciacoli*. Quelques parties de ce quartz sont creuses et caverneuses, et renferment quelques aiguilles de crystal de montagne nébuleux, c'est-à-dire dont l'eau n'est pas claire, et d'une pâte métallique ferrugineuse. Ces grands filons d'ardoise entassés, ou pour mieux dire de pierre *scissile*, comme l'ardoise, ont été, dans plusieurs endroits, taillés et tirés à carriere ouverte, sûrement pour être employés à quelque chose qui valût la peine qu'on se donnoit pour les mettre en œuvre ; mais je ne sais à quoi. On dit qu'on avoit ouvert, dans cet endroit, une mine de plomb, mais je n'en ai reconnu aucun indice. Ce bruit doit peut-être son origine à la couleur de la pierre, qui n'a, d'ailleurs, rien de commun avec le plomb. J'observai donc quelques gros filons de cette ardoise, mais beaucoup plus de petits ; et qu'entre les jointures d'un filon avec l'autre, il n'y a aucune liaison, mais seulement quelques *sillicidi ou gemmativi d'eau*, qui, tombant à terre, laissent de fortes traces d'une ocre fine ou de matiere rougeâtre, qui, posée sur la langue, laisse un goût rude, sur-tout lorsqu'il s'est passé quelque temps sans pleuvoir. C'est probablement quelque solution

solution de marcassite. J'ai rassemblé d'un de ces *gemitivi* sur un morceau de papier, autant que j'ai pu de cette ocre vitriolique, et j'ai reconnu qu'en se desséchant, il s'est formé dessus une couche de vitriol verdâtre crystallisé, en forme de croûte, avec des embryons de cristallisations, que je conserve dans ma collection de vitriols. Le célebre signor Dott Joseph Baldassari a fait, sur cette ardoise, plusieurs observations très-exactes, qu'on peut consulter. Il y traite spécialement de l'ocre couleur orange, dont j'ai parlé, et parle d'une espèce de *breccia*, composée de fragmens d'ardoise et autres pierres liées par cette ocre, qui a fait l'office de suc pétrifiant, comme je conjecturai que cela étoit arrivé dans certaines ardoises de Saint-Jean Allavena. Il signor Baldassari prétend qu'on se servit de cette ardoise pour construire les fourneaux *del Botro à Cagnano*, pour fondre le cuivre, parce qu'il résiste au feu presque aussi bien que la pierre à fourneaux de Rosina.

Je n'ai pu trouver aucun mémoire concernant ces mines; Ugurgiéri dit seulement que Milio et Camillo Salvetti, eurent la faculté

d'ouvrir les mines de vitriol de Montiéri du temps du grand duc Côme premier.

Je ne pourrois dire si c'est précisément dans cet endroit qu'on tiroit le vitriol, ou dans la montagne de Montiéri, d'où on tire l'argent. Je croirois plutôt que c'étoit aux Carbonaie. Les grandes masses de marcassite que j'y ai trouvées, me le feroient soupçonner. Je ne conçois pourtant pas comment on a fait une aussi grande dépense, en creusant dans un roc très-dur, pour en extraire seulement du vitriol. Je croirois plutôt qu'on en tiroit quelque minéral plus précieux que le vitriol ou le fer; la ressemblance des pierres de ce côteau avec celles de la montagne de Montiéri, me feroit croire que c'étoit de l'argent. Cependant, quoique je n'ai pu trouver aucune trace de métal parmi les ardoises qui sont le long de la Mersa, on pourroit cependant y ouvrir une carriere comme à Montiéri; le côteau, naturellement escarpé, rendroit cette opération facile : on n'y manque ni de charbon ni d'eau, mais il faudroit y construire des maisons.

Mines de Prata.

Dans la commune de Prata, sur les confins de Massa, à la droite du chemin qui conduit de Massa à Gerfalco, sur la montagne appelée......, on voit plusieurs anciennes ouvertures ou puits de mines qu'on croit d'argent. Sur le côté de la montagne, à droite de Prata, on trouve dans un endroit, appelé *la Porta Alferro*, des traces plus manifestes des mines, comme plusieurs cavernes et puits creusés à main-d'homme, qui ne communiquent point l'un avec l'autre, mais qui se divisent en plusieurs branches latérales et tortueuses. On y entre actuellement avec quelque difficulté, à cause de la terre dont les ouvertures sont obstruées. On y trouve des pierres avec du clinquant, de la terre mêlée de pareil clinquant, de gros morceaux de marcassites, et plusieurs stalactites, parmi lesquelles on trouve peut-être celles décrites par le signor Baldassari, dans son Essai des productions naturelles de l'état de Sienne. On croit qu'on tiroit de ces mines de l'or et de l'argent, mais leur nom sembleroit indiquer que c'étoit du fer.

Il Signor. Canc. Ant. Bernardino Fancelli, m'a fait part des notes suivantes.

Cession faite en 1243 par l'Empereur Frédéric, du château de Prata, terre et mine d'argent, à Giraldo di Gualfredo da Prata; il paroît par quelques autres cessions que ces mines ont été exploitées par différents particuliers.

La ville de Massa di Maremma, ainsi appellée pour la distinguer de Massa Ducale, ou Massa de Carrara dans la *Luniginaa*, est capitale d'un diocèse et d'une province de l'état de Sienne, limitrophe de celui de *Volterra*. Elle est éloignée de la mer, c'est-à-dire, du golfe della Fullonica, d'environ sept milles en ligne droite, elle est à trente mille de Sienne, vingt-quatre de Piombin, dix de Scarlino, neuf de Tatti, à huit de Monte-Rotondo, de Gerfalco et Bocchegiano et enfin à cinq de Prata.

Je ne saurois mieux comparer sa situation qu'à l'ancienne ville de Fiesole. Une branche de la montagne de Prata s'avançant du côté de la mer, fait un coude dans la direction du levant au couchant, formant un côteau oblong, composé de *travertin*, et isolé de trois côtés de la même maniere que le côteau de Fiesole, qui n'est qu'une branche du *mont Ceceri*; sur la cime de ce côteau et sur sa pente méridionale est assise la ville de Massa, mais il faut observer qu'il est du tiers moins étendu que celui de Fiesole. Entre le levant et le midi, il forme une saillie apellé le côteau *Della Madonna Del Piano*, et qui corespond au *mont Ceceri* de Fiesole. Au pied du côteau, dans la partie du levant est une vaste plaine terminée par la mer, à travers laquelle coule la riviere appellée *Pecora Vecchia*, qui prend sa source dans les montagnes du Gerfalco, et se décharge dans la mer, au fond du golfe Della Fullonica, formant auparavant au midi de la ville un lac appellé *Scarlino*; cette plaine est bornée au levant par plusieurs côteaux, sur la cime desquels sont situés divers châteaux, comme *Tatti*, *Perolla*, *Gavorrano* &c., et par les monts *du Scarlino* les plus élevés de ces contrées. Entre Massa et les flancs de la montagne *de Cugnano*, est une vallée étroite et tortueuse, qui n'a pas plus d'un mille de long, dans laquelle se déchargent les eaux des côteaux qui se rassemblent dans le torrent Pecora, ou vont croupir dans la plaine. Cette vallée ressemble beaucoup à celle *del Mu-*

gnone, située entre les côteaux della *Pietra*, de *Pratotino*, de *Montereggé* et de *Fiesole*.

La ressemblance des situations de Massa et de Fiesole, sembleroit devoir mettre peu de différence dans leur salubrité; il est cependant vrai que si Fiesole le cede à peu d'endroits de la Toscane, pour l'agrément des sites et la salubrité de l'air, Massa ne le cede à aucun lieu des côtes pour l'horreur et l'insalubrité. Cette misérable cité n'est pas détruite, ni convertie en campagne, comme Fiesole ; mais elle conserve encore un aspect de ville médiocre, qu'on devroit plutôt appeller un cadavre de ville. On ne peut sans pitié regarder les ruines de son ancienne magnificence, et un étranger ne peut passer dans les rues sans craindre d'être écrasé sous les ruines de quelque maison, ou d'être saisi d'une fievre maremmana. Tout le monde connoît le proverbe *Massa guarda e passa*.

Lorsque cette ville se gouvernoit en république, elle étoit plus considérable, plus peuplée, plus florissante et conséquemment plus saine, c'est-à-dire, le contraire de ce qu'elle est à présent ; je n'ai pu trouver le nombre de ses habitants au commencement du quatorziéme siécle. On voit par le nombre des maisons, en grande partie ruinées, que sa population devoit être considérable, sur-tout si l'on fait attention, qu'alors on vivoit plus à l'étroit et que plusieurs familles habitoient la même maison. Celles bâties dans les treiziéme et quatorziéme siécles dont fort peu sont encore sur pied, sont magnifiques, solidement construites, sans lesinerie, leurs façades ne sont point crépies, mais bâties de *travertin* taillé et sculpté, d'où on peut conclure qu'elles ont appartenu à des familles riches et puissantes. Les églises qui sont très-vastes, sont une autre preuve de la grande population de Massa. La cathédrale dédiée à *S. Cerbone*, outre sa grandeur, est belle, quoique d'une architecture barbare, peut-être du douziéme siécle. Elle a trois nefs avec de petits arceaux demi-circulaires, soutenus par des colones rondes. Elle n'est pas très-ornée, mais elle est majestueuse. Le grand autel à la moderne, est très-beau; le baptistere et l'urne qui est sous le grand autel, contenante le corps de S. Cerbone, ont été travaillés dans le quatorziéme siécle et font l'admiration des étrangers. Les monuments publics, comme le Palais du chef de la Justice, la chancellerie, les fontaines et autres semblables, sont magnifiques.

Non-seulement la ville étoit autrefois très-peuplée, mais les campagnes voisines l'étoient en proportion, comme il paroît par les ruines des châteaux, des maisons et des églises. Aujourd'hui la campagne est un désert, et la ville est tellement pleine de ruines qu'elle fait pitié. Mille personnes environ, dont la majeure partie sont étrangers, y passent l'hiver; mais dans l'été il y en reste tout au plus trois cent : les autres quittent ce séjour malsain, l'évêque même, à qui il a été permis par une bulle de l'abandonner, n'y reste pas.

L'époque de la désolation où j'ai trouvé Massa en 1742, doit remonter aux temps où elle a perdu sa liberté, c'est-à-dire, vers la moitié du quatorziéme siécle. Le joug pesant de la servitude, les lourdes et continuelles impositions, l'oppression dans laquelle les Siennois tinrent ses habitants d'un naturel feroce et inquiet, furent sans doute la cause pour laquelle les familles les plus riches, et successivement les artisans abandonnerent leur patrie, ce qui ruina son commerce et ses bâtiments, et rendit inculte la campagne, parce que, dit S. Grégoire le grand, lorsque les hommes manquent, les murailles s'écroulent ; toujours est-il que la république de Sienne a réduit Massa dans deux siécles, à l'état pitoyable où elle est actuellement depuis qu'elle est tombée entre les mains du grand duc Côme premier ; les grands ducs ses successeurs, ont fait tout ce qu'ils ont pu pour en prévenir la ruine totale ; et c'est à leurs efforts que Massa doit l'existence précaire dont elle jouit aujourd'hui.

Les causes naturelles de l'insalubrité de l'air à Massa, proviennent principalement de sa situation trop basse, trop exposée aux vents de mer, et trop à couvert de ceux de terre dont elle est défendue par les côteaux circonvoisins, *della Madonna*, *del Piano* et autres, parmi lesquels celui de Ste Magdelaine intercepte tout-à-fait le vent du nord.

L'eau qu'on boit à Massa est impregnée de tartre, parce qu'elle passe à travers les filons de *travertin*, dont le côteau est composé, et dont tous les édifices de la ville sont construits. Elles ont toutes un goût terreux, sont très-pesantes et laissent du tartre aux parois des verres. Si vous y infusez de l'huile de tartre , elles deviennent blanches ; versez-y de l'esprit de vitriol , elles bouillonnent et déposent une matiere blanche tartreuse ; *le travertin*, qui dans l'origine étoit tartre , se résout facilement en cette substance. Telles sont les eaux des fontaines publiques de la place du marché, et de celle qui est hors la porte à St *Francesco*. Telles sont encore celles des huit puits , trois desquels sont dans la ville neuve , un en dehors et quatre dans les maisons. Les six citernes d'eau pluviale sont dans des maisons de particuliers.

Cependant malgré sa situation, malgré le peu de circulation de l'air , et la mauvaise qualité des eaux, Massa étoit autrefois très-peuplée, et son séjour très-sain. La désolation de ses campagnes est devenue la principale cause de son insalubrité ; des bocages immenses ont pris la place des fermes, des vignes et des terres ensemencées , et ont arrêté la circulation de l'air et la ventillation ; les côteaux qui sont au couchant au nord de la ville, se sont couverts d'épaisses et hautes broussailles qui rompent et arrêtent l'effort des vents qui soufflent de ces parties, et qui pourroient épurer l'air ; outre cela les torrents et les rivieres n'étant pas contenus dans leurs lits, se répandent dans la plaine, où ils forment des marais qui infectent l'air. Ce n'est pas que le terrein ne soit commodement disposé pour faire écouler les eaux qui sont dans le voisinage de Massa, puisque la pente est assez rapide et que les torrents s'y creusent des lits profonds, mais parce qu'il manque de bras pour construire des digues, et que lorsque les terreins sont une fois en friche, les propriétaires ne se soucient plus de faire les dépenses nécessaires pour les remettre en valeur. La grande quantité de ruines qui sont dans la ville et qu'on appelle, suivant leur grandeur, *Casalini*, *Casolari* ou *Casaloni*, contribuent beaucoup à rendre l'air mal sain, à cause des immondices et des eaux qui se ramassent et croupissent dans leur sein et sur les terreins qui en dépendent.

Je ne sais ni le nom, ni le nombre des marais qui se trouvent dans la plaine, où ils sont en grande quantité. Les plus remarquables et les plus voisins, sont ceux de la *Ghianda* et celui du Pozzaione, qui rendent l'air humide en hiver et pestilentiel en été et en automne.

J'avois résolu de visiter avec soin tout le territoire de Massa, qui abonde en productions naturelles très-curieuses. Mais les pluies qui étoient tombées quelques jours auparavant, avoient inondé la plaine, rendu les chemins impraticables et le passage des torrents très-dangereux ; outre cela j'avois peur que les fatigues que j'avois essuyées dans mon voyage, et l'inconstance du temps, ne m'occasionnassent une maladie ; je fus donc contraint à mon grand regret, d'abandonner ce projet et de m'en retourner à Florence en droiture. C'étoit bien le meilleur parti que je pusse prendre, car les pluies continuelles m'avoient tenu près d'un mois renfermé à Massa.

Cependant durant le peu de temps que je restai dans cette ville, j'eus soin de m'informer de quelques personnes qui connoissoient le pays, des productions naturelles les plus curieuses qu'on y rencontre, et de plus je reçus une lettre de renseignements du Sig. Chancellier Gio. Maria Martinelli.

On trouve dans les environs de Massa de la marcassite en abondance, en plusieurs endroits, principalement dans un lieu appellé *Bigallano*, peu éloigné de la ville et dans un autre appellé *Fosso Alvadino*, éloigné de Massa d'environ trois milles. Ces marcassites sont pour la plûpart dorées, c'est-à-dire, de couleur jaune, et sont peut-être de la nature du vitriol verd. Il Signor Antonio Falleri, architecte, m'a fait présent d'un échantillon de marcassite, trouvé dans ces lieux, composée de petites masses de matiere pyritique, jaune, liée et incorporée dans une pierre de la nature du tarse et du quartz; il me donna aussi un autre morceau, dont la substance seule de tarse est spongieuse et pleine de cellules semblables à celles des abeilles; la marcassite en ayant été détachée par les injures de l'air, de la même maniere que cela doit être arrivé aux pierres spongieuses et caverneuses du côteau *del Castellare*, ce qui peut nous donner une idée de la formation de quelques pierres *idiomorfes*, qui n'est pas encore bien clairement développée; qui sait si quelques alvéoles d'une espece d'abeille trouvés dans la pierre par *Agostino Lippi*, dans les montagnes de Siant, n'étoient pas de cette espece? Le Sign. Baldassari parle d'une marcassite qu'on trouve à Massa di Maremma, au-dessus de la fontaine *di Brenna*, sur le côteau *al Montone*; on peut voir les observations judicieuses de ce Savant sur les marcassites.

A deux milles de distance de la ville, sur le chemin de *Petriciano*, dans un endroit appellé Serra *ai Bottini*, on trouve de l'antimoine. La mine de même métal dont parle *Aldrovando*, étoit peut-être dans cet endroit. Plusieurs minéralogistes s'accordent à dire que l'antimoine de Massa est le meilleur connu. L'autre mine de ce métal est dans un endroit appellé côteau *al Montone*, où il paroît qu'on a fait autrefois des excavations. Cet antimoine est désigné par il Sign. Baldassari, sous le nom d'antimoine impur, qui se trouve en abondance à *Massa di Maremma*, au-dessus de la fontaine de *Brenna*, sur le côteau *al Montone*. Le plus bel antimoine se trouve à Perolla dans le voisinage.

Parmi les productions naturelles de l'état de Sienne, envoyées par le Sign. *Ambrogio Tuti* au Sénateur *Carlo Ginori*, pour son cabinet di *Doccia*, étoit un minéral qu'on croit d'étain, et que l'on trouve dans le territoire de Massa, dans un endroit appellé *al Montone*, éloigné de la ville d'environ trois milles, dans une carriere ouverte, qui se prolonge jusqu'au milieu du côteau ci-dessus.

Le territoire de Massa possede encore des mines de cuivre, d'azur et de verd de montagne. Le même Sig. *Ambrogio Tuti*, envoya au Sénateur *Ginori* un morceau de mine de cuivre trouvé dans un endroit appellé côteau de *Pozzoia*, situé au levant de Massa; on y voit des puits de cinq coudées de diametre, dont quelques-uns sont comblés, et les autres d'une certaine profondeur sont murés pour servir de citernes.

Dans un autre endroit appellé *Serra ai Bottini della Lecceta*, sont plusieurs puits et canaux souterrains très-anciens, creusés dans la montagne, et qu'on croit avoir servi à tirer le cuivre dont on trouve beaucoup d'indices dans ces cantons; on y voit entr'autres quelques incrustations vertes, et un certain minéral de couleur azur assez belle, que les paysans appellent *Lapis Lazulli.* Je crois que c'est le même que le Sig. Baldassari appelle *Lapis Lazzuli imparfait, qui se trouve à la superficie de la terre à Massa dit Marenna, au lieu appellé Pezzoia, que l'on trouve aussi dans le cuivre en le fondant.* On le prend au premier coup d'œil pour le lapis lazzuli, mais je crois que c'est un *croco*, une teinture, ou comme disent les Metallurgistes une *effumazione* de cuivre que les Auteurs appellent *cœruleum*, et qu'ils indiquent comme un signe certain de l'or et du cuivre. On ne peut s'en servir dans la peinture à l'huile, parce que, combiné avec ce fluide, il perd sa belle couleur d'azur et en prend une verte. On pourroit peut-être l'employer avec succès dans la peinture des émaux, de la porcelaine et de la fayance.

Le Sign. Baldassari fait mention d'un verd de gris minéral que l'on trouve assez abondamment *à Massa di Maremma*, aux lieux appellés *Poggio al Montierino* et Pozzoia. On croit cependant qu'en creusant plus avant il seroit de meilleure qualité. Il parle aussi d'un minéral d'argent et de cuivre qui se trouve en abondance à *Massa di Maremma*, à l'endroit appellé les côtes de *Pozzoia*. Le même auteur traite plus amplement des mines de cuivre du territoire de Massa, au tome 2e. des mémoires de l'Académie des Sciences de Sienne; sur la nature et l'usage du lapis lazzuli ou azur, et du verd de montagne, on peut consulter le Sçavant Emmanuel

Emmanuel Swedenborgio. *regn. subterran.* et plusieurs autres.

Le verd de montagne della Serra ai Bottini della Lecceta, est semblable à celui de Capportiano que j'ai décrit. Mais l'azur de montagne ou natif, en differe en ce qu'il ne naît pas en croûtes, mais en petits globes un peu applatis de la grosseur d'un pois, ou solitaires et détachés l'un de l'autre, ou combinés et grouppés plusieurs ensemble comme les marcassites globulaires. Leur substance est souvent si dure, que la lime a peine à mordre dessus. Leur surface qui n'a point souffert des injures de l'air, est inégale et raboteuse, je crois à cause de quelques cristallisations, qui, partant du centre, se terminent à la superficie, mais je n'ai pu m'assurer si ces extrêmités sont à facettes. Ils sont à l'intérieur, remplis de pâte similaire dont la base a quelques petites facettes, et est le plus souvent disposée en feuilles concentriques, comme l'agathe; mais en les examinant attentivement, on s'apperçoit qu'ils sont formés de cristallisations, qui partant d'une centre commun, se déploient sphériquement et se combinent parfaitement comme les marcassites globulaires. La substance de ces globes approche cependant beaucoup de l'*aerugo nativa striata Waller. mineralog. sp.* beaucoup sont devenus friables et ont perdu une partie de leur couleur, exposés aux injures de l'air. L'azur et le verd sont incorporés dans une pierre constituante les filons de la montagne. Cette pierre est une espece de spath, c'est-à-dire qu'elle est composée d'une pâte de spath, qui a lié et renfermé au dedans d'elle-même beaucoup de craie couleur de cendre, et d'autres substances. Je crois que ces lits furent dans l'origine une espece de limon très-liquide, de sorte que la pâte de spath se consolidant et se cristallisant, s'est séparée de l'eau, qu'elle a renfermée dans les cavités très petites, mais très-multipliées, qui se trouvent dans cette pierre, et qui sont séparées l'une de l'autre par des cloisons laminaires de spath, plus ou moins épaisses. Je croyois d'abord que ces cavités avoient autrefois été pleines de terre, qui n'ayant pu acquérir la consistance de la pierre, en avoit été détachée et poussée au dehors par l'influence de l'air, comme cela doit être arrivé aux pierres *del Castellare*. Mais ayant rompu depuis de très-gros morceaux de la pierre spatheuse de Massa, et y ayant trouvé beaucoup de ces cavités vuides, j'inclinerois à croire qu'elles n'ont jamais recelé que de l'eau, qui en s'exhalant, les a laissées libres, comme je l'ai observé dans les *ventri gemmati* de souffre vierge, qui sont absolument secs et vuides et qui étoient pleins d'eau lorsque je les recueillis. Les superficies des cavités qui se trouvent dans ces matrices d'azur et de verd de montagne, sont toutes revêtues de petites aiguilles de spath à trois faces plus ou moins grandes, ou plus ou moins parfaites; quelques-unes sont cubiques et présentent un angle; elles sont la plûpart marbrées et blanches, mais il y en a de transparentes et quelques-unes obscurcies de verd, comme les chrisolites et les *aigues marines*. Plusieurs de ces matrices ont des cristallisations spatheuses inscrustées d'ocre rougeâtre, dans le sein desquelles on trouve des mottes friables renfermées dans la pierre. On voit dans quelques-unes de leurs cavités, au lieu du *ventre gemmorto* de spath, une incrustation de verd de montagne, tirant un peu sur l'azur et formée au lieu d'aiguilles, de petites inégalités, comme celles *de caporciano*, ce qui prouve que tout le verd-degris natif n'est pas une solution, ou une décomposition de cuivre, et qu'il y en a de primitif aussi ancien que les veines même de cuivre, parce qu'autrement il n'auroit pas pu pénétrer dans le cœur de ces pierres.

La majeure partie du verd de gris est éparse, et incorporée dans la substance du spath qui forme les divisions et les cloisons des cavités, et dont on en trouve de très-épaisses. Dans ces cloisons sont renfermés des grouppes d'azur, quelques grouppes de marcassite couleur d'or, et beaucoup d'écailles brillantes de talc dont on retrouve aussi quelques-unes dans les grouppes même d'azur. Il est donc vraisemblable que toutes ces pétrifications furent originairement une grande couche de limon imprégné de sucs spatheux, pyritiques et *cuprei* de micadetalc, de terre blanchâtre, et d'autres substances inconnues, qui se sont successivement rassemblées et cristallisées, selon leur force d'attraction reciproque. Les sucs spatheux ont formé le massif d'une pierre qu'on peut ranger dans la classe du *travertino* : les sucs pyritiques ont formé les cubes de marcassites, et, peut-être, contribué à l'amas des petits globes d'azur. Enfin le suc *Cupreo*, selon ses différents mêlanges, a formé les traces de verd de gris, les globes d'azur, et teint les aiguilles de spath : ce qui rend cette pétrification très-curieuse.

A un mille de cet endroit, sur la route du lac *dell'Accesa*, on trouve des améthistes semblables en couleur à celles de France, c'est-à-dire, d'une eau médiocre et tant soi peu embrouillées ; on en trouve d'autres à *Cavone All'acqua* et au côteau des carrieres à environ cinq milles de Massa. Le Sign. Baldassari les appelle » améthistes, » pierres dures qu'on trouve dans le terri- » toire de Massa, à l'endroit appellé *Pog-* » *gio del Palazzo alle Cave et à Poggio à* » *Cavoni*, à environ quatre milles et au » S. O. de Massa. » On y trouve aussi des améthistes violettes avec des ondes blanches et d'autres parfaitement blanches. La carriere d'où on les tire est très-grande et s'enfonce au sud sous un côteau. Elles sont la plûpart obscures et marbrées; mais il en est d'une fort belle eau, et très-propres à être mises en œuvre. Je n'en ai pas vu, ainsi je ne peux dire si elles sont pyramidales et triangulaires comme quelques especes de spath, ou hexagones, comme le cristal de montagne, ou enfin cubiques, comme une autre espece de spath. J'ai vu des cristallisations couleur d'améthiste de toutes ces especes de pierres, desquelles je crois qu'on pourroit tirer des améthistes très-brillantes. Je ne crois cependant pas que cette pierre soit une espece séparée, comme l'avance le célébre Gio Gottchalco Wallerio. Il paroît au contraire qu'elle tire son origine d'une teinture ferrugineuse mêlée et fondue avec différentes cristallisations. On trouve des améthistes dans d'autres endroits de la Toscane, sur-tout à *Silvena* et dans l'isle de Lelba, aux environs d'une mine de fer. J'en conserve deux morceaux dans mon cabinet. Tous deux sont un amas ou grouppe de cristallisations de spath, composés de deux pyramides triangulaires, unies par leur base, et formantes un solide hexagone rhomboïdal. Elles se divisent en lames luisantes et unies, comme les autres spaths. On ne peut les polir à cause de leur peu de dureté : on en peut cependant faire des inscrustations assez belles. Les cristallisations sélénitiques, qui grouppées, forment une espece de *liteosforo*, ou pierre de Bologne, trouvée par Michel dans les montagnes de Sestino, sont encore de couleur d'améthiste.

On trouve non-seulement des améthistes à *Cavone All'acqua*, ou Cavone dell'Allume sur les frontieres du territoire de Piombin ; mais on y voit encore les vestiges de cinq édifices qui servoient autrefois à fondre le cuivre et à rafiner l'alun que l'on tiroit dans ces cantons. Je crois que c'est une de ces alunieres, qui furent ouvertes ou r'ouvertes au temps du grand duc Côme premier, comme le racontent Ulisse Aldrovando, et plusieurs autres. On voit dans les archives de Massa, qu'en 1562, on publia un ban pour le service de cette mine et qu'on donna des ordres de rassembler des fourrages pour les bestiaux employés à son exploitation. Vanoccio Biringucci, écrivain du quinziéme siecle, et quelques Auteurs contemporains parlent d'une mine d'alun à Massa. Enfin Féandro Alberti dit que de son temps on rafinoit de l'alun dans un endroit éloigné de deux milles de Vetulie. Le chancelier Martinelli m'a assuré qu'il y a une mine d'alun dans un endroit appellé i Cavoni, à cinq milles environ de Massa, et qu'on voit encore les vestiges de l'édifice ci-dessus, *à Palazzo alle Cave*, et dans un autre endroit appellé *te Caldaie Nenoni*, peu éloigné du précédent, où sont encore les fourneaux, on voit dans les livres de la chancellerie que la communauté affermoit cette mine deux cent florins d'or par an, et retiroit outre cela un tiers du bénéfice. Je ne sais cependant si cette carriere est la même que celles ci-dessus décrites. Le Sigr. Baldassari la désigne ainsi, l'alun qui se trouve auprès de Massa, di Marrenna, à l'endroit appellé *Poggio del Palazzo alle Cave* éloigné de Massa d'environ quatre milles et demi, au milieu du territoire de cette ville ; il paroît par le rapport de plusieurs Auteurs, que l'exploitation de ces mines remonte à des temps très-reculés.

Je croirois non-seulement très-utile de rechercher quelques-unes de ces anciennes ruines d'alun abandonnées, je ne sais pour quelle raison ; mais encore de r'ouvrir une mine d'excellent vitriol qui s'exploitoit au quinziéme siécle dans le territoire de Massa. Voici ce qu'en dit Vanoccio Biringucci : « Le vitriol que l'on tire à Massa, est aussi beau et d'une aussi bonne qualité que celui de Chypre. Les alchymistes l'emploient volontiers dans la composition de leurs huiles et de leurs eaux corrosives, parce qu'il ressemble beaucoup à celui de Chypre. Il est si pur qu'on pourroit s'en servir au sortir de la carriere. C'est sûrement ce vitriol dont parle Cesalpino, lorsqu'il dit on commence à rafiner à Massa un vitriol beaucoup plus beau et de meilleure qualité que le vitriol Romain, parce qu'il imite celui de Chypre, et qu'il est comme lui mêlé de verd et d'azur. » Ce fut peut-être au temps du grand duc Côme premier que fut ouverte la mine décrite par *Biringucci*, que la guerre força d'abandonner pendant long-temps. Mattioli en parle aussi : « les mines de vitriol, dit-il, comme celles de Massa et d'autres endroits de l'état de Sienne se rencontrent ordinairement dans les vallées. Sa substance plus terreuse, que pierreuse, de couleur bleu pâle, semée de taches jaunes, comme la rouille de fer, ou verte comme le verd de gris ».

Il seroit difficile de déterminer de quelle nature est la veine de vitriol de Massa. L'acide minéral, qui est la base du vitriol, se trouve souvent lié dans des matrices d'argent, de cuivre, ou de fer, souvent dans quelques especes de marcassite, souvent encore dans le limon et dans les concrétions de *Bulicauri*, enfin sous la forme de terre *ampellitte*. Cette terre, comme on sait, a été dans le principe, ou une croute épaisse ou un limon de *bulizaun* ou de la marcassite décomposée par l'humidité.

On trouve à cinq milles de Massa dans le territoire dell'Accesa, château ruiné, plusieurs puits dont on tiroit anciennement de l'argent. J'ai quelques morceaux assez pesants et assez riches de cette mine, de couleur plombée, d'un grain fin et ressemblant beaucoup à la veine d'argent *de Serawezza*. Quelques-uns de ces morceaux contiennent du fer et du plomb et quelques-uns sont d'antimoine compact, à fibres très-fines et très-déliées.

Vers la fin du quinziéme siécle, on exploitoit, dit un Auteur anonyme, une mine d'argent dans le territoire de Massa ; je ne sais pas s'il s'agit ici de celle de l'*Accesa* ou d'une autre ouverte anciennement dans les communes de Gaverrano. A huit milles environ de Massa, il y avoit aussi une mine d'argent et de cuivre dans la vallée de Pozzoia ainsi appellée de plusieurs puits qui servoient à l'exploiter.

En 1570, un paisan sur-nommé Pedo trouva dans la Jurisdiction de Massa une mine d'or très-abondante. La Cour en ayant eu avis, voulut le faire arrêter un jour qu'il revenoit de cette mine avec un petit sac plein d'or. Ce paisan, en se défendant, tua un des gardes envoyés à sa poursuite ; mais les autres l'ayant tué lui-même, on n'a pu savoir où cette mine étoit située.

Sur le chemin de Massa à la montagne appellée *la Porta al Ferro*, du côté de Prata, on voit d'anciennes mines de fer ; on en trouve aussi d'autres dans un endroit appellé *Sopral pian del mucine* près de fosso del Vadino, éloigné de Massa d'environ trois milles et demi.

Parmi les productions naturelles de l'état de Sienne envoyées par le Sign. Ambrogio Luti, au Sénateur Carlo Ginori, se trouvoient les suivantes.

Medulla Saxorum ou lac Lunæ, terre bolaire blanche qui se trouve dans le côteau *alle Cave* auprès de la carriere d'améthistes, dans un terrein appartenant à la communauté de Massa au feu de la porcelaine. Elle reste *laterizia* à un dégré, à trois elle est dure à la fusion et blanche.

De la terre rouge mêlée de jaune qui se trouve dans la même carriere d'améthistes au feu de la porcelaine, elle se lie à sec, ensuite se vitrifie, puis devient rouge.

Un bol de couleur blanche et obscure.

De la terre bolaire rougeâtre que l'on trouve mêlée parmi les veines d'alun dans un terrein attenant à la communauté de Massa, au lieu appellé *il Cavone all allume*; au feu de la porcelaine elle reste liée à sec et devient rouge.

Un morceau de minerai qui offre un mélange de différents métaux dans un terrein attenant à ladite communauté, sur la côte *del Poggio di Pozzia* en descendant vers le *Palazzo alle Cave* à environ trois milles de Massa; cette carriere creusée en forme de puits, a environ quatre brasses de diametre à son ouverture, et quoiqu'en partie comblée, elle est encore assez profonde. Ces fragments ont été pris à l'ouverture de ce puits auprès duquel on en voit beaucoup d'autres semblables très-profonds dont quelques-uns sont revêtus de murailles pour servir de citernes.

Je parlerai en dernier lieu de quelques fossiles de ce territoire, dont le Sig. *Baldassari* fait mention en ces termes, 1°. un minéral composé de plomb et d'antimoine, mais où le plomb domine, trouvé à Massa di Marenna dans un endroit appellé *il Molin presso*; 2°. Du plomb minéral qu'on rencontre assez abondamment à Massa di Maremma à la superficie de la terre, dans un endroit appellé *serra bottini delle Coste*; 3°. de la terre jaunâtre et bolaire que l'on trouve facilement et en grande quantité à Massa di Maremma, à l'endroit appellé *i Cavoni*; 4°. de la terre rouge plus pesante que les précédentes et d'une couleur moins vive, que l'on trouve pareillement en abondance à Massa di Maremma, à l'endroit appellé *Molin Presso*; 5°. une croute de tartre cristallisée, qui se trouve à Massa di Maremma, *à serra bottini delle Coste*, auprès de quelques *stillicidj*. *Maestro Alessandro Montani*, dans la note des essais des mines qui se trouvent dans l'état de Sienne, parle d'une mine voisine de Gavorrano, d'où on tire un métal qui tient de l'argent, qu'on pourroit employer dans la fonte des cloches.

Ce court essai suffit pour donner aux lecteurs une idée de l'abondance et de la richesse des productions naturelles du territoire de Massa. J'espere qu'il s'en trouvera parmi eux, qui prendront la peine de le visiter et de suppléer aux observations que je n'ai pu faire moi-même. J'ai seulement observé que les parties des côteaux et des montagnes qui regardent la mer, sont dépouillées de la déposition des collines, et composées de filons inclinés, la plûpart de travertins dont on voit des masses considérables, sous le château de l'ancienne ville. Ces travertins paroissent avoir été dans l'origine des tartres qui ayant renfermé plusieurs corps hétérogenes, sont restés teints et marqués de diverses terres et teintures métalliques, et pourroient fournir aux lapidaires des pierres très-belles et très-variées.

On trouve dans la montagne de Gaverrano voisine de Massa, une espece de granit blanc, marqueté de noir: on en voit de plusieurs especes dans le territoire de Sienne.

L'envie de faire des observations nouvelles, me conduisit à Castagneto, actuellement capitale de la Comté Gherardesca. C'est une des meilleures terres de la côte, située sur une coline détachée des hautes montagnes della Sassetta et de Monterverdi; l'air y est sain, et on y jouit de la superbe vue de la mer. Elle est très-peuplée. On voit dans son ancien château, le palais des comtes, et dans un endroit de ce palais une table de marbre scellée dans la muraille, sur laquelle on lit A. D. 1345, *ind. 14 hujus turris opus fecit fieri Laurentius quond. ducis comitis de Cast.*

Les montagnes de la Comté Gherradesca et les terres adjacentes, abondent en productions naturelles, qui piquoient vivement ma curiosité. Mais les temps pluvieux et quelques incommodités que je commençois à ressentir de mes fatigues precédentes, m'obligerent à renoncer à mes recherches. Je me contentai donc de prendre les renseignements les plus fideles dont je vais rendre compte et de recueillir toutes les relations que je pus, dans l'espérance d'y revenir une autrefois, ce que je n'ai jamais pu exécuter.

Derriere Castagneto, sur la montagne, on voit les châteaux Segalari et Oliveto et au levant Donoratico, tour d'une construction très massive, et le petit château Donoratichino, qui donnerent autrefois leurs noms aux différentes branches de la famille Gherardesca. La chaux aussi dure que la pierre, qu'on dit avoir été employée dans la construction de cette tour, prouve qu'on apportoit autrefois de grandes précautions à faire de la chaux pour bâtir des édifices solides et de longue durée. Il paroît que la préparation consistoit d'abord dans le choix et la perfection des pierres ; 2°. dans le dégré de calcination qu'on leur donnoit, peut-être aussi dans la structure des fours et le choix du bois,; 3°. dans le temps et la maniere de l'éteindre, de la conserver; 4°. dans la séparation du sable, de la terre et des autres parties hétérogenes.

Dans le Levant de la Comté, vers les confins de Campigliése, sur le penchant de trois montagnes, situées à environ deux milles de Lames, sont les carrieres de marbre, appelées à Florence Della Ghérardesca. On voit de ce marbre appelé *Broccatetto della Ghérardesca*, mis en œuvre dans le baptistaire et dans l'église della Spina de Pise, d'où on vient d'en transporter une grande quantité à Florence, pour la chapelle royale de Saint-Laurent. On le tire d'un endroit appellé le Buccace, voisin de l'hermitage *de Saint-Maria di Gloria*, où le B. Guido, comte de Donoratico, fit une longue pénitence. On y

obser v

observe que ces anciennes retailles, laissées sur la place, dans le temps qu'on exploitoit ces carrieres, ont été réunies et reliées ensemble par le tartre que déposoit sur elles une certaine eau ; de sorte qu'elles forment actuellement une espèce de brêche poreuse; auprès des *Bucacce*, est une autre carriere de marbre mêlé, qu'on appelle *Mistio della Ghérardesca*.

Dans la montagne *della Rochetta*, on voit à la place d'un château, qui existoit autrefois sur les confins de la Comté, une ancienne carriere de marbre blanc, semblable à celui des *Montagnes de Pise*, d'où l'on voit qu'on en a beaucoup tiré. On dit même qu'on s'en est servi dans la construction du dôme de Florence.

Dans le Campigliése, on tiroit au temps des *Vasari*, des marbres blancs, la plupart bons pour les ouvrages de cadre, et quelquefois pour les statues. On en tire encore la pierre *da Arruotare con acqua*, qui est de la nature de celle qui sert à doubler les fourneaux à fer.

On tire encore dans la montagne *della Rochetta*, une pierre dure, de la nature du granit ou du peperino *di santa fiora*, c'est-à-dire composée de petits grains configurés de spath ou de quartz laminaire blanchâtre et de petites écailles noires métalliques, sujettes à s'exfolier. On s'en sert à Castagneto, pour faire des seuils de porte et des appuis de fenêtres : j'aurai occasion de parler une autrefois de cette pierre, qui est une espece de granite.

On trouve dans le ravin *delle Rochette*, de grands bancs, d'un marbre couleur de verd antique, et d'un autre semblable à celui d'Afrique.

On voit aussi dans d'autres ravins ou torrens, qui coulent de la montagne *della Rochetta*, des Jaspes, des Calcédoines, dans lesquels on m'a dit qu'on trouvoit quelquefois des corps marins, et sur-tout des oursins semblables à ceux que l'on voit dans les pierres à feu d'Angleterre.

Les mines qu'on rencontre à chaque pas, dans la montagne *della Rochetta*, sont les plus curieuses, parce que cette montagne fut anciennement percée de toutes parts, pour suivre des veines de je ne sais quel métal. On y voit un puits tortueux, très-profond, qui existe depuis un temps immémorial : on en voit aussi plusieurs de comblés. Micheli trouva, dans un de ces puits, beaucoup de veines de fer et de marcassite couleur d'or, parmi lesquelles il y en avoit d'un grain très-menu, et délié comme le sable. Il y trouva en outre un minéral, composé de cuivre, de *zinco* et de *wolferto*, assez précieux dans son espèce, et qui mérite d'être recherché et examiné attentivement. Le cuivre y domine, et s'y trouve en petites masses couleur d'or, ou changeant de plusieurs couleurs, qui se sépare en lames comme le talc. On peut le ranger dans la classe du *cupropiriticoso*, Linn., syst. nat., 179, n. 8, étant du cuivre minéralisé avec le soufre et le fer.

Le zinco s'y rencontre sous la forme de *galena inanis*, ou *pseudogalena*, c'est-à-dire en masses brillantes, d'une couleur rembrunie, divisant en lames comme le talc, et qu'on pourroit mettre dans la classe du *zincum micacceum subtessulatum nigrum* : schwarse bleu de Linn., syst. nat., 174, n°. 2. On en fait grand cas et un grand usage dans ces montagnes, sur-tout dans la composition du laiton.

Le cuivre et le *zinco* se trouvent en grande quantité dans ce minéral, et composent presque seuls sa substance, à la réserve de quelque mélange de quartz ou de matrice de crystal. Dans une partie de l'échantillon que je conserve dans mon cabinet, on trouve une grande quantité de wolferto ou wolfranc, comme le nommerent les sign. *Reniolдo Augerstein*, et le baron Alexandre Funk, gentilshommes Suédois, très-versés dans la connoissance des mines, qui s'arrêterent quelques jours à Florence en 1751 ; mais ils n'ont aucune analogie avec les indices qu'en donne M. Linné à l'article du Fer. Il a bien, à la vérité, quelque ressemblance avec la pierre à crayon, dont j'ai de beaux échantillons, apportés d'Allemagne par *Micheli* : ses crystallisations ont à-peu-près la même figure ; mais il est dur comme le fer, se rompt en éclats, et, frotté, il ne communique aucune couleur. Il est composé de crystallisations très-déliées, ayant la forme d'aiguilles, qui, partant de divers centres, se répandent sphériquement et s'unissent ensemble, en formant des espèces de rayons, à-peu-près comme fait l'antimoine dont il differe, en ce que les bases de ses crystallisations se coupent et s'entrelacent avec celles des voisines ; de sorte qu'elles forment ensemble un amas pesant et dur, de couleur plombée, tirante sur le noir en partie, luisant, rayé dans tous les sens, comme j'ai dit que l'étoit la pâte de l'albâtre sous la lime : elles se réduisent en une poussiere terreuse, blanchâtre, qui résiste à l'attraction de l'aimant. Je croirois que c'est du fer minéralisé avec l'antimoine, et avec quelque autre substance à moi inconnue. Dans les interstices des spheres de crystallisation, il est resté un peu de pâte quartzeuse ou blanche, ou crystalline ou noire, et certaine substance pierreuse métallique, que je ne connois pas encore.

Je crois que c'est de ces mines que Micheli a tiré une marcassite vitriolique, couleur de laiton, dont j'ai trouvé deux morceaux dans sa collection. C'est une concrétion ressemblante en quelque maniere à la pierre sabloneuse, composée de très-petites crystallisations cubiques, ou cuboïdes de marcassite, si étroitement unies, qu'on n'apperçoit entr'elles aucun lien de pierre, si ce n'est un peu de quartz ou de spath, teint d'une ocre ferrugineuse de couleur orange, dont on voit aussi quelques petites traces séparées. Parmi tant de marcassites sabloneuses, il y en a dont les masses sont plus considérables, qui ont la couleur et les lames de calcopyrite ou de cuivre pyritique. Elles ont rassemblé autour d'elles, dans la partie où elles sont le plus abondantes, un amas de matiere métallique noire, qui me paroît être du fer avec du *zinco*, un peu décomposé, et quelques petites lames de *wolfranc* noir. Ce mélange est incrusté d'ocre ferrugineuse, noirâtre, d'un rouge obscur, et jaunâtre sur une autre face ; l'incrustation d'ocre est évidemment ferrugineuse, elle a la forme de crayon noir, et est toute couverte de très-petits hémisphères. On voit aussi dans la concrétion de marcassite, parmi ses molécules sabloneuses, plusieurs fibres de *zinco*, sous la forme de *galea inanis* ou *bleu* de couleur de plomb noirâtre, luisante, et se divisant en feuilles très-subtiles. J'ai encore trouvé dans la collection de Micheli, une marcassite à crystallisations très-déliées, cubiques et couleur de laiton, autour de laquelle il avoit écrit *della Ghérardesca*. Je crois qu'elle est ou de l'espèce solitaire, ou qu'elle a été détachée de sa matrice par les injures de l'air. Si on vouloit examiner avec soin ces mines, on y trouveroit des objets assez curieux, pour dédommager de la peine que l'on prendroit.

On dit aussi, qu'auprès de *la Rochetta*, se trouvent des mines d'alun, qu'on exploitoit anciennement ; mais elles sont abandonnées depuis long-temps.

La comté *Ghérardesca* est limitrophe du territoire ou capitanat de *Campiglia*, très-fertile en productions naturelles. Elle est en partie composée de hautes montagnes, qui sont des branches de celles de la *Ghérardesca*, et s'étendent vers Piombin ; mais, auprès de la mer, elle a une plaine très-fertile, quoiqu'en partie marécageuse.

C'est dans le côteau de la Rochetta, sur le penchant opposé à celui où sont situées les carrieres de marbre, particulierement dans l'endroit appelé *Saint-Silvestre*, qu'on trouve la mine abondante, d'où on tire actuellement l'antimoine. La veine est assez riche, de la couleur ordinaire de l'antimoine, et disposée en rayons laminaires, renfermés dans une pierre calcaire. Je crois qu'on peut le ranger dans la classe du *stibium striatum*, *antimonium sulphure mineralisatum striatum*, *Linn. syst.*, *nat.*, 172, 2.

J'ai encore trouvé dans le cabinet de Micheli, une veine assez riche de plomb de *Campiglia*, sous la forme de *galena*, dont la couleur et les lames ressemblent au premier coup - d'œil à l'antimoine ; elle n'est cependant pas composée de rayons, tantôt longs, tantôt en étoiles, mais bien de petites masses cuboïdes, rectangles, ou de fibres de médiocre grandeur, brillantes et groupées ensemble dans différentes directions. Elle se trouve dans une concrétion pierreuse, peu dure, d'une couleur foncée, qui me paroît être plutôt une espèce de spath que du quartz, et dans laquelle on trouve des petits amas de *wolfram*, couleur de terre, disposés en filamens et en petites lames qui, partant de divers centres, se déploient en éventail, et sont aussi mêlés de fer.

Dans la même collection de Micheli, je trouvai un morceau de pierre noirâtre, de l'espèce du *Gabbro*, couvert dans tous les sens 1°. de fibres brillantes de galena ; 2°. d'autres très-petites, un peu moins brillantes, qui sont peut-être de fer; 3°. De petites masses cuboïdes de marcassite, couleur de laiton ; 4°. d'autres masses de cuivre pyrityque, avec différentes nuances ; 5°. d'autres de *wolfram*, blanchâtre, divisible en petites lames, qui partent d'un centre, et forment une étoile ; 6°. de décompositions et d'ocres de chacune de ces substances. Autour de ce morceau étoit écrit *pyrites avec du plomb de la comté Ghérardesca.*

Parmi les productions naturelles qu'on rencontre dans la galerie royale de Florence, décrites sous le nom de fossiles, on voit un morceau de quartz rougeâtre, de la nature du marbre, long d'un pouce et demi, large et épais d'un pouce, qui contient beaucoup de mine de plomb, qui s'exfolie comme le talc de Venise. Le papier qui l'enveloppoit étoit marqué au n°. 86. Sténon place dans son catalogue, deux morceaux de mine de plomb de Campiglia.

On trouve à *Monte Valerio*, l'une des montagnes de *Campiglia*, une mine de fer abondante, dont je conserve un échantillon en forme de crayon noir, qui au premier coup d'œil ressemble à un morceau de bois rongé, en tous sens, par les vers, ou par l'humidité. C'est un amas de croute de crayon épaisse le plus souvent d'une demi-ligne, d'une pâte noirâtre assez dure, un peu brillante, compacte, d'un grain très-fin, disposée en fils pour la plûpart longitudinaux, en quelques endroits, en canelures antimoniales, dont la surface est semée de très-petits hémispheres ; elle est irrégulierement distribuée dans toutes les directions, en ondes qui sentrelacent et se pénétrent, laissant dans les interstices des cavités incrustées d'ocre rouge foncée. On voit de distance en distance dans les pâtes ferrugineuses et peu brillantes de ces croutes, des filaments de fer brillant, qui sont peut-être des côtés de lames et autres petites facettes de fer pareillement brillantes. Ont voit aussi un autre échantillon du même crayon noir laminoire, avec des croutes pleines d'ondes, comme le précédent, mais plus considérables et d'une couleur de fer moins marquée. On y trouve des lames de fer noires et luisantes, comme si elles étoient vernies ; mais presque toute la substance de ces croutes, est une pierre de couleur maron, presque aussi dure que le jaspe, d'un grain très-fin, et très-serré. On en voit aussi de rouge et de couleur orange. On peut conjecturer qu'il y avoit autrefois dans cet endroit un limon ferrugineux, chargé d'ocre terreuse, dont les particules de fer plus pures et plus actives venant à se consolider, se sont réunies en forme de croute de crayon noir, et les plus terreuses, en une sorte de pierre contigue et attenante au crayon.

On n'y distingue aucune liaison de quartz ou de spath. On voit seulement à une des extrémités les sections des croutes de crayon qui laissent des fosses tortueuses et irrégulieres en partie luisantes comme si elles étoient enduites d'un vernis couleur de fer, noir, violet, ou verd clair, causé par le cuivre contenu dans l'ocre jaunâtre et rouge foncé ci-dessus. On y trouve encore un autre échantillon de pareil crayon très-pésant et très-dur, qui semble au premier coup d'œil être un jaspe de couleur noirâtre tirante sur le rouge, d'un grain très-fin et très-serré, à l'extrémité duquel on voit plusieurs petites cavités tortueuses et irrégulieres, incrustées de petits mamelons, et d'une ocre d'un rouge foncé. En observant ce morceau au microscope, on voit que la base fait partie d'un grouppe d'hémispheres de crayon, d'une couleur changeante entre le rouge et le noir dont les fibres serrées et étroitement unies entr'elles, sont liées dans une pierre dure comme le Jaspe, opaque à cause d'une légere couche d'ocre rouge qui la couvre, et qui, grattée, laisse voir une substance de fer très-fine et très-brillante. Au haut de ce grouppe d'hémispheres, on en découvre de plus petits, disposés en croutes mameleuses, tellement liées et confondues, qu'elles forment un corps solide, dans lequel on distingue avec le microscope des contacts, qui interrompus de distance en distance, laissent ces interstices et ces cavités.

Michelli parle dans ses notes d'une mine de fer de Campiglia, mêlée avec de la marcassite. Je ne sais de quelle mine entend parler *Andrea Bacci*, indisant : « *ferrum* » *eruitur ad oppidum plumbinum, id tamen* » *non adeo probatum; sicut nec adeo frugi non* » *procul sub vestusta capilia eruitur, quod* » *in globos bombardarum fabricant* ». J'ignore aussi quelle est l'espece de fer crud, que Leandro Alberti prétend que l'on tire à cinq milles de Vetulie. J'ai entendu dire que le long de la plage *de Campiglia* et de *Piombin*, on trouve beaucoup de fer sous la forme de sable très-délié, comme on en voit beaucoup dans l'Elba.

A l'égard du cuivre, *il Cesalpino* de metallic. dit, *aes foditur ad montem Catini ac juxtà Caldanae rivum, qui calidas usque in mare demittit aquas*. Il entend peut-être parler de quelque *caldane* de ce pays. Un autre signe qu'il y a des mines de cuivre dans ce Capitanat, c'est que j'ai trouvé dans la galerie royale de Florence un morceau de pierre ferrugineuse et spongieuse, remplie dans quelques-unes de ses cavités, d'un ocre couleur orange avec quelques veines de spath, couverte d'une lame de même matiere, dont les parties brillantes, présentent un angle cristallin teint d'une fort belle couleur de vitriol de cuivre. On voit en outre dans cette pierre, des petits morceaux, des croutes et de petites masses de vitriol de cuivre, dont le dedans est d'un azur transparent et le dehors décomposé, une espece de rouille verd de montagne. L'une de ces croutes est une matiere spatheuse couverte de cuboïdes, qui forment un angle. On y voit un autre morceau de pareil vitriol de cuivre, à couches composées de fibres étroitement unies, comme dans le plâtre, mêlés de couches et de petites mottes de terre rougeâtre. Autour de ces fragments, on lisoit : Vitriol de Campiglia. *Stenon* les nomme dans son catalogue trois petits morceaux de vitriol bleu composés de fibres.

Je ne peux me dispenser de rapporter ici la note suivante, que j'ai trouvée parmi les papiers de Micheli, sans savoir qui l'a écrite.

Le grand duc Côme premier, espérant tirer de l'or, de l'argent, du cuivre et du fer, des mines de *Pietra Santa*, *Seravezza* et *Campiglia*, et surtout de celles appartenantes aux seigneurs della Gherardesca, dans le domaine de Volterra, fit venir d'Ansbourg, de Miremberg et du Tirol, des mineurs et essayeurs Allemands. Mais ses espérances furent trompées, car la dépense surpassoit de beaucoup le bénéfice. Il y avoit encore dans l'isle d'Elba et sur la côte, d'autres mines de fer, deux carrieres de marbre et de pierre mixte à Campiglia; mais comme on retiroit un plus grand bénéfice de celle du seigneur de Piombin, les autres furent abandonnées; de même on trouva meilleures les pierres des carrieres de Carrare. Les lecteurs tireront de ce récit les inductions qu'il leur plaira; mais pour décider plus sûrement, il faudroit connoître l'habileté des mineurs Allemands, et la maniere dont ils firent leurs essais. *Francesco di Giorgio*, de Sienne, parle des autres carrieres de marbre et de pierres mixtes qu'on trouve à Campiglia.

Niecolo Dortomanno, cité par Gio Bauhino, fait mention d'une eau qui se trouve dans ces cantons, dont les exhalaisons donnent la mort aux oiseaux qui passent au-dessus, comme celles du lac d'Agnano auprès de Naples, sans désigner l'endroit où elle est située.

Enfin on trouvoit dans le Capitanat de Campiglia des mines d'alun, que plusieurs écrivains assurent être de bonne qualité.

Après avoir quitté Campiglia, je parcourus rapidement quelques cantons, sur l'état desquels je fis des réflexions. Je vais mettre au jour celles auxquelles l'état actuel de la côte de Volterra donne lieu.

C'est une grande perte pour la Toscane, que la plus belle de ses parties soit presque déserte, et qu'elle n'en retire pas tout l'avantage qu'elle est susceptible de produire, si l'industrie des hommes eût un peu aidé la nature. Mais aujourd'hui le mal est sans remede; le nombre des torrents déja trop considérable, ne fera qu'augmenter, et il ne faut pas espérer de leur procurer un libre écoulement vers la mer. Il est trop difficile de nétoyer leurs lits, et de les tenir profonds, puisque la plus petite marée y jette une immense quantité de sable qui les engorge. L'unique remede seroit, à mon avis, de combler avec le limon des torrents, la partie la plus basse de la plaine, de sorte qu'elle égalât au moins leur embouchure en hauteur.

Si le temps et la dépense rendoient cette entreprise trop difficile, ou que le peu de limon que déposent les torrents s'opposât à son exécution, on devroit au moins recourir à la méthode ingénieuse des Hollandois, c'est-à-dire destiner un espace sous les chûtes pour recevoir dans un lit toute l'eau contenue dans les fossés qui, lorsqu'ils seroient pleins à une certaine hauteur, se déchargeroient dans la mer par quelques embouchures placées à propos, et munies de portes et cataractes pour empêcher la communication des eaux de la mer avec celles de la plaine. Il faudroit laisser en prairies le terrein qui borde les fossés, soit pour servir de pacages, soit pour laisser un espace libre aux eaux en cas d'inondation : il pourroit arriver qu'après de longues pluies, le lac destiné aux eaux restât pendant plusieurs jours trop haut pour recevoir celles des fosés; en ce cas, par le moyen des roues mises en mouvement par des moulins à

vent,

vent, on pourroit encore les renvoyer à la mer; il faudroit en outre avoir grand soin de vuider et de nétoyer de temps en temps les fossés : les vuidanges qui en proviendroient serviroient à combler les parties basses de la plaine. Il conviendroit sur-tout de tenir les fossés toujours pleins d'eau, et faire usage des machines Hollandoises pour l'agiter sans cesse, l'empêcher de croupir et d'exhaler des vapeurs nuisibles. Ce moyen seroit plus facile à pratiquer que dans la plaine de Pise, parce qu'en été le vent souffle ici tous les jours et que d'ailleurs le terrein est très-propre à y construire des moulins à vent.

La Toscane feroit certainement une très-riche acquisition, si elle pouvoit rendre ce pays, je ne dirai pas aussi sain qu'il l'étoit du temps des Etrusques, ni des Romains qui leur ont succédé, mais dans les derniers siecles.

On voit clairement par les différents mémoires et sur-tout par quelques diplômes où sont énoncées les ventes et concessions des châteaux et terreins, que tout le pays contenu entre les cimes des montagnes et la mer, appartenant à diverses branches de la famille Gherardesca , étoit très-heureux, très - peuplé, couvert de châteaux , de villages , de hameaux et d'églises , planté de vignes , d'oliviers , d'arbres fruitiers , et que ses champs étoient bien cultivés.

Aujourd'hui on voit à peine sur le penchant de la montagne huit châteaux, et autour d'eux un peu de terrein cultivé : le reste est couvert de bois.

On ne rencontre dans la plaine que le château Cecina , bâti nouvellement par le Sénateur *Carlo Ginori* ; dans tout le reste on ne trouve pas d'autre habitation que le palais de S. A. R. appellé *del Fitto* , les fourneaux et les forges à fer et les tours fortifiées de *Vada* et de *S. Vinceuzio*.

Quelques petites parties de la plaine voisine des châteaux sont ensemencées de deux années l'une ; le reste est couvert de bois de lieges et de chênes , parmi lesquels on trouve souvent les fondements et les ruines des maisons et des églises , des souches d'oliviers et des vignes sauvages , restes de l'ancienne culture.

Le terrein y est très-fertile, mais les ensemencemens coûtent très-cher, le petit nombre d'habitants obligeant de se servir de laboureurs étrangers qu'on paye comptant ; les récoltes sont aussi dispendieuses , et outre cela très-préjudiciables à la santé des moissonneurs. Ces malheureux , outre les vapeurs pestilentielles qui s'élevent des marais voisins , souffrent dans ces plaines environnées de toutes parts de bois très-élevés et sans aucun abri , une chaleur insupportable , qui , jointe à la fatigue , provoque leurs sueurs , et fait évaporer en eau la partie la plus spiritueuse de leur sang : ajoutez à cela l'inconvénient d'être plongé plusieurs heures de suite dans un air grossier et nébuleux , chargé d'exhalaisons marécageuses qui lui ôtent son élasticité , le rendent stagnant, et que les vents ne peuvent renouveller , parce qu'ils sont arrêtés ou affoiblis par la hauteur des bois. Qu'on joigne encore à tout cela leur nourriture mal saine , qui consiste en viandes salées , les eaux marécageuses qu'ils sont obligés de boire n'ayant ni fontaines , ni citernes , et le vin frélaté. Enfin qu'on fasse attention que quelques-uns de ces ouvriers dorment à l'air sous des hangards , où ils sont souvent trempés d'une rosée glaciale qui tombe comme de la pluie , et souffrent vers l'aube du jour , un froid très-vif et très-incommode. D'autres dorment sur la terre dans des cabanes basses et longues, couvertes de chaume, où l'air est très-mauvais et ne circule pas. D'autres enfin vont passer la nuit dans le château le plus voisin, et déja excédés de chaleur et de fatigue, sont obligés de faire plusieurs milles, au bout desquels une montée rapide les attend ; arrivés dans cet état sur la brune au château, ils y trouvent un air subtil bien différent de celui de la plaine, et qui dégénére souvent en un vent furieux et glacial. Que l'on calcule donc la force de toutes ces causes combinées, et l'on verra quels tristes effets elles doivent produire. Il ne faut pas chercher ailleurs la cause des fievres inflammatoires, réglées et intermittentes, du scorbut, de l'hydropisie et des obstructions qui affligent ces malheureux et désolent toute cette contrée ; de là vient le proverbe, que sur cette côte on s'enrichit dans une année et l'on meurt dans six mois.

On ne retire de ces forêts immenses que du charbon pour les forges à fer et du bois à brûler, qu'on vend le plus souvent aux Genois : si la population étoit plus considérable, on pourroit avec le moulin à scier faire de ces beaux arbres, des madriers et des solives pour les vendre dans la Toscane supérieure et dans le golfe de Gênes, ou les envoyer dans l'étranger.

Le bois du liege est peu solide et n'est bon qu'à brûler. On leve seulement son écorce lorsqu'elle a trois ans et on la prépare pour la vendre. Les paysans négligent ce bénéfice et le laissent faire aux étrangers. Le tronc du liege, lorsque l'écorce en est enlevée, demeure rouge comme du sang. L'arbre ne souffre cependant pas de cette opération, au contraire sa végétation en devient plus active, et il pousse une autre écorce plus épaisse et plus belle que celle dont on l'a dépouillé ; si l'on coupe une de ses grosses branches, la pluie s'insinue peu à peu dans la substance spongieuse du bois, le pourrit et fait bientôt périr l'arbre entier ; en ce cas là le bois devient terreux, mais l'écorce reste entiere et se conserve pendant plusieurs années. On en trouve dans beaucoup d'endroits de gros cylindres vuides. On s'en sert dans quelques cantons, comme de paniers, pour mettre les graines et le bled, et dans d'autres pour faire des ruches ; on pourroit encore en faire l'usage qu'en font les Espagnols, qui renferment des morceaux de cette écorce dans des tubes de fer, qu'ils laissent dans le feu jusqu'à ce qu'elle soit réduite en une cendre noire extrémement légere appellée *noir d'Espagne*, dont se servent beaucoup d'artificiers.

Sur l'usage qu'on peut faire de l'écorce du liege, voyez ce que dit le prince *Fréderic Ceci*, dans ses Tables philosophiques; *Audeber*, Voyage d'Italie, *Savary*, Dictionnaire de Commerce, au mot *liege*.

J'ai trouvé dans le cabinet de Micheli quelques morceaux d'écorce de liege très-déliée, qui peuvent avoir un peu plus d'un an, incrustés au-dehors d'une espece de gomme noire, luisante et dure, comme le suc de reglisse fabriqué, et qui s'insinue dans la substance et jusques dans les pores de l'écorce ; c'est certainement une gomme ; car elle se dissout à l'eau et forme une colle noire peu glutineuse.

On emploie beaucoup de cendre de chêne dans la composition du savon brun. On pourroit aussi retirer un grand bénéfice de la cendre des chênes les plus gros et les plus âgés, qui se trouvent en abondance dans ce pays, en en tirant la potasse, ou alcali artificiel *arborum duriorum*, ou *cineres clavellati*, qui entre spécialement dans la teinture, dans la composition du verre et dans celles de quelques médicaments. Nòn-seulement les cendres du chêne, mais celles de tous les végétaux, sont d'une très-grande utilité pour améliorer les terres.

On trouve sur les arbres de ce bois, des buissons épais de mirthes, de bruyeres, de lentisques, de genets et d'alaternes, et de lentisques ou sondri. On devroit essayer à tirer du mastic de ces derniers, comme on le fait dans l'isle de Scio. Cesalpin dit que le lentisque produit chez nous une larme très-petite. Et *Pier' Andrea Mattion* et *Andrea Lacuno*, ont écrit que le lentisque d'Italie produit du mastic aussi bon, mais plus rare que celui de Scio. Le Sénateur Carlo Ginori, en suivant mes indications, est parvenu à obtenir d'excellent mastic, à la vérité en petite quantité, des lentisques de la côte de Cecina et des collines de Casal et de Bibbona. Peyreschio ont trouvé sur les lentisques des côtes de Provence. Tant il est vrai que l'isle de Scio n'est pas le seul endroit où l'on recueille du mastic.

Le lecteur qui voudra s'instruire de la maniere usitée à Scio pour recueillir le mastic, peut voir les lettres de l'abbé *Giustiniani*, les observations de M. Tournefort sur la maladie des plantes et son voyage dans le Levant.

Enfin on trouve dans ces forêts une grande quantité de plantes et d'arbres, parmi lesquels le lentisque tient le premier rang. On se sert de ses feuilles pour tanner les cuirs; on peut tirer de l'huile de ses baies comme on fait à Naxia et ailleurs, et comme on l'a pratiqué dernierement à *Maremma Grosseitanae*; enfin son bois sert en médecine, et est très-propre aux ouvrages de tours et de menuiserie.

Il est bon de prévenir en passant que sur nos côtes avec un peu de soin, on pourroit avoir des bois très-beaux, très propres à travailler et à être vendus aux étrangers. Ce n'est pas que ce pays soit un monde nouveau, ni qu'il diffère des autres contrées. Mais parce que ses bois étant plus respectés de la hache que ne le furent jamais les bois sacrés des anciens, des plantes que, dans des lieux plus habités, on laisse à peine parvenir au rang des arbustes, y deviennent facilement des arbres;

tels sont, outre les lentisques et les alaternes, des éotes, les phillirées, les bruyeres, les genets, les citises, les oliviers et les vignes sauvages, et une infinité d'autres dont je ne me rappelle pas les noms.

Parmi tant d'arbres extraordinaires on en doit trouver sans doute quelques-uns de marqués et veinés d'une maniere assez bizarre, sur-tout dans leurs nœuds et leurs racines. Pour dispenser de recourir à l'eau forte et autres artifices que l'œil découvre tôt ou tard, on pourroit peut-être avec les bois renouveller l'usage des *tarsae* qui avoient rendu notre ville célébre, et dont il reste encore des monuments faits, je crois à l'imitation des fameuses tables tigrées des anciens. Le thérébinte est un des arbres qu'on devroit le plus multiplier dans ces contrées, pour essayer d'en tirer la véritable thérébentine, comme on fait à Scio et en Chypre, au rapport de Tournefort, voyage du Levant, t. 1, lett. 9, pag. 145, et pour employer son bois d'une belle couleur à divers ouvrages.

Il n'est point de pays qui ne jouissent de quelques dons particuliers de la nature, dont les habitants ne puissent faire un usage direct ou une branche de commerce. Les stériles et arides côtes de Grenade, de Murcie et de Valence, ont produit de tout temps et produisent encore aujourd'hui une quantité prodigieuse *de Sparto*, appellé sur les lieux *esparto* et par nous *jonc marin*. C'est sans doute, le *sparto* des Latins, décrit par Théophraste, Hist. plant. liv. 1, chap. 8, par Strabon, Géograph. liv. 3, par Pline Hist. Nat. liv. 19, chap. 2, et par plusieurs autres : cette plante a rendu célébres les lieux où s'en trouve la meilleure espece, c'est-à-dire, la campagne de Carthagene, qui pour cela fut appellée *Spartarius Campus*, comme la ville même de Carthagene, en reçut le nom de *Spartaria*. Le *sparto* des Latins originaire d'Espagne, dans l'isle *del Gerbe* et de quelques rivages de Barbarie, différent du *sparto* des Grecs, qui étoit notre genet avec quelques-unes de ses variétés et de ses genres, est une plante de la famille des graminées, qui a été exactement décrite et gravée sur le bois par *Carlo Clusio*, rar. plant. Hist. pag. CCXX et par plusieurs autres Auteurs. Cette plante dont les racines sont longues et fibreuses, pousse plusieurs touffes de feuilles, dont la longueur varie suivant la propriété du terrein et des saisons. Elles sont ordinairement longues d'une coudée, larges à peu près d'un quart, mais épaisses et pulpeuses, et blanches en-dessus. Elles sont d'abord unies comme presque toutes les autres graminées, mais ensuite déposant une plus grande quantité de particules nutritives à la superficie inférieure de ces feuilles, qu'à la supérieure; ou ce côté transpirant beaucoup plus que l'autre, il s'ensuit que la feuille perd sa forme unie, et que se roulant vers sa face interne, et ses bords se réunissant, laissent entr'eux une suture presque invisible, et donnent à la plante l'air d'un jonc, ce qui lui a fait donner le nom de *jonc marin*. Cette espece de gramen couvre cette vaste partie des côtes d'Espagne, que les anciens appelloient *Campo Spartario*, où le terrein ne produit que peu de choses à l'usage des hommes et des animaux domestiques. Ses feuilles d'ailleurs sont trop dures et trop dessechées pour servir à cet objet, excepté pourtant vers la cime. Leurs extrémités sont piquantes comme des épines et blessent ceux qui ont l'imprudence de passer à travers; une campagne couverte de pareils arbres, paroîtroit au premier coup d'œil, devoir rendre ce pays le plus désert et le plus pauvre du monde ; et cependant elle produit aux habitans du voisinage un bénéfice plus grand qu'on n'oseroit l'espérer du terrein le plus fertile. D'abord parce que la culture du *sparto*, ne leur cause aucune espece de fatigue et de dépense, et que toute leur peine consiste à le recueillir une fois par an entre la mi-mai et la mi-juin, quand ses feuilles sont parfaitement mûres. Alors ils se servent de la méthode élégament décrite par Pline et maintenue invariable jusqu'à nos jours. Elle consiste à chausser des bottines et à mettre des gants pour défendre leurs mains et leurs jambes des pointes dures de ces feuilles, ensuite à couper et émonder avec un morceau de bois crochu et coupant vers la pointe, les touffes les plus mûres du *sparto* ; ensuite ils le débarassent des pointes et des troncs qu'ils mettent à part pour les brûler. Ils choisissent les meilleurs feuilles et les plus longues, et les lient en gerbes. Cette opération dure deux jours. Ensuite déliant ces mêmes gerbes, ils les étendent au soleil pour les bien sécher, puis ils les relient de la même maniere, et les mettent à couvert.

Voilà toute la fatigue et la sujetion qu'exige la récolte du *sparto*. Les Espagnols le vendent simplement seché aux marchands de tous les pays de l'Europe, ou bien ils le préparent de différentes manieres pour l'usage de leur pays, ou le vendent ainsi manufacturé à toutes les Nations. La préparation qu'exige le *sparto* est très-simple. Il suffit de le tenir quelque temps dans l'eau douce ou dans l'eau de mer, estimée la meilleure pour le macérer, de l'exposer ensuite au soleil, et de l'arroser de nouveau avec de l'eau. Une maniere plus expéditive est de le mettre dans un vase, de verser dessus de l'eau bien chaude et puis de le faire sécher au soleil; après cette préparation très-aisée, on écrase et on broye le *sparto* avec des maillets de bois, de maniere que sans offenser les feuilles, on leur fait perdre leur extrême dureté, et on les rend souples, flexibles et faciles à filer suivant l'usage qu'on en veut faire. Il sert principalement à remplir des matelas et des coussins, à faire toutes sortes de nattes, des tapis, des souliers et des chaussures de paysan, des corbeilles, des paniers, des nasses de pêcheurs, des ficelles, des cordes tressées, que les Italiens appellent *bremi*, des cages pour les oiseaux, de grosses cordes torses, des cables de pressoir et de navire, de toutes grandeurs, cette sorte de cordage résistant mieux qu'aucune autre à l'eau douce et à l'eau de mer. Ainsi d'une simple plante, qui couvre sans culture un vaste espace de pays aride et stérile, où l'on ne trouve presque aucune autre espece d'herbe, les Espagnols savent tirer un profit immense pour eux et pourvoient aux besoins des autres peuples en leur fournissant des matériaux très-utiles pour l'agriculture et la marine. Mais à quoi nous sert de vanter le bonheur des Espagnols, si nous ne pouvons nous procurer le *sparto* qu'en l'achetant d'eux? Voilà le motif qui m'engage de conseiller à mes compatriotes d'entreprendre la culture et la multiplication du *sparto* d'Espagne, dans certains endroits des côtes de la Toscane, et dans nos isles dont le terrein est stérile, et où les vents de mer soufflent trop constamment, et le rendent incapable d'aucune autre espece de culture. Il ne s'agiroit que de faire venir les premieres sémences d'Espagne, ou quelques touffes avec leurs mottes de terre nourriciere, pour en faire les premiers plants, les multiplier ensuite, et les étendre successivement en les gouvernant avec soin. Cette plante une fois propagée, on ne doit plus craindre d'en perdre l'espece, et l'on pourra la multiplier à volonté, pourvu qu'on lui laisse acquérir de la consistance pendant les premieres années et qu'on ne l'altere pas en receuillant ses feuilles. On peut raisonnablement espérer que le *sparto* d'Espagne, puisse réussir et se propager dans quelques cantons de nos côtes, puisque quelques écrivains nous assurent, qu'on l'a cultivé avec succès dans quelques jardins simples de la Flandre et de la Hollande, dont les climats sont plus froids que les nôtres, et différent encore plus des rivages d'Espagne où il croît; que l'on considere encore que la tentative d'introduire le *sparto* en Toscane, pour suppléer au moins aux besoins du pays, ne peut causer aucun préjudice aux Espagnols, qui malgré les récoltes abondantes qu'ils en font, n'en ont pas assez pour eux-mêmes et pour l'approvisionnement de leur marine, et qu'il est des années où l'on ne peut s'en procurer en Toscane, même à un très-haut prix. L'essai de cette importante culture ne seroit ni pénible, ni dispendieux: elle mérite bien d'ailleurs qu'un patriote s'en occupe et encourage ses concitoyens, par son exemple. On ne doit pas prétendre à faire croître des bleds et des fruits par tout, et tous les terreins ne sont pas propres aux pâturages. Il en est de si ingrats et de si stériles qu'ils refusent de nourrir les végétaux nécessaires à l'homme et aux bestiaux. C'est dans ceux-là que l'on devroit introduire la culture du *sparto*, afin de ne laisser inculte aucune partie de notre pays.

Je prévois déja que le plus grand obstacle à cette tentative utile, sera la crainte que le *sparto* d'Espagne ne puisse pas réussir et se propager dans notre climat, ou que ses feuilles n'y puissent pas acquérir la dureté, la consistance et la flexibilité qui fait tout leur prix, comme sur les côtes chaudes et arides d'Espagne ; mais cette crainte ne devroit pas empêcher d'en faire l'essai, puisque le *sparto* a réussi en Hollande et en Flandre ; il muriroit chez nous environ un mois plus tard qu'en Espagne, ce qui ne l'empêcheroit pas de devenir aussi long et d'une aussi bonne qualité. Il est plus vrai de dire, qu'on trouveroit difficilement une personne riche, intelligente, industrieuse qui désirât

désirât être utile à ses compatriotes, les encourageât par son exemple, et voulut se résoudre à sacrifier un peu d'argent et de soins à cette épreuve. Mais ceux qui en auroient la volonté n'en ont pas les moyens, c'est ce qui fait négliger tant d'inventions qui seroient utiles à la patrie, en assurant la subsistance d'un grand nombre d'individus.

Le pire est que l'on néglige de faire usage des productions mêmes du pays, sans essayer seulement d'en tirer aucun avantage. Le bienfaisant Auteur de la nature a bien fait présent à la Toscane de deux especes de sparto, approchant de celui d'Espagne, qui croissent dans les lieux les plus stériles, et résistent parfaitement bien aux influences de notre climat. La premiere, annuelle, a été décrite par le pere *Silvio Boccone*, sous le nom de *spartium spica et setulis tenuissimis, caudam equinam emulantibus*, *mus. plant. pag. 128*, *fig. 97*. Il l'a à la vérité observé dans les murs de Palerme; mais elle croît en abondance dans la Pouille, du côté de Foggia et sur la côte de Smirne. J'en ai moi-même trouvé plusieurs plantes sur les murailles de Pise, appellées *murailles de*

Ste. Marthe et *Pier' Antonio Michelli* en a trouvé une grande quantité sur les vastes et stériles collines *della Grossetana*. Si elle réussit et se propage dans ces sortes d'endroits, il sera beaucoup plus facile de la cultiver et de l'améliorer, en la semant très-avant dans des terreins labourés, pour qu'elle devienne plus haute et donne des feuilles plus longues et bonnes à couper dans le temps convenable. On pourroit espérer qu'en la coupant la premiere année avant la formation de son épi, ses racines dureroient jusqu'à l'année suivante et donneroient une autre recolte.

La seconde espece de *sparto*, est celle que *Michelli* appelle *gramen sparteum saxatite, angustissimis et longissimis foliis, panicula strigosiore, semine glabro in uncialem aristam desinente*. On dit qu'elle se trouve abondamment dans les montagnes du pays de Cortone.

La troisiéme espece de *sparto* indigene de la Toscane que nous appellons *lin des fées*, est le *Spartum austriacum pennatum* décrit par *Carlo Clusso, rar. plant. hist.* par Gaspard *Baubinó, theatr. bot.* et par Jean son frere. Cette espece croît en grande quantité sur les montagnes stériles de la Toscane supérieure, entr'autres sur le *mont Ferrato di Prato*, et sur le *Gabretto dell'Imprunetta*. Elle pousse des feuilles d'une demi-coudée et quelquefois plus longues, pareilles à celles du jonc marin ; mais un peu plus déliées, et conséquemment plus propres à faire des cables et des cordages plus menus. La culture qu'elle exige se réduit à en recueillir les semences, en ôter le duvet qui les couvre, et à les semer entre les rochers, dans les endroits où se trouve un peu de terre. La dureté de ses feuilles la met à l'abri du dommage qu'elle pourroit essuyer de la part des chevres et autres bestiaux. Les épis de cette plante sont garnis d'une barbe très singuliere, longue presque d'une palme, ornée en dessus de peaux déliées et brillantes, blanches, ou blondes, qui constituent deux différences de cette plante et rendent cette barbe semblable aux plumes de certains oiseaux de l'Inde, singulierement à celles de la *Manu Codiata*, ou oiseau de paradis. De ces especes de plumes, on pourroit faire des panaches et autres ornements ; elles fourniroient à la physique un hygromette très-sensible ; car la partie qui est entre l'enveloppe de la semence et la plume, se tourne en spirale, lorsque l'air est sec et vif ; y survient-il un peu d'humidité, elle s'alonge et se redresse, et ces deux mouvements opposés sont annoncés par le mouvement de la plume qui est à sa cime. Les longues barbes du *sparto del Bocconc*, que j'ai trouvé à Pise, et décrit plus haut, ressentent pareillement les influences de l'air et pourroient aussi servir d'hygromettre, mais moins sensible que celui du lin des fées.

Micheli a encore apporté en Toscane une autre espece de graminée, qui croît sur les côtes de Sicile, du royaume de Naples et de Rome. Pline la désigne dans son Histoire Naturelle, liv. 17, chap. 23, pag. 447, sous le nom d'*ampeladesmos*, qui signifie liens, parce que les anciens agricoles s'en servoient au lieu d'osier pour lier les vignes. Cette plante apportée, il y a environ cinquante ans, par Micheli, dans les jardins royaux des simples de Florence et de Pise, s'y est toujours maintenue et multipliée, résistant à merveille à toutes les intempéries de notre climat, de sorte qu'à présent on pourroit la cultiver avec succès dans plus de la moitié de la Toscane. Ses racines sont longues et poussent des touffes de feuilles longues quelquefois d'une coudée et demie, très-dures et très-flexibles, dont on pourroit faire des liens très-forts et de longue durée. Si l'on vouloit prendre la peine de la cultiver et de la multiplier dans les terreins inutiles, comme les bordures des champs, les rives des fossés, et les clarieres des bois taillis, ce qui seroit très-facile en détachant des rejettons d'une vieille touffe, on pourroit en retirer un autre avantage plus considérable, en coupant ses feuilles lorsque sur la fin de l'été, elles ont acquis toute leur dureté ; ensuite les faisant *rouir* comme le chanvre et les battant pour les rendre propres à la fabrique des cables, des grosses toiles, et des cordages les plus forts, et à résister à l'humidité mieux que le chanvre et peut-être même aussi bien que le *sparto*.

Les Flamands et les Hollandois, obligés par la nature de leurs pays, à construire à grands frais des digues pour les mettre à couvert des inondations de la mer et des grandes rivieres, qui les coupent en tout sens, plantent et multiplient sur le talus de ces digues deux especes de *sparto*, ou de gason, qu'ils appellent *helni* ou *halm*, qui venant à former un pré très-épais, empêchent les eaux de miner et de détruire ce terrein factice et sabloneux; ils emploient plus volontiers ces plantes à cet usage, parce que la dureté de leurs feuilles empêche les bestiaux d'en manger et les rend propres à plusieurs travaux comme le *sparto* d'Espagne. La premiere de ces especes est le *spartium spicatum pungens oceanicum C. B.* et la seconde le *gramen sparteum spicatum latifolium.* Il seroit aussi très-utile en Toscane de garnir de gazon les bords des rivieres, des ruisseaux et les talus des digues pour empêcher les eaux de les miner. Mais si cette opération ne se fait avec beaucoup de prudence et un choix judicieux de l'espece de gazon, c'est de l'argent perdu et de la peine inutile. Si donc on ne jugeoit pas à propos de faire venir de Hollande ces deux especes de helm, il faudroit au moins avoir soin de choisir dans notre pays, cette espece de gazon indigene, qui jette de grandes barbes et pousse des touffes de feuilles dures auxquelles les bestiaux ne touchent pas.

La famille des graminées est la plus étendue de toutes les plantes de l'Europe dans toutes les campagnes, le gazon se trouve plus abondamment qu'aucune autre espece de végétaux ; c'est cette grande mutiplicité qui nous le fait dédaigner, et nous empêche de nous donner la peine de l'examiner et d'en tirer des avantages dont notre indolence ne nous permet pas même d'avoir l'idée.

Il croît en Egypte une espece de *sparto* dont j'ai trouvé quelques touffes parmi des curiosités naturelles, où l'on voyoit certains testacées du nil, envoyées en 1737 au célébre docteur *Nicolo Gualtieri*, mon intime ami. Quoiqu'elles manquassent de semences, je jugeai que c'étoit une espece mitoyenne entre le *sparto* d'Espagne, et le nôtre décrit par le pere *Boccone*, et je crois que l'on pourroit en introduire la culture sur nos côtes.

Je demande pardon au lecteur de cette longue digression, que m'a paru mériter une plante aussi utile que le *sparto*. Je m'en vais, pour le dédommager, le transporter sur les collines de *Bibbona*.

Lorsqu'on quitte cet endroit en tournant vers *Cecina*, on trouve sur les collines beaucoup de lits de craie. On voit aussi dans un endroit appellé le *Tane*, voisin de *Piervaccia*, plusieurs lits horisontaux très-épais de *pauclima*, au-dessous desquels on a creusé dans le tuf des grottes pour les cochons. Les pierres des ruines de l'église appellée le *Pievaccia di Bibbona*, paroissent avoir été tirées de cet endroit. Le terrein de la colline dans la communauté de *Bibbona*, est en grande partie composé d'un tuf grossier, mêlé de beaucoup de craie, et couvert d'épais buissons de chêne verd, qui y réussissent très-bien. Il n'en est pas de même sur la route de *Bibbona* à *Casale*, parce que la craie, ou *mattaione* y domine, et que le terrein est ou absolument nud ou semé de buissons rares de lentisques, ou sondri, qui réussissent mieux qu'aucune autre plante sur ce sol maigre, et sont forcés d'étendre au loin leurs racines, qui, quand elles sont découvertes, ressemblent à des cordes, et qui pourroient même en tenir lieu comme les sarments de vigne.

Je recueillis sur le chemin plusieurs fragments assez curieux à cause de leur structure, mais je n'eus pas le temps de les observer sur les lieux. Je me souviens seulement qu'il s'y trouvoit plusieurs pétrifications semblables à celles décrites dans le voyage de *Palaia à Toiaoo* : on y voyoit plusieurs especes très - bizarres de limaçons et beaucoup de noyaux de testacées. J'eus surtout bien du plaisir à trouver dans quelques-uns de ces fragments des plantes marines de la nature des pétrées. Il y en avoit de plusieurs especes, la plûpart madrepores ou acropores et *pori cervini* ; mais je n'ai point trouvé leurs analogues parmi plusieurs especes tirées récemment de la mer, que je conserve dans mon cabinet. La matiere qui lie les plantes n'est autre chose que du sable de mer plein de morceaux de testacées, et d'autres plantes. Elle est plus dure dans quelques fragments que la plante marine, à en juger par l'impression qu'ont fait sur elle les injures de l'air.

De-là en suivant vers les ravins *della Mercareccia*, on trouve une vaste campagne de *mattaione*, avec quelques buissons de lentisque et quelques plantes de *scriphium Mich*.

On rencontre dans ce *mattaione* beaucoup de testacées et spécialement un grand nombre de vermisseaux, et de distance en distance des endroits pleins de fragments d'*acropore* de figure semblable à celle du *Junci lapidei mercati metallotto vatic.*, qu'on rencontre entre *Peccioli* et le moulin de la lune; j'y trouvai plusieurs amas différens de ceux ci-dessus, dont je ne me rappelle pas bien la forme. Je me souviens seulement que dans la plûpart de ces amas étoient incorporés des noyaux de testacées, outre les testacées fossiles et les limaçons dont j'ai parlé ailleurs. *Ern. Bruckmanno, epis. itin.* dit qu'il en a observé une très-grande quantité en Hongrie, en Hanovre, en Silésie, dans la Thuringe et dans plusieurs autres parties de l'Allemagne. Il se trouve au rapport de *Giorgio ever. Rumplaio*, dans les montagnes de l'isle d'Amboine et autres circonvoisines, des conques fossiles, si grandes que cinq ou six hommes ont peine à les soulever. *Antonio Zanon* dit dans son Traité utile de la Marne, que l'on trouve dans le Frioul un grand nombre de testacées fossiles, dont il indique l'usage pour fertiliser certains terreins, à l'exemple des Français, qui appellent *falun* les amas qu'ils en trouvent dans quelques-unes de leurs provinces. On peut consulter, sur la nature et la formation des limaçons, le célèbre *Nicolas Stenon de solido, intrà solidum.*

Je trouvai dans le ravin de la *Mercareccia* et dans plusieurs de ses ramifications appellés *petits ravins*, beaucoup d'albâtre blanc, comme celui de *St. Quirico* et de *Castel Nuovo*, appartenant à une branche de montagne primitive, qui sert de base, ou de fondement à la colline de Casal qui la couvre. Outre l'albâtre, on voyoit dans ces ravins certaines tables de plâtre avec des cristallisations en forme d'aiguilles. Ce plâtre au lieu d'être disposé en tablettes, comme celui de St. Quirico, est au contraire composé de lames très-grandes, hautes d'environ trois à quatre doigts, transparentes comme du cristal, dont je crois que l'on pourroit faire le même usage que les anciens faisoient du marbre *fengite*, parce que j'ai observé que ces tables plates, n'ayant pas été minées par les courants impétueux des torrents, résisteroient encore mieux aux pluies. Je me rappelle qu'à quelques-unes d'elles étoient liées quelques petites masses d'une matiere blanche semblable à de la terre, mais dure et presque pierreuse. Je crois que cette espece de plâtre est le *Gypsum filamentis parallelis compositum : gypsum striatum de Waller, mineralog.*, qui le subdivise en deux especes savoir *gypsum striatum filamentis perpendicularibus : gypsum striatum filamentis in lamellas compactis.* Franc. Er. Bruckmanno parle de quelques especes de plâtres d'Allemagne dont on exploite les bancs, et enseigne la maniere de lui donner une couleur d'or. L'albâtre à petit grain, qui sert communément de plâtre aux maçons, est peut-être le *Gypsum particulis minimis punctutis, niteus polituram admittens de Waller.* La pierre à plâtre est le *gypsum particulis parallelepideis et globosis concretum :* elle differe de la selenite et du spath, en ce que ses particules n'ont jamais une figure rhomboïdale exacte, et ne se divisent pas en cubes, mais en feuilles et en écailles. La selenite est le *gypsum lamellis rhomboïdalibus pellucidum : le lapis specularis* de Pline, *le glacies* de Marie : *le speculum asini* de *Metthioli.* On trouve dans le voisinage d'Hanovre des selenites rhomboïdales, comme celles que j'ai décrites.

L'albâtre, si je ne me trompe point,

n'est pas formé du sédiment des collines, mais appartient à la montagne *della Sassa*, qui s'étend jusques-là, quoiqu'elle soit couverte de tuf et de craie de cette montagne, lorsqu'elle étoit toute unie, avant que les torrents s'y fussent creusé des lits ; sont roulées sur la colline de *Bibbona* et de Casal, plusieurs cailloux comme à *Ligia* et à *monte Gemoli*.

Parmi ces cailloux j'en ramassai un qu'on auroit pris à sa pésanteur pour une masse métallique. Sa couleur interne et externe étoit un violet foncé, brillante à peu près, comme la marcassite des vitriers, vulgairement appellée *maganeze*, décrite par Mercati, et placée dans la classe du fer par l'illustre Linné. On feroit bien, je crois, de chercher sur les montagnes les filons originaires *de ce Maganeze*, pour s'en servir dans les verreries. C'est sûrement un minéral dont les filons constituent les montagnes, comme on le voit à la *Spezzia* dans le territoire de Viterbe, et *à St. Casciano de Bagni*, et non une pétrification parasite ou secondaire et formée dans les cavités des autres pierres. Ce prétendu *maganeze de Bibbona*, mieux observé, est un caillou qui a au-dehors quelques lames et incrustations bleues noirâtres de *maganeze*, avec des especes de filaments rayés, mais dans quelques endroits lisse et luisante, à peu près comme le *lapis piombino* dans lequel on voit quelques facettes brillantes de fer. Dans les endroits où la croûte de *maganeze* est la plus épaisse, on s'apperçoit qu'elle est formée de petites masses angulaires unies ensemble avec un peu d'ocre dure noirâtre, où se trouvent mêlées quelques lames de spath, marqué de couleur de rouille, et quelques petites cristallisations de fer noires; cubiques, ou pyramidales, offrantes quatre faces triangulaires; ou globuleuses, et incorporées dans la pâte du *maganeze*, mais saillants un peu à cause de leur dureté. Rompu; il offre une pierre de l'espece de celles qu'on appelle à Florence, *pierre forte*, de couleur cendrée tirant sur le verd, d'un grain rude, composée de suc spateux mêlé en petits grains avec la terre, serrés ensemble, et parmi lesquels on découvre quelques cristallisations brillantes de fer et un peu de *mica talcosa*; une lame de ce caillou ainsi rompu, est incrustée d'une feuille de *maganeze* comme à l'extérieur; mais d'une couleur violette foncée mêlée de plusieurs corpuscules brillants de fer. On peut voir au sujet du *maganeze* Waller. mineralog. J'ai ouï dire de ce minéral que sa poussiere cause une inflammation au visage et aux yeux de ceux qui le pilent, attaque les poulmons et cause souvent une fievre éphemere. Pour parer à cet inconvénient on se couvre la figure, mais cette précaution ne suffit pas pour préserver de la fievre, ceux qui le pilent pendant plusieurs heures.

Passons pour distraire un peu le lecteur, de l'Histoire des minérauux à celle des animaux. On trouve à Vada, derriere la tour qui lui sert de défense, et au milieu des bois, un vaste marais, long d'environ trois milles et large de deux, sur lequel on fait en hiver de fameuses chasses aux oiseaux aquatiques ; tels que des cormorans, des *margoni*, des plongeons et des *berté* ; tous de l'espece aquatique palmi-pede selon la division de *Joseph Johnston*, ou de la classe des oyes selon Linné. Ils sont très-différents des canards qui nagent le corps hors de l'eau, au lieu que les quatre especes susdites y plongent tout le corps et ne laissent voir que leur tête. Ils se tiennent dans la mer lorsqu'elle n'est pas trop orageuse, depuis le point du jour jusque sur le minuit. Ce ne peut être que pour attraper de petits poissons qu'ils y restent aussi long-temps. Ils sont la plûpart du temps sans mouvement, et se laissent rouler par les vagues, comme s'ils étoient morts. Cependant lorsqu'ils sont poursuivis, ils plongent très-vivement, ou se sauvent en volant. Entre minuit et une heure, ils sortent de la mer en grandes bandes, et se retirent dans le marais, où ils voltigent tout le reste de la nuit en poussant des cris très-aigus, qui font conjecturer qu'ils ne dorment point la nuit, et s'occupent à manger les herbes et les insectes du marais ; ils y déposent leurs œufs et y tiennent leurs petits, jusqu'à ce qu'ils soient en état de voler à la mer, les chasseurs se tiennent sur le rivage où ils se cachent pour les surprendre dans des broussailles, et de-là les tuent à coups de fusil le matin, lorsqu'ils volent vers la mer, en grandes bandes, et le soir quand ils retournent au marais. Quelques-uns de ces oiseaux aquatiques et d'autres que l'on trouve en divers endroits de la Toscane, ne sont point indigènes, ni naturalisés parmi nous, mais seulement passagers.

passagers. Ils s'y tiennent une partie de l'année, soit pour couver, soit pour se nourrir, lorsque les neiges et les glaces couvrent leur pâture dans les pays septentrionnaux. On peut lire à leur sujet les judicieuses observations et théorie de Linné dans sa Dissertation intitulée *Migrationes avium* et celle de Bertrand, Essai sur les montagnes.

Revenons aux minéraux : en montant vers Casciana, je fus très-surpris d'appercevoir une grande carriere ouverte, de pierre, qui me parut lenticulaire, d'où on tire des moëlons pour bâtir les maisons de Casciana; elle égale en grandeur, une des médiocres carrieres de Fiesole et offre différents filons inclinés de cette pierre, qui différent tous l'un de l'autre par leur grosseur et la quantité de corps lenticulaires très-petits, qui les composent ; elle est blanchâtre, de couleur un peu pâle et plus dure que la pierre serene ; mais elle est poreuse et se lie fort bien avec la chaux. La nuit ne me permit pas de faire dessus de plus amples observations, j'en pris seulement quelques morceax que j'emportai avec moi.

Arrivé à Florence, je découvris, à l'aide du miscroscope, que ces corps lenticulaires ne sont autre chose que différentes especes de nautiles et de cornes d'ammon, avec leurs coquilles entieres et le plus souvent vuides. Quelques-uns de ces jolis testacées sont remplis d'une matiere pierreuse, transparente, qui doit avoir été très-fluide, et très-subtile pour avoir pu pénétrer dans ces cavités imperceptibles. Cette substance pierreuse, que je n'oserois assurer spatheuse, ou quartreuse, mais que je croirois plutôt être du spath, parce que parmi les lenticulaires analogues de *parlascio*, je trouvai des jointures et des cristallisations de spath, cette substance, dis-je, lie indifféremment au-dehors tous ces testacées l'un avec l'autre, mais seulement au point de contact, et rend aussi cette pierre poreuse, à cause des interstices que laisse la convexité de leurs coquilles.

Il est donc clair que cette sorte de pierre ne doit pas être rangée dans la classe des lenticulaires, ou numismales, comme elle le paroît à la premiere vue ; mais bien dans celle des limaçons, ou coquillages, n'étant qu'un amas de testacées. Je n'entreprendrai pas à présent de décrire toutes les especes de nautiles et de cornes d'ammon qui la composent ; mais peut-être le pourrai-je faire dans une autre occasion, en donnant au public le nombreux catalogue des cornes d'ammon et des nautiles fossiles de mon cabinet de Micheli. Il suffira d'assurer le lecteur que dans cette pierre on trouve les especes de nautiles décrites et dessinées par monsig. *Giovanni Bianchi*, dans son livre de *Conchis minus notis* et par le docteur *Niccolo Gualtieri* ; et d'autres especes qui n'ont pas encore été décrites, toutes à peu près de la même grandeur que celles ci-dessus.

On peut s'imaginer combien de millions de coquilles de ces animaux, ont concouru à la composition de filons aussi vastes et aussi considérables. Je crois fermement que la pente de la montagne entre *Casciana et Parlascio*, sur trois mille quarrés, n'est composée que de cette espece de pierre, et je suis persuadé que la quantité prodigieuse de corps lenticulaires, que j'ai observés dans les environs de *Parlascio*, ne sont autre chose que des nautiles et des cornes d'ammon, comme celles de *Casciana*, quoique leurs tructure ne soit pas aussi facile à distinguer, étant très-fragiles et noyés dans une terre opaque très-fine : on peut choisir à *Casciana* les échantillons les plus beaux de cette pierre et les plus convaincants de ce que j'avance, sur-tout s'ils ont été exposés quelque temps aux injures de l'air, parce qu'alors on distingue beaucoup mieux les nautiles et les cornes d'ammon, parmi lesquels on trouve encore des fragments de divers testacées et des petites épines d'hérissons de mer.

Le Sign. *Gio Strange* Anglois, de la courtoisie duquel j'ai beaucoup à me louer, me fit part avant de retourner dans son pays, de son sentiment, fruit de ses observations sur cette pierre milliaire de *Casciana*, comme il l'appelle, et me permit de les publier. Voici ce qu'il en dit.

« La carriere de pierre milliaire à *Casciana*, est située sur le penchant d'une montagne stérile et inculte, éloignée d'environ un tiers de mille de *Casciana*, mais plus voisine encore d'un petite paroisse de cette communauté appellée *S. Friddiano*, ce qui lui a fait donner le nom de carriere de *St. Friddiano*. Cette pierre est vulgairement appellée *milliaire* sur ces collines, parce qu'elle est un composé de petits corps ronds assez semblables, au premier coup d'œil, au grain de millet. La pierre milliaire, outre l'espace qu'elle occupe à *St. Friddiano*, forme encore la carcasse de plusieurs autres branches de montagnes dans ces cantons ; mais on la trouve sur-tout en abondance dans les communautés de *Casciana*, et dans celle voisine de *Tarlascio*. J'ai découvert dans le peu de temps que j'ai séjourné dans ces cantons, que les lits de pierre y occupent environ un mille et demi quarré de terrein. On observera qu'ils sont quelquefois interrompus par des lits de pierre assez différente de la pierre milliaire. Ces lits sont composés de diverses especes de *panchina*, ou limaçons ordinaires, mêlés d'Huitres et autres coquillages marins fossiles, de la classe des bivalves, et que ces différents lits de pierre sont répandus çà et là, sans aucun ordre sur les montagnes. J'ai observé outre cela que la pierre milliaire, se trouve le pus souvent sur la pente de ces montagnes. Dans quelques endroits, elle forme comme des pointes ou des petits promontoires d'un petit diametre, et d'une médiocre élévation, qui sont liés immédiatement avec les bancs de *Panchina*. C'est à peu près la même chose à *St. Friddiano*, la partie du couchant étant composée de lits de pierre milliaire, celle du levant, du côté de Casciana, des lits de *panchina.* »

« Il résulte des essais que j'ai faits sur cette pierre milliaire en plusieurs endroits, tant dans les montagnes de *Casciana* que dans celles de *Parlascio*, il résulte, dis-je, que la derniere est d'une qualité bien inférieure à la premiere, sur-tout à celle de la carriere de *St. Friddiano*, ce qui me fait croire qu'on l'a préférée aux autres pour les constructions. »

« En effet la pierre milliaire de *Parlascio*, abonde tellement en sucs lapidifiques, qu'on y distingue à peine les petits grains dont elle est en grande partie composée. Et quelques peines que j'aie prises, je n'ai jamais pu trouver dans les montagnes de Parlascio, aucune, pierre comparable à celle que l'on trouve dans la communauté de *Casciana* et spécialement dans la carriere de *S. Frédiano.* La pente de la montagne où est située cette carriere est stérile, inculte et couverte çà et là de quelques buissons de chêne de lentisque, de genievre, de genet de bruyeres et autres plantes qui croissent ordinairement dans les endroits pierreux et incultes de ces collines. Le peu de terres qui recouvre par fois la pierre, et sert d'aliment à ces plantes, est naturellement trè -aride, mêlée de quelques parties ferrugineuses qui lui donnent une couleur rougeâtre et rouillée, qui la distingue des autres, quoiqu'elle soit commune à plusieurs montagnes stériles et pierreuses d'Italie, avec cette différence, cependant, que la terre qui couvre la montagne de *S. Friddiano*, contient en abondance de ce grain dont est composée la pierre milliaire. Ces mêmes grains séparés de la terre par les pluies, et roulés au bas de la montagnes, se répandent tellement sur les chemins et les sentiers qu'elle domine, qu'on les croiroit couverts de grains de millet. Ce qui en augmente encore la quantité, sont les grains détachés naturellement de quelques masses isolées de cette pierre milliaire répandus au pied et sur le penchant de la montagne, comme le remarque fort bien le *Sig. dott. Targioni.* »

« On voit donc clairement que cette pierre tirée de la carriere, se durcit d'abord à l'air et devient plus propre aux ouvrages moins exposés, car à la longue elle s'y dissout, et les grains qui la composent se séparent, comme il arrive aux Masses dont j'ai parlé et comme on le remarque encore dans les murs et les pavés de ces cantons. »

« Les filons de pierre milliaire qui forment la carriere de *S. Friddiano*, ont depuis six, sept, huit, dix et jusqu'à quinze coudées de profondeur et sont attenants à un autre lit de pure argile un peu tenace, humide, compacte et sans aucun mélange de pierre ; les filons sont de diverses grandeurs et dans une situation oblique à l'horison. Ils sont séparés par plusieurs cloisons d'une matiere blanche *cretacée*, qui se pulvérise aisément entre les doigts, et ressemble beaucoup à une craie d'Angleterre, dont je ne me rappelle pas d'avoir vu dans mes voyages d'Italie, aucune espece aussi parfaite. Ces cloisons coupant presque regulierement les lits, forment dedans, des solides de différentes figures comme paralellipipedes, rhomboïdes, pareilles à celles qu'on rencontre souvent dans les lits de tuf commun. Dans les vuides de ces cloisons, et dans les fentes de la pierre même, on voit des filtrations variées de matiere stalactite et tartreuse de couleur jaunâtre tirante sur le rouge ».

« Les lits de pierre milliaire sont pareillement de différentes épaisseurs, les uns n'ont que quelques pouces et d'autres ont jusqu'à deux et trois pieds de France. Ils varient encore beaucoup par leur dureté. Les supérieurs de la carriere constamment exposés aux injures de l'air, sont très-friables ; on trouve souvent un lit mince et friable entre deux très-durs, et tellement remplis de substance pierreuse, qu'on y distingue à peine les corpuscules ronds, qui leur servent de base; souvent aussi il s'en trouve un très-dur entre deux, très-minces et très-friables. La couleur de ces lits varie pareillement passant graduellement du blanc au jaune et du jaune à la couleur de rouille. Ces différentes nuances paroissent provenir de la filtration des eaux de pluie à travers le lit supérieur de terre d'ocre rouge, où l'eau se charge abondamment de particules ferrugineuses, qui, venant à se dissoudre, communiquent leur couleur aux lits inférieurs de pierre milliaire ».

« Les corpuscules ronds qui forment comme la base de cette pierre singuliere, et d'autres semblables, ont été pris par M. Bourguet, pour des couvercles de limaçons, d'autres les ont cru des œufs de poisson pétrifiés. Le pere *Torrubia* auteur d'un Apparat pour l'Histoire Naturelle d'Espagne fut de ce sentiment, lorsqu'en 1760, je lui montrai des échantillons de cette pierre, mais presque tous les Naturalistes ont considéré ces corpuscules organiques, comme autant de petits nautiles et cornes d'Ammon surtout depuis que le docteur *Giovanni Bianchi de Rimini* a publié dans son livre de *Conchis minus notis*, la description des petits nautiles et cornes d'Ammon qu'il a observés sur la plage de *Rimini*. On croit communément en Italie que la pierre milliaire, n'est autre chose qu'un composé de petits nautiles et cornes d'ammon et de quelques autres corpuscules rares, qui peuvent s'y trouver mêlés ; mais les observations microscopiques que j'ai faites sur environ une quarantaine de ces petits globes, ou grains, de cette pierre, m'ont évidemment prouvé le contraire. En effet les ayant trouvés plutôt lenticulaires, plats d'un côté et convexe de l'autre, sans aucune apparence de spirale, j'ai vu que ce ne pouvoit être, ni des couvercles de limaçon, comme l'a cru Bourguet, ni des cornes d'ammon, ou des nautiles, comme dit le *Sig. Targioni*, et encore moins des œufs de poisson comme se l'est imaginé le pere *Torrubia*, mais bien plutôt des oursins parmi lesquels je ne pus découvrir les *echinodisclii* du *Sig. Targioni*; j'apperçus seulement quelques especes d'*échinometres* à qui je n'oserois donner ce nom, car on ne distinguoit que la forme et la croute de l'oursin convertie en matiere stalactite avec l'ouverture supérieure de l'anus située au centre. Presque tous ces *echinometres* paroissoient de la même espece et de la même grandeur; on y voyoit de plus quelques épines capillaires d'oursins; probablement il s'y trouve encore des corps organiques, plus petits, tels que des nautiles et des cornes d'ammon, mais non pas dans une quantité suffisante pour faire croire qu'ils composent tous seuls cette pierre milliaire, puisqu'il est hors de doute que les *échinometres* se trouvent plus abondamment dans cette pierre qu'aucun autre corps, comme je l'ai observé avec le microscope ».

« Outre les petits corps organiques qui forment la substance principale de cette pierre, on y rencontre d'autres corps marins fossiles, plus grands, répandus, çà et là sans ordre dans ces lits. J'observai particulierement quelques-uns de ces peignes appellés *amusium rumphii* et quelques autres especes de peignes. On y voit encore quelques valves de différentes huitres fossiles, de plusieurs grandeurs, et le tailleur de pierres de la carriere me dit avoir une fois trouvé dans les lits inférieurs, un tibia, ce qui me fut confirmé par le Sig. *Fracassi* médecin, et par le curé du château ».

« Quelque soit la substance de cette pierre, il est certain qu'elle sert depuis long-temps à la construction des édifices, sur-tout pour les seuils des portes, les appuis de fenêtres, les escaliers et autres choses semblables, qui ne sont pas trop exposées aux injures de l'air, et quoique la carriere ne soit pas grande, elle fournit cependant aux besoins des habitans de ces contrées, à quatre ou cinq mille aux environs. Lorsque j'y allai, le carrier me dit que cette pierre étant en grande vogue, on projettoit d'ouvrir la montagne dans un autre endroit ».

« Cette pierre milliaire est de sa nature calcinable, comme l'annoncent les corps marins, qui la composent; mais les épreuves qu'on en a faites, ont démontré que la chaux n'en valoit rien, et étoit trop foible; ainsi il ne faut pas penser à l'employer à cet usage, les pierres calcinables étant d'ailleurs très-abondantes dans ce territoire. Je croirois cependant que l'on pourroit l'employer à d'autres usages et que ses lits les moins durs pourroient tenir lieu de ciment pour couvrir les sentiers des jardins. Leur aridité pourroit empêcher d'y germer les herbes parasites qui y croissent ordinairement ».

Puisque nous traitons des pierres lenticulaires, je saisirai cette occasion pour mettre au jour quelques réflexions que j'ai faites en 1745, sur le système du Sigr. *Bourguet*, sur la formation des pierres belemnites et lenticulaires, publié dans ses Lettres Philosophiques, à Amsterdam 1729 ; il y établit chap. 11, que les bélemnites sont des dents de quelque poisson, ou animal amphibie, et peut-être de crocodile, et au chap. 15, que les pierres lenticulaires ont été autrefois des couvercles de cornes d'ammon. Voici les raisons qui m'empêchent d'adopter son système.

Comme on n'a pas encore vu de belemnite attachée à quelque mâchoire, de même que l'on a trouvé des dents de réquin, de vache marine, et de plusieurs autres poissons, en outre des dents d'éléphant, de cheval, de brebis, de chiens, &c.; je ne me presserai pas d'accorder que les bélemnites aient jamais été des dents ou des défenses d'aucune espece de poisson, ou de crocodile. Je dis plus : ces dents ou défenses devoient avoir une base assez profonde, et une insertion tenace et fortement assujettie dans la mâchoire de l'animal pour en faire l'usage auquel la nature les a destinées, de sorte qu'il ne devoit pas être très-facile de les tirer de leur alvéole, quoique l'animal fût mort. En outre l'os de la mâchoire, très-dur lui-même, devoit, comme ceux plus fragiles de tant d'autres animaux, se conserver intact comme M. Bourguet prétend que se sont conservées les dents ou les défenses qui y étoient insérées, ou s'être pétrifié, ou tout au moins calciné. Ajoutez que les crocodiles et plusieurs autres reptiles et amphibies de leur espece n'ont pas de dents distinctes, ni fichées dans la mâchoire, comme la plûpart des animaux dentés; mais qu'à la rigueur leurs dents ne sont que des prolongations et des saillies de l'os de la mâchoire, et que, par conséquent on ne peut les en tirer.

2°. Je ne vois pas trop comment accorder le nombre prodigieux et la grande variété des bélemnites avec l'hypothese de M. Bourguet.

3°. Cette fente que l'on voit souvent dans les bélemnites, partir d'un point de la circonférence de la base, et se prolonger jusqu'au sommet, (forme incompatible avec la structure des dents et des défenses) est encore un obstacle à son hypothese.

4°. Qu'ont d'analogue avec la structure des dents et des défenses d'un animal quelconque, ces alvéoles ou cavités elliptiques que l'on trouve dans le corps de quelques belemnites, et formées loin de leur base?

5°. Les bélemnites constament trouvées parmi les ammonites, les nautilites, les ortoceralites, les oursinites, et jamais parmi les glossopetres et les bufonites, viennent encore combattre son systême.

6°. Je me souviens d'avoir vu, dans le précieux cabinet du *Sigr. Gio[illegible]e Baillon*, qui a été transporté au Musée Impérial de Vienne, une fort belle pierre composée d'une infinité de belemnites très-variées; liées ensemble par une substance lapidifique, presque diaphane ; la plûpart de ces belemnites étoient exactement coupées par l'axe, c'est-à-dire, depuis le diametre de leur ouverture à la base, jusqu'au sommet. L'œil y appercevoit distinctement, plusieurs diaphragmes disposés à quelques distance l'un de l'autre en ligne droite, horisontaux à leur base, sans être courbés, ni tournés en spirale comme les nautiles, ou les cornes d'ammon ; et nullement formés, comme doivent nécessairement l'être les dents, ou les défenses de tous les animaux, dans lesquelles on voit une infinité de cônes parfaitement paralelles, insérés l'un dans l'autre (pour me servir d'une comparaison triviale; mais expressive) comme les cornets de papier des épiciers.

7°. Il répugne à l'*Odonto* genie d'imaginer des dents, ou des défenses plus grosses au milieu qu'à leur base. Telle est cependant la belemnite, fig. VI, de M. Bourguet.

8°. M. Bourguet dit à la pag. 33 avoir trouvé des belemnites avec les alvéoles qui sont presque de marcassite en avoir vu souvent

souvent dont la substance étoit de calcédoine. Mais cette assertion prouve évidemment que ces belemnites n'ont jamais été des dents d'aucun animal, puisqu'il est impossible que la substance osseuse d'une dent, ou d'une défense d'animal ; se transforme en marcassite, ou en calcedoine ; cela prouveroit au contraire à mon avis, que les belemnites ne sont autre chose que des noyaux de quelques testacées univalves, et politalames dont on n'a pu encore trouver les analogues ; et non la substance de leurs coquilles, comme le croit M. Bourguet.

9°. La substance de pierre ou de verre, (comme l'appellent les Anatomistes) des dents et défenses des différents animaux terrestres ou marins, des coquilles fragiles de tant d'especes de testacées, ou celle des écailles, ne se sont jamais trouvées en aucun lieu de la terre transformées en marcassites, calcédoine, flux sélénitiques, comme sont les bélemnites ; mais, comme le savent tous ceux qui ont fait des observations sur différents corps pétrifiés du regne animal et végétal, les sucs pétrifiants se sont insinués dans leurs cavités, y ont coagulé et pétrifié le limon qui s'y trouvoit, et cette substance lapidifique minérale les a remplis de cristallisations sélénitiques, piritiques, ou bien elle y a jetté pour ainsi dire, des calcédoines, des agathes, des pyrites, &c. L'os ou la coquille, qui a reçu dans son sein cet hôte étranger, ne change jamais de nature, soit qu'il conserve sa dureté primitive, soit qu'il soit dissous et calciné par les influences de l'air. Il ne paroît point à l'œil qui les examine attentivement, que leurs fibres osseuses aient rien perdu de leur premiere forme; mais seulement qu'elles sont unies un peu plus étroitement par les sucs pétrifiants qui s'y sont insinués. Du reste les fibres osseuses, ou testacées, ou crustacées, sont éternelles et invariables, et ne peuvent jamais se changer en fibres constituants la marcassite, la calcédoine, l'agathe, la selenite, &c.

10°. Si les bélemnites avoient jamais été des dents, ou des défenses, elles ne pourroient être à présent aussi fragiles et aussi aisées à fendre; l'expérience nous apprenant que de toutes les parties d'un animal quelconque, les dents, ou les défenses sont les plus dures et les plus incorruptibles.

11°. *L'odontogenie*, ou formation des

dents dans un animal vivant, est traitée obscurément et peut-être d'une maniere erronée, par M. Bourguet, à la pag. 69; on la trouvera plus claire dans les Auteurs qui ont écrit sur l'*ostéogenie*, particulierement dans l'anatomie des os de *Domenico Gagliardi* et dans l'anatomie des plantes du célébre *Malpighi*.

12°. J'ai déja vu dans le cabinet du Sigr. *Gio Vincenzio de Marchesi*, chanoine de la cathédrale de Florence, un corps marin de l'espece des testacées, d'une forme absolument semblable aux bélemnites, long de plus d'un demi-pouce de Paris, ayant environ deux lignes d'ouverture, et dont la coquille très-mince étoit blanche et presque transparente. Il étoit lié à une espece de tartre marin dans lequel étoit incrusté un groupe assez considérable de corail rouge et une infinité d'autres substances marines végétales et animales, vulgairement appellées *matrice de corail*; ce corps étoit rompu dans un endroit et l'on pouvoit facilement examiner sa structure intérieure composée de lits divisés par des diaphragmes de la même substance que la coquille; mais je ne me rappelle pas s'ils avoient des tuyaux de communication. Je le fis observer au chanoine, qui surpris de ce phénomene et voulant le détacher tout d'un coup du tartre, pour le mieux examiner, le rompit à mon grand déplaisir en très-petits morceaux. Je n'ai jamais pu depuis m'en procurer un semblable. Je me flatte donc d'avoir découvert le premier le vrai belemno ou coquille du *tubolo politalamio* (si l'on peut lui donner ce nom) dans lequel se forment les bélemnites ; mais il me fâche de ne pouvoir le montrer à d'autres, quoique je n'en aie pas perdu l'espérance.

13°. J'avoue qu'il reste un problême beaucoup plus difficile à résoudre en faveur de l'opinion qui me paroît la plus raisonnable, que les bélemnites ne sont que des remplissages de quelques especes de testacées, dont on n'a pas encore trouvé l'analogue, c'est-à dire, que dans la majeure partie de leurs coquilles, il s'est fait un amas de matiere sélénitique, mêlée de cristallisations d'une figure particuliere, si réguliere et si constante, qui auront rongé et détruit toute la substance de leur coquille. *Waller* a cru les bélemnites des pétrifications de petits vers de mer que l'on nomme *holoturia.*

Voyez sur ces especes de pierre, les naturalistes étrangers et regnicoles.

Après un intervalle de deux ans causé par la mort du principal intéressé dans l'impression de mon ouvrage, je vais donner au public la relation d'un voyage fait pendant l'automne de 1743, dans les Alpes de *Barga* et de *Pietra Pania* et dans le Capitanat de *Pietra Santa*, par ordre de la Société de Botanique, afin de chercher des plantes pour le jardin royal de Florence. Je fus aussi particulierement chargé par le comte de *Richecourt*, de rechercher les mines de cette partie de la Toscane, et de lui en faire mon rapport. Je me suis acquitté le mieux que j'ai pu de ces deux commissions; puisse le lecteur, dont je reclame l'indulgence, être satisfait de mes observations!

Je partis de Florence le mardi quinze octobre 1743, et m'acheminai vers Pistoie. Je pris la route royale, qui passe par *Poggio à Caiano*, où j'arrivai quelques jours a près.

La plaine de cette ville renferme beaucoup d'eaux que l'on pourroit appeller des marais, si elles n'étoient distribuées pour l'usage des prés et des laiteries qui la couvrent. On y trouve volontiers en hiver, et pendant les autres saisons de l'année, divers oiseaux de la classe des aquatiques palmipedes et quelques autres de ceux qui se nourrissent ordinairement d'insectes aquatiques. On y fait en automne et en hiver de très-belles chasses aux canards et aux bécassines, et souvent on y tue des grues à coups de fusil. J'ai donné quelques descriptions de ces animaux, lorsqu'en décembre 1735, je fis l'anatomie d'une vieille femelle. Cet oiseau avoit été blessé à l'aile par un paysan et présenté vivant au grand duc *Gio Gastone*, qui le fit mettre dans la voliere de *Boboli*, où il mourut au bout de trois jours. Le docteur *Niccolo Gualtieri* obtint son cadavre de son Altesse et me le donna. J'en fis un très-beau squelette dont l'inondation de 1740, me fit perdre une grande partie et spécialement le crâne. C'étoit l'*Ardea occipite nudo papilloso, pileo, remigibusque nigris, corpore cinereo, rectricibus intimis laceris*, Linn. Syst. Nat. reg. anim. et la *grus grisei cinerei coloris, oculos nigros et rubros habens*, Jonst. de avit. Je lui trouvai l'œsophage assez vaste, il avoit plus d'un pouce de diametre, brisé avec plusieurs cailles de sang noir. Cet œsophage auprès de son insertion dans le ventricule, avoit une membrane grise semblable à celle d'un jeune homme de douze ans, percée de plusieurs orifices de vases excrétoires, qui répandoient une substance muqueuse, mais je n'y trouvai point d'espace plus grand, qui servît à la digestion. La structure du ventricule étoit la même que dans les poules, mais un peu plus grand et sans résidus d'aliments. J'y trouvai environ quarante petites pierres de la grosseur d'un pois chiche. Le tube intestinal étoit court à proportion de la grandeur de l'animal. Cette grue avoit une vessiole de fiel que *Thomas Bartolino*, Hist. anat., dit ne lui avoir pas trouvée, peut-être parce qu'elle est enveloppée dans les deux lobes inférieurs du foie, qui l'auront dérobée à la vue ; mais en tournant en dessus la partie concave de ce foie, de couleur noirâtre, j'apperçus la moitié de cette vessie. Quelques-uns des intestins qui la touchoient, avoient contracté une couleur verte tirant sur le noir, comme cela se voit dans les autres animaux. Les deux ventricules du cœur étoient au dedans lisses sans aucun faisceau de fibres. Dans le gauche, une excroissance de chair lisse, qui se terminoit en une petite côte aigue qui le coupoit dans toute sa longueur, de sorte qu'elle le partageoit en deux cavités. Je n'y trouvai point de valvules à trois pointes, mais les *mitrali* du ventricule gauche étoient d'une structure assez particuliere, membraneuses et blanchâtres, et chacune étoit attachée avec six ou sept petites fibres tendineuses, à une saillie de la cavité intérieure de ce ventricule. La grosse artere, au sortir du cœur, se divisoit en trois grosses branches. Le peu de sang que je trouvai dans ce cadavre étoit couleur de tabac, peut-être à cause de la diete qu'avoit fait l'animal. Les poumons inhérents au dos, étoient formés d'une quantité prodigieuse de petites vessies liées ensemble et présentant une masse couleur de rose, sans ramification apparente de vaisseaux sanguins, ou de conduits aëriens. On n'appercevoit aucunes traces d'*omentum*. L'ovaire attaché aux vertebres, immédiatement au-dessous du diaphragme, étoit très-petit, rempli d'œufs blanchâtres, gros comme un grain de mil, un seul étoit jaune et gros comme un pois. Les trompes de fallope composées d'une pellicule fine et transparente, grosse comme une plume à écrire, s'étendoient presqu'en droite ligne, de l'ovaire. Au dépôt des aliments digérés immédiatement au-dessous des ovaires, se trouvoient les rognons partagés en plusieurs lobes de couleur de foie. Leur superficie étoit raboteuse : ils se prolongeoient jusqu'au dépôt, et étoient logés dans les cavités des os ilion, et dans les interstices des vertébres lombaires ; chacun de ces lobes avoit un uretiere blanchâtre, et tous se réunissoient en un tronc commun. Je ne trouvai pas dans cette grue un seul grain de la graisse dont parle Bartolino ; il y avoit cependant, à la plante des pieds, un peu de matiere semblable à la graisse humaine, qui, unie avec les fibres musculaires internes, faisoit l'office de *coitre*. Le pareuchyme des glandes muqueuses *haveriane* étoit absolument de la couleur et de la substance de cette graisse. La chair et les muscles étoient d'un rouge foncé. Tous les tendons, surtout ceux des pieds, des ailes et du cou étoient osseux, et dans le squelette, on les trouve identifiés avec les os dans lesquels on ne voyoit aucune moëlle, mais seulement de l'air. Le plus remarquable de cet animal est la structure et la situation de la trachée - artère de quarante - un pouces de longueur, de trois lignes de diametre auprès du cou, et de quatre et demi dans le reste de sa longueur, composée d'anneaux cartilagineux, dont la moitié large, contraste avec l'autre moitié assez étroite. Cette longue trachée part d'une espece de cartilage sentiforme, ayant une vaste ouverture avec une division cartilagineuse, et quelques cavités latérales, et à l'extrémité supérieure, un petit os long d'onze lignes ; cet os est une branche du larinx, qui forme une articulation avec l'os hyoïde composé de deux branches, chacune desquelles est longue de trois pouces et quatre lignes et formée d'un os mince comme un fil, long de 22 lignes, auquel s'en joint un autre long de quatre lignes, attaché lui-même à un cartilage plus mince, qui se termine en pointe. A la tête de la division du larinx et des deux branches de l'os hyoïde, s'articule un autre petit os pyramidal long de huit lignes, qui sert de base, et donne de la force à la langue cartilagineuse, mince et longue d'un pouce et demi, qui finit en pointe très-aigue ; la trachée artère suit l'espace de neuf à dix pouces les vertebres du cou ; ensuite sans passer en droiture dans le torax , comme chez les autres animaux , elle entre dans une gaîne pratiquée dans l'épaisseur de la crête du sternum, s'y cache dans la longueur de seize pouces et demi , formant trois plis différents , presque demi-circulaires, et reparoît par le même orifice, et par un autre demi-cercle d'environ cinq pouces et demi de longueur , elle se divise en deux branches et va se terminer au poumon ; elle est armée dans l'endroit où elle entre dans la crête du sternum , de deux muscles ronds, longs de deux pouces , attachés aux clavicules , et dont je ne devine pas trop l'usage. Ces muscles ont été apperçus par d'autres Naturalistes , qui , ne suivant pas la trachée artere dans toute sa longueur , s'imaginerent qu'elle entroit seulement dans la chair autour du sternum , ce qui donnoit , suivant eux , plus de force à la voix de l'animal. Il est surprenant que *Philippe-Jacques Hartman* , n'ait pas fait mention de cette étrange organisation de la trachée artere en disséquant une grue très-grasse ; *Voletiero Coiter*, de Groningne, en a parlé le premier, et l'a fait graver sur le cuivre. M. Duverney en anatomisant une grue Africaine, a fait voir que la trachée artere forme trois contours en maniere de trompette ; ils sont renfermés dans les cavités du sternum qui est creux dans ces animaux. Il paroît que cette organisation est essentielle et caractéristique dans l'espece des grues, ou hérons. C'est peut-être la raison méchanique de leur vol élevé, et de longue durée, qui les fait respirer librement dans une athmosphere leger et subtil, auquel d'autres oiseaux ne pourroient pas résister, n'ayant pas comme elles la faculté de se charger sur la terre d'une quantité suffisante d'air grossier qu'elles peuvent rarefier et conserver très-long-temps. Sa longueur, au moins de quarante-un pouces, comme elle est encore dans le squelette, rend croyable ce que raconte Lucien dans son Alexandre, ou *Pseudamante*, de la fourberie de ce fameux imposteur, qui faisoit rendre des oracles à un simulacre de dragon, en adaptant à la tête plusieurs arteres de grues, à travers lesquelles la réponse arrivoit jusqu'aux oreilles de celui qui l'avoit consulté. Le *libia* de la grue que j'ai disséquée, a dix pouces et demi de longueur et plus de six lignes de diametre. Je ne trouvai point à l'extrêmité de la trachée artere de mon squelette, la structure du larinx dont parle *Bartolino*, en décrivant un cigne. C'est ce qui me fait résoudre à faire graver la mienne sur cuivre, mais sur une moindre échelle, afin d'en pouvoir faire la comparaison dans le reste de la structure du thorax. Cette grue ressemble parfaitement au cigne de *Bartolino*. L'*Aldrovando* nous a laissé la figure d'un squelette de grue, mais je n'y ai point trouvé l'insertion de la trachée artere dans le sternum, et les os des ailes et des jambes me paroissent trop courts à proportion du thorax, car celui du mien a depuis l'extrémité des clavicules jusqu'à la pointe du coccix onze pouces et demi, les épaules longues de huit, les cuisses de quatre pouces et demi, et les métatarses de neuf, ce qui me fait douter que tous les os figurés par *Aldrovando*, soient vraiment des os de grue.

L'observation de *Benvenuto Cellini*, mérite de trouver place ici. « Il est bon de savoir qu'il existe une espece de rubis naturellement blancs, et qui ne prennent point cette couleur au feu, leur blanc ressemble à celui d'une pierre approchante de la calcédoine, qui a beaucoup d'affinité avec la cornaline et dont la couleur pâle et livide, n'est point du tout agréable. Les rubis dont parle *Cellini*, sont à peu-près de cette couleur, qui les rend peu propres à être mis en œuvre. J'en ai qui ont été vus et trouvés dans l'estomac de quelques grues, que je m'amusois à tirer dans ma jeunesse, avec des turquoises très-belles. Il y en avoit quelques-uns de coloriés, avec des plasmes et quelques petites pierres. »

Tout ce qui vient d'être dit des grues ne doit s'entendre que de celles qui quittent les pays chauds où elles ont passé l'hiver, pour arriver au mois de mars dans les pays septentrionaux. La quantité des pierres ci-dessus mentionnées, feroit croire que ces grues passent l'hiver dans les heureuses contrées de l'Orient, situées sous la zone torride, pays où la main libérale de la nature a répandu ces riches productions. Cela suffit pour démontrer que les véritables turquoises sont des pierres naturelles et non pas des os teints, comme le supposent quelques Naturalistes; je suis seulement surpris que les perles aient pu dans le gosier des grues, résister à la trituration des muscles, et à la corrosion des sucs gastriques. Je ne peux croire cependant que ce soit des perles Orientales de la mer d'Asie, mais des *telline palustri*, les grues ne cherchant leurs aliments que dans les marais.

Laurent de Médicis avoit fait transporter de Sicile dans sa voliere de *Poggio à Paiano*, la race des pénicopteres, qui sont le *phœnicopterus*, *Linn. Syst. nat.* Cette espece ne s'y est pas conservée. Mais on en voit de temps en temps quelques-uns amenés, vraisemblablement par quelque bourasque, des côtes de Morée, de Provence et de Languedoc. Ces oiseaux ne tardent pas à périr dans les prairies de *Poggio à Caiano* et dans les environs de *Risai*, leurs rendez-vous ordinaires.

On a quelquefois vu dans les *Risaie* de *Poggio à Caiano*, des onocrotales, c'est le pelican des anciens, *le pelecanus gulâ saccatâ Linn. Syst. nat.* On les appelle *agrotti* sur les bords de l'étang d'Orbetello, où l'on en prend souvent. *Gio Fabro* avoit toujours quelques-uns de ces onocrotales sous le nom de *tamban*, dans la voliere du jardin royal de *Boboli*, où j'en ai moi-même vu dans ma jeunesse : les Grecs modernes les appellent *toubana*.

On trouve aussi dans ces cantons *le braviere*, appellé dans l'état de Pise *Stiattaione* et par les Romains, *Strittozo*. *Gio Pietro Olina* dans la description qu'il en donne, dit que le braviere est un oiseau de passage, qu'on voit au mois d'octobre, au nombre de six ou sept ensemble, avec des bandes d'alouettes. Il se perche sur les arbres, mais on le trouve plus souvent à terre dans les plaines comme les alouettes. On en rencontre beaucoup sur les côteaux voisins du mont *Senario;* mais on en trouve davantage dans les humides plaines, situées entre le *Cassetto* et *Pistoie*, où ils ont coutume de déposer leurs œufs. Le mâle est plus gros que l'alouette *Penterana*; la femelle est plus petite et d'une couleur moins foncée. Il a le bec du verdier; à l'aide de ce bec très-fort il épluche et broye le pain et le millet, que l'allouette engloutit tout entier; on le prend avec des filets ouverts. On entend fort peu sa voix lorsqu'il est en l'air, sa chair est ferme et bonne à manger.

Pierres et terres de Monsummano.

En sortant de Pistoie, je passai par *Seravalle*, et descendant vers la plaine de *Valdinievole*,

Valdinievole, j'apperçus sur une montagne conique très-escarpée, un château appellé *Monsummano Alto*, actuellement ruiné. Le Docteur *Placido Dei*, me dit qu'il croissoit parmi ses ruines beaucoup d'absynthe Romain très-odorant et très-amer. Au pied de cette montagne, on commence à trouver les traces des collines de *Valdarnodi Sotto*. Sur le sommet d'une de ces collines est bâti un autre château appellé *Monsummano Basso*.

On tire à *Monsummano*, une espece de marbre rouge de la nature de l'alberese ou de la pierre à chaux et qui cependant se polit facilement. *F. Agostino del Riccio*, dans son Traité des pierres, dit que l'on tire à *Monsummano di Valdinievole*, des marbres rouges avec des veines blanches, semblables à ceux de St. Just. à *Monte Rautoli*. Et en parlant de ces seconds marbres, il dit : « la carriere de marbre ouverte à *Monte Rautoli*, s'étend dans plusieurs montagnes circonvoisines ». Elle est très-avantageuse à la ville de Florence, qui en a tiré le marbre dont elle a orné son superbe clocher, le dôme, toutes les églises de la ville et particulierement la façade de Ste. Marie Nouvelle. Ce marbre rouge a quelques veines blanches ; on en tire des blocs d'une grandeur considérable, comme il paroît dans la grande porte qu'en fit extraire le grand duc Côme, qui est actuellement dans la cour de l'ancien palais, au poste de la garde Suisse; le marbre est d'un rouge terne avec quelques veines blanches et se polit très difficilement.

On conserve dans le cabinet de *Ginori di Doccia*, les especes de terre suivantes, trouvées dans le territoire de *Monsummano et de Monte Vetturini.*

1°. La terre rouge qui se trouve à *Monsummano Basso*, et en plus grande quantité dans un éboulement à *Monsummano Alto* au-dessous du château du côté du levant; au feu elle reste liée, seche 4 noire.

2°. La terre cendrée tirant sur le verd, que l'on trouve entre *Montecatini et Monsummano Basso*, reste liée et seche au feu 4 rougeâtre.

3°. La terre de couleur tannée du même endroit ; au feu elle reste liée et seche, 4, elle bouillonne 2, se vitrifie 1, et noircit.

4°. La terre cendrée bleu clair, que l'on trouve auprès de *Monsummano* dans un torrent qui traverse le chemin qui conduit à *Monteveturrini* : au feu elle bouillonne 2, se vitrifie 1, rougeâtre.

5°. La terre jaune en mottes dont on se sert au lieu de tripoli, pour polir le laiton, prise sur les possessions du marquis Bagnesi, auprès de *Monsummano*. Au feu elle reste liée, seche 4 rouge.

6°. La terre jaune mêlée de blanc qui se trouve entre *Monsummano Basso* et *Monte Vetturini*, sur le territoire des Sign. *Bagnesi*, *Bartolomei*, *Carli* ; au feu elle bouillonne 2, se vitrifie 1, devient brillante, 1 rouge.

7°. La terre noire que l'on trouve dans le chemin de *Monte Vetturini* à *Vaiano*, derriere le ruisseau de *Bronzoli*. L'eau forte la rend ferrugineuse et au feu elle reste *laterizia* 4, noirâtre.

8°. La terre jaune clair, en mottes du voisinage de *Vecchiaja* dans le commun de *Monte Vetturini*. Au feu elle bouillone 3, se vitrifie 1, rougeâtre.

9°. Des cailloux remplis de matiere presque cristalline que l'on trouve sur le chemin de *Monte Vetturini*, à la voliere du Sign. *Galeotti*.

10°. Des cristaux que l'on trouve épais sur le terrein autour de cette voliere.

11°. Des pierres à feu de diverses couleurs que l'on rencontre entre *Monte Vetturini* et *Vaiano*.

12°. Des pierres vertes et violettes et mêlées de ces deux couleurs qui se voient dans le ruisseau de *Bronzoli* au-dessous de *Monte Vetturini*.

Le Sig. *Gio Domenico Stellanti*, apothicaire de Pistoie, assez curieux d'Histoire Naturelle, envoya à *Micheli* différentes pierres de ce pays, parmi lesquelles se trouvoient huit morceaux de pierre à feu, dont quatre de celles que l'on rencontre entre les confins de *Monte-Vettolino* et *Cecina*, dans l'état de *Pistoie*, et les quatre autres dans la *Nievole* depuis le moulin *delle Monache*, jusqu'au pont qui est au-dessus de la descente de *Serra Valle*, à environ un quart de mille, et que l'on passe pour aller à *Pescia*

Remarques sur l'Histoire Naturelle de la Valdinievole.

Les montagnes della *Valdinievole*, sont formées de filons de pierre serene d'un grain sabloneux. Leurs cimes sont couvertes de chênes, le milieu de leur pente de châtaigners, et sur leurs branches les plus basses sont bâtis quelques châteaux, autour desquels sont répandues des fermes appartenantes à des particuliers Florentins, et des plantations d'oliviers dépendants de Pise.

Je passerai légerement sur quelques détails de l'agriculture de ce pays. Les paysans de ces contrées, quoique très attentifs à ne pas perdre un pouce de terrein, sont cependant fort peu curieux d'innovations et si attachés aux pratiques de leurs ancêtres, qu'ils ne veulent pas les abandonner, quoique l'expérience les démontre moins bonnes et moins utiles. On ne peut cependant refuser à ce pays d'être très-fertile, puisqu'il produit en abondance toutes les choses nécessaires à la vie. Les bestiaux dont ces campagnes abondent, ne naissent pas dans cette province, le défaut de prairies et les terreins incultes, les rendent très-rares; on les y amene des foires et marchés circonvoisins et des états étrangers. Ces bestiaux consistants en veaux mâles et femelles, bœufs, moutons, &c. sont, aussitôt leur arrivée, renfermés dans leurs étables respectives, d'où on ne les laisse jamais sortir pour paître;

mais on leur apporte leur nourriture, on les abreuve même dans l'endroit où ils sont attachés. Pour les bœufs, on ne les fait sortir que pour les mettre sous le joug et les conduire au travail. On mene paître dans les chemins, ou dans quelques broussailles, les vaches de labourage et de rapport qui se trouvent en petit nombre dans les stériles fermes de la côte et du côteau. Cependant quoiqu'on ne mene jamais paître ces bestiaux dans la campagne, les fourrages verds ne leur manquent jamais, même dans l'hiver le plus rude ; les paysans ont la prévoyance d'amasser de la paille qu'ils coupent avec des lupins, des raves, et l'herbe qui naît de la graine du lin, qu'ils ont eu soin de semer pendant les pluies du mois d'août, qui pendant l'hiver, sont déja beaucoup crus ; ils en cueillent tous les jours ce dont ils ont besoin, et prennent si bien leurs mesures, que pendant tout l'hiver les bestiaux ne restent jamais sans une quantité suffisante de nourriture fraîche et verte. Les paysans qui ont de vastes fermes donnent au gros bétail, comme les bœufs, des branches, ou plutôt des rameaux de peupliers et de saules, qu'ils ont rassemblés en faisceaux, et qu'ils donnent à manger dans l'hiver à ces animaux, qui les dévorent avec une avidité, qui m'a plusieurs fois fait plaisir à voir. Ceux qui peuvent s'en procurer en abondance les entretiennent très-gras, et leur chair devient d'un goût excellent. Les marais leur fournissent encore une autre espece de fourrage qu'ils coupent pendant l'été, et dont ils nourrissent leurs bestiaux dans leurs étables. Ils épargnent cependant les herbes qui croissent sur les bords des fossés et dans les champs, les réservant pour le temps le plus chaud de l'été, où celles des marais devenues trop mures pour servir de fourrage, ne sont plus bonnes qu'à faire de la litiere et du fumier. Je crois que le soin qu'ils prennent de leurs bestiaux, l'espece de nourriture qu'ils leur donnent, et que ne fournissent point les autres campagnes, contribuent à les rendre abondants, gras, et leur chair d'un goût exquis.

On m'objectera peut-être que c'est une économie mal entendue d'ensemenser des champs en fourrages au lieu de grains, je répondrai qu'ils ne sement de fourrages que dans les champs en jacheres qu'ils seroient obligés de laisser reposer pour y semer au mois de mai du millet, du maïs et des haricots, et pour ne pas les laisser inutiles pendant quelques mois, ils y sement des lupins, des raves, du lin et une espece de treffle qu'ils appellent *lupinella.*

C'est une observation constante de ces paysans, qu'un champ qui a donné deux, ou trois récoltes de bled, de seigle, &c. est fatigué, et que si on ne le laisse reposer, le grain qu'il donnera, sera de mauvaise qualité : ce qui est assez vraisemblable ; car la terre épuisée des sels analogues à cette espece de bled, ne peut plus lui fournir de nourriture ; de sorte qu'il faut ou y semer une autre espece de grain, ou attendre que le temps, par le moyen de l'air, dépose sur ce lit de terre les sels qu'il a perdus, ou bien en la labourant, apporter à la surface un lit de terre nouvelle et féconde.

La pêche de ces cantons, ne me paroît avoir rien de remarquable, si-non que dans tous les temps, mais sur-tout en été, on prend dans le lac de la *Valdinievole* une grande quantité de poissons, comme brochets, tanches, anguilles, carpes, quelquefois des moules très-grosses, mais d'un goût médiocre ;

les filets dont ils se servent, sont le carrelet, le cercle, le harpon et la guada, qui est un long et large filet que deux hommes traînent après eux, entrants dans l'eau quelquefois jusqu'au cou.

A l'égard de la chasse, comme il n'y a pas un pouce de terrein dans cette vallée, qui ne soit cultivé, il n'y a pas non plus beaucoup d'animaux permanents ; on y trouve cependant quelques lievres et quelques renards, souvent fatals aux levreaux ; on y voit aussi de temps en temps quelques compagnies de perdrix grises et rouges, mais rarement. Quoique ce soient des oiseaux de passage, les paysans sont assez adroits à les prendre. Outre les buissons, les arcs, les lacets, &c. ils ont une maniere d'aller à la *fouée* que je n'ai vue pratiquer nulle part ; mais cette espece de chasse est fort incommode, parce qu'il faut marcher dans des prés couverts d'eau et dans des fossés ; ils choisissent pour cette expédition les nuits les plus obscures ; deux hommes munis d'une clochette, d'un flambeau et d'une perche, au haut de laquelle est un cercle et dedans un filet très-délié, mais très-fort, vont en silence à travers les prés et les marais, même dans les champs où les oiseaux ont coutume de se retirer, en sonnant leur clochette ; celui qui tient le cercle porte aussi le flambeau, et dès qu'il apperçoit l'oiseau, que l'éblouissement causé par la lumiere empêche de remuer, il le couvre promptement avec son filet ; par ce moyen industrieux, ils prennent en vie un grand nombre de bécasses, de bécassines, de farlouses, d'alouettes, de poules d'eau, &c. Dans les marais et dans les endroits où il y a beaucoup d'eau, les pêcheurs prennent avec beaucoup moins de peine une infinité d'oiseaux aquatiques ; ils ferment avec une petite haie de sarment ou de joncs les fossés, les canaux où les oiseaux ont coutume de passer en nageant à fleur d'eau, laissent de distance en distance une petite fenêtre dans laquelle est tendu le filet où ils se trouvent pris en tentant ce passage; ils tuent aussi dans ces marais, au temps du passage, quantité de canards, de sarcelles, de mouettes, de macreuses et d'oies.

Des productions de la campagne de *Valdinievole*, la plus importante est le lin qui y est très-bon et très-renommé. Cette plante n'est point originaire d'Italie. Ce fut assez tard qu'on apporta de sa graine d'Egypte, où Hérodote dit qu'on la cultivoit avant qu'elle fût connue ailleurs. *Flavio Vopisco* remarque qu'il y avoit beaucoup d'ouvriers en lin dans l'ancienne Alexandrie, que leurs toiles étoient très-belles et très-cheres. Le lin fut semé en Lombardie, sur-tout dans le Modenois, l'an 869, et en 1303, dans le royaume de Naples. L'utilité reconnue de cette plante m'empêche de m'étendre sur les différents usages auxquels elle est propre.

Les récoltes de lin sont si abondantes dans la *Valdinievole*, que l'on retire de sa graine une grande quantité d'huile propre au vernis. On y voit plusieurs moulins pour l'extraire, entr'autres un assez considérable appartenant au marquis *Francesco Feroni*. On commence par moudre la graine à l'eau, ensuite on exprime l'huile dans un pressoir très-fort, et la pâte inutile et desséchée reste dure comme du bois dans des sacs de toile de crin, en forme de pains applatis. Les paysans achetent les pains, les broient et les mêlent dans les fourages des veaux, afin de les faire engraisser plus promptement et de les vendre. La théorie de cette pratique est que cette nourriture dure et indigeste se change facilement en graisse dans un animal ruminant et paresseux comme le bœuf, que ses humeurs visqueuses empêchent de transpirer abondamment. Si on continuoit de les nourrir avec ces pâtons de lin, cet aliment leur deviendroit funeste comme en Hollande où il leur cause souvent la *perrimeumonie*. Ce résidu est non-seulement propre à l'usage ci-dessus indiqué, mais encore à enduire les vaisseaux, à distiller, à lier des pierres et à raccommoder solidement plusieurs sortes de vases et d'ustensiles.

Le chanvre est encore une production intéressante de la plaine de Pistoie de la *Valdinievole* et du *Valdarno di Sotto*. Si l'on en croit Hérodote, son pays natal est la Scithie. Les individus floriferes ou mâles de cette plante, ont l'écorce plus délicate, et donnent un fil plus fin. On devroit les choisir avec soin, et les manufacturer séparément des seminiferes. Le chanvre seroit plus beau et l'on pourroit en faire des ouvrages plus fins. On pourroit aussi en améliorer la culture et l'emploi en suivant les principes du célébre *Muratori*, consignés dans son Journal d'Agriculture. Sa graine est propre à plusieurs usages, entr'autres à nourrir des poules ; mais on remarque que celles que l'on en a nourri pendant l'hiver, font d'abord beaucoup d'œufs, ensuite deviennent stériles et trop grasses. Les autres oiseaux sont assez friands de cette graine : on la donne ordinairement mêlée avec les panis à ceux que l'on éleve pour les faire chanter en cage et dans les volieres ; on commence à leur en donner lorsqu'ils sortent de mue, c'est-à-dire, au commencement de l'automne, ce qui les rend très-vifs et les fait beaucoup chanter. L'huile exprimée du chennevis, ou graine de chanvre, mêlée avec un peu de cire, est un fort bon onguent pour la brûlure : on fait disparoître les taches de petites vérole en les lavant avec l'émulsion de cette graine, faite à l'eau rose ; leur émulsion et leur décoction dans le lait de vache, sont un spécifique contre la jaunisse et le rhume.

Ce pays étant en grande partie marécageux, il ne sera pas inutile de donner une note distinctive des différentes eaux qui s'y rencontrent. Bernard *Varenio* a traité en maître de la propriété et de la différence des lacs, des étangs et des marais. Il y a des lacs de trois especes, dit *Léon-Baptiste Alberti*. L'un qui content de ses eaux, n'en reçoit aucunes, reste toujours à la même hauteur et ne se déborde point; l'autre qu'o peut regarder comme le pere d'un fleuve se creuse un lit et s'échappe de son bassin et le dernier qui recevant des eaux étran geres et se débarrassant des siennes, form lui-même une espece de fleuve. Le premie de ces lacs ressemble à un étang, le secon à une fontaine et le troisiéme à un larg fleuve. Les étangs, dit *Vincent Scamozzi*, on des eaux périodiquement, comme les ma rais ont des eaux étendues et peu profon des, de sorte que dans les uns et dans le autres, la terre fermentant, les eaux de viennent grasses, se corrompent et renden toujours l'air malsain. Nous avons de toute ces especes d'eaux dans les terreins bas de nos fertiles plaines de Florence, de Pistoie et de Valdinievole : dans le territoire de Pistoie, nous avons les *risaie* et les prai- ries aquatiques de Poggio à Cajano, mais la province de Valdinievole est celle qui possede le plus d'eaux stagnantes ou peu courantes.

On voit dans le lac de *Fucecchio* et dans celui de *Bientina* des aunes, des saules, des cannes, des souchets et des joncs, dont les pointes entrelacées et liées avec des sédiments de tourbes, &c. forment des especes d'isles solides et flottantes que le vent pousse çà et là. On en voit en Egypte de si considérables, qu'elles sont couvertes de sangliers que les habitants des terres voisines vont chasser. On appelle *petites barques* les isles flottantes du lac de Tivoli. On en voit aussi beaucoup en France, à l'extrémité d'un fauxbourg de Saint-Omer en Artois, appellé *haut pont.* Ces isles, si elles sont trop grandes et trop pésantes, ou si elles tiennent au fond ou aux bords du marais par de fortes racines, forment un terrein vacillant et peu stable, parce qu'il y a de l'eau dessous. *Geminiano Montanari* décrit assez bien leur origine, dans son discours sur la mer Adriatique.

« Quelquefois, dit-il, les roseaux aquatiques poussent dans le terrein où elles croissent, d'abondantes racines, qui deviennent avec le temps si épaisses, que les barbes déliées par lesquelles elles tiennent au fond, s'agitant, toute la masse de terre qu'elles embrassent devenue plus légere que l'eau, finit par s'en détacher, et monte vers la surface en masses assez considérables. Les souches ne laissent pas pour cela de pousser de nouveaux roseaux, comme dans leur terrein primitif, la décomposition des anciennes racines que contient cet amas flottant, fournissant amplement des sucs à leur accroissement. Ces isles sont plusieurs années à se consolider, et souvent elles acquierent tant de fermeté, qu'elles sont en état de porter des bestiaux et même des cabanes ; cela paroît merveilleux à ceux qui les voient. Les roseaux ne sont pas les seuls matériaux de ces isles flottantes ; les joncs, les baugues, les souchets, les salvins et toutes les plantes aquatiques, longues, noueuses et qui se propagent par marcottes, leur servent aussi de base ; en effet les racines de ces plantes, comme le remarque Théophraste, se prolongent vers le tronc, et par le moyen des branches latérales, poussant de nouveaux germes dans les parties prolongées, les premieres et plus anciennes parties de ces racines, meurent au bout d'un certain temps, et deviennent inutiles. Cette espece de végétation est la même dans les plantes terrestres qui se propagent par le moyen de racines noueuses et proliferes, comme les cannes, toutes les especes d'iris, &c. qui ne poussent

poussent que de la tête de la racine, la premiere restant morte et par conséquent inutile.

Il tombe tous les ans beaucoup de tourbe dans les lacs de *Fuccecchio et de Bientina*, qu'on peut considérer comme des fleuves débordés. Elle se dépose sur ces masses flottantes, où elle est bientôt renfermée par les enveloppes des substances végétales, et forme un terrein assez gras, où les plantes poussent avec vivacité, et contribuent à l'accroissement et à la solidité de ces especes d'isles. Lorsque les temps les a accrues et consolidées, elles retrécissent le lit des lacs et des marais, et couvertes enfin par le sédiment des tourbes qui s'y rassemble et les éleve, elles forment un nouveau terrein propre à être cultivé, mais peu sûr pour y jetter des fondements d'édifices, puisque l'eau en fait la base, comme on le voit autour du lac de *Fuccecchio* et dans plusieurs terreins de la Lombardie et de la Romagne.

Ces isles flottantes finissent donc par être profondement ensevelies et couvertes par la terre déposée par les courants des rivieres, et forment une masse de matiere que l'on brûle au lieu de bois, lorsqu'elle est bien seche, et que l'on appelle *tourbe*.

La tourbe varie beaucoup dans sa qualité et la force de son feu, selon la quantité et la qualité des racines et autres végétaux qui entrent dans sa composition. Si ce sont simplement des fibres, ou des parties quelconques de végétaux, le feu sera léger et de peu de durée; mais si, comme il arrive souvent, elle contient des parties bitumineuses, elle est plus compacte et le feu en a plus de force. Je ne crois pas qu'on se soit jamais avisé en Toscane, de couper de la tourbe pour la faire brûler; mais si l'on continue à se servir de bois comme on fait présentement, on aura bientôt épuisé cette ressource et l'on sera forcé de chercher sous terre un aliment au feu. Nos neveux chercheront à grands frais la tourbe, et la trouveront sous nos plaines de Toscane, qui étoient autrefois des marais, quoiqu'on y ait déja fait par hasard quelques excavations qui l'ont indiquée. J'en ai même dans mon cabinet quelques morceaux très-abondants en bitume, et qui pour brûler ne le céderoient pas à la plus belle et la plus prisée de Flandre et de Hollande : pour le présent nous nous servons pour cuire les vivres, du peu de bois qui reste sur la terre; ceux qui en manqueront après nous, chercheront la tourbe et imiteront ces pays où la nécessité fait une Loi de s'en servir. On verra pour lors devenir à la mode les superbes traités de *Carlo Patino* des tourbes combustibles, du célébre Antoine Zanon, et du comte *Fabio Asquino* sur les tourbes découvertes dernierement dans le Frioul Vénitien.

On peut cependant faire usage du limon de nos marais, pour engraisser les terreins sabloneux et stériles ; on peut même en perfectionner la culture.

Passons en revue quelques-uns des usages que l'on fait, et que l'on pourroit faire des plantes aquatiques de ces pays. Je dirai auparavant que les anciens se servoient généralement des feuilles de gramen, de joncs et de souchets, pour remplir des coussins et faire des paillasses ; les pauvres à Rome, lorsqu'ils alloient à l'amphitéâtre pour jouir du spectacle, en portoient un faisceau pour étendre sur les siéges, ou gradins de travertin, sur lesquels ils devoient s'asseoir. Ce distique de Martial en fait foi.

Tomentum concisa palus, circense vocatur
Hoc pro lingonico stramine pauper habet.

Nous ne nous servons plus de cannes de

marais, pour faire des fléches, ou des plumes à écrire ; mais nous en faisons usage pour les nattes à vers à soie, sécher leurs cocons, étendre des fruits, couvrir des toits et des étables, des épis, ou étoffes ; on fait ce qu'on appelle des *brosses* de marais pour enlever la poussiere.

En considérant bien ces cannes que l'on semble dédaigner, on trouvera qu'elles sont très-utiles et fournissent à plusieurs besoins. Les feuilles des plantes appellées *canelle*, donnent une nourriture abondante aux bestiaux, et leurs épis une espece de plume propre à remplir les couettes et les coussins ; on fait avec leurs tiges d'excellentes nattes pour défendre les jeunes arbres, des attaques des animaux ; on peut en faire des gardes-manger, calfater les barques, et faire des nasses pour les pêcheurs.

Les cannes domestiques, c'est-à-dire, celles que l'on éleve dans les fermes, outre l'excellent fourrage que donnent leurs feuilles ; servent à faire des palissades, à ramer et à défendre les plantes à fruits, à fleurs et même les arbres ; leurs tiges servent à soutenir les asperges et autres plantes. On en fait des nattes, qui servent à revêtir les murailles, à faire des cloisons, à porter des vers à soie. On en fait aussi des corbeilles, des paniers et des traîneaux. Avec ces cannes on fait des lignes pour pêcher à l'hameçon, des enclos et des labyrinthes aux poissons dans les rivieres et dans les lacs. On en fabrique aussi des cages et des gluaux pour la chasse aux oiseaux. On s'en sert pour rouler dessus de la soie, de la laine et du fil. On en fait des dévidoirs, des peignes, des rouets à filer et plusieurs autres instruments. Enfin la canne est une des plantes que l'on puisse cultiver, qui mériteroit qu'on en fît plus de cas, et qu'on la propageât davantage.

Quelques-unes des plus grandes especes de joncs servent à couvrir des cabanes, à faire des nattes, des couvertures de barques, des espaliers de légumes; on en garnit aussi les portes et les fenêtres, pour préserver du froid et garantir du soleil; on en fait encore des especes de tapis de pied. On pourroit avec la moëlle des plus petites especes de cannes, faire des méches de lampe qui ne feroient point de champignons, comme celles que les Allemands nous apportent de temps en temps.

Le *Cyperus odoratus radice longâ, sive Cyperus officinarum*, vulgairement appellé *Cunzia*, du mot Espagnol *Xuntia*, sert à parfumer les appartements, en suivant le procédé indiqué par le peré *Boccone*.

Si les agriculteurs de ces pays marécageux, étoient en plus grand nombre et plus industrieux, ils pourroient en quelques endroits cultiver le *cyperus rotundus, esculentus, augustifolius, plui*, appellé en Egypte *Zeilin*, dont les racines crues, ou cuites, sont une excellente nourriture, et donnent des émulsions et de l'huile assez abondamment.

Le chardon étoilé aquatique, ou *tribuloïdes, vulgaris aquis innasceus hist. R. H.* se trouve abondamment dans les lacs de *Fucecchio et de Bientina*, mais je ne sais pas quel usage on en fait. *Marco Mappo, Hist. Plant. Alsaticarum*, dit que dans plusieurs endroits de l'Allemagne, ses fruits se vendent dans les marchés pour manger, et qu'ils ne sont pas désagréables au goût. *Plin. Hist. Nat.* dit : les Thraces qui habitent les bords du *Strymon*, nourrissent leurs chevaux des fruits du *tribuli*, vivent eux-mêmes de son fruit, dont ils font un pain doux et astringent.

Le saule et l'osier abondent dans tous nos marais, on les distingue par les noms : osier rouge et jaune ; *Santernina*, *Pianerina* et *Ginestrina*, le saule jaune ou de St. Jean, saule St. Jean *Diaciuolo*, saule *empolese*, noir, gentil, marin, lombard, et le gros saule. On fait avec les saules, et sur-tout avec le jaune, d'excellents liens pour attacher les vignes, les arbres fruitiers et les cercles ; on le cultive pour cet usage dans les fossés des campagnes. L'osier couvert de son écorce sert à faire des paniers, des mannes et des nasses ; dépouillé de son écorce, on en fait de petits paniers, de petites corbeilles et autres ustensiles légers et jolis ; les plus grosses branches avec l'écorce, fournissent des matériaux pour les traîneaux, les nasses et les fascines, pour contenir les rivieres, des estacades, des pieux et des perches pour soutenir les vignes, les arbres fruitiers et les buissons. Ses feuilles servent à différents usages. On fait du papier avec son bois, et son écorce que l'on emploie dans la teinture, en suivant les procédés du *Sig. Pietro Arduini.*

L'*Alnus* des Botanistes vulgairement appellé *Aulne*, est de tous les arbres celui qui se plaît le plus dans les terreins humides et marécageux. C'est pour cela qu'il est si abondant dans la *Valdinievole*, où il croît très-vite et en bouquets d'une étendue considérable; son bois d'une belle couleur rougeâtre peut servir à différents usages, mais à Florence on n'en fait autre chose que des talons de souliers, parce qu'il est doux et léger, et sans fibres allongées, mais allantes en tout sens presque comme celles du tilleul. L'écorce de l'aulne, macérée pendant quelques jours avec un morceau de fer vieux et rouillé, devient noire. Elle s'emploie dans la teinture, les cordonniers en noircissent leurs cuirs, et elle peut suppléer en cas de besoin à la noix de galle. On s'en servoit autrefois pour construire de petites barques.

Son bois employé à faire des fondements sous terre, est presque incorruptible et soutient des poids énormes. A Venise on le fait venir à grands frais pour fonder des palais et autres édifices. Le pere *Boccone*, en parlant de deux especes d'aulne, qui croissent dans les montagnes de Corse, dit que les eaux qui baignent leurs racines ont une couleur rouge pâle : les bergers n'en laissent pas boire à leurs bestiaux, à cause de leur qualité nuisible. Les femme de Corse ont le secret de teindre les étoffes de lin en bleu ciel, avec l'écorce de la racine d'aulne et autres drogues préparées, suivant l'art des teinturiers.

Il me reste à dire quelque chose des poissons qui vivent dans les eaux de ce pays. Le P. Léonard Ximenes, les réduit à deux classes, les sédentaires, et les voyageurs. Les poissons sédentaires, sont ceux qui ne quittent jamais l'eau douce pour l'eau salée, dans laquelle ils ne pourroient vivre; tels sont les brochets, les tanches, les carpes, les perches, les barbillons, les dards, les goujons, les truites, &c. Les voyageurs, sont ceux qui quittent la mer pour remonter dans les rivieres et dans les lacs où ils restent un certain temps pour s'y nourrir, ou y déposer leurs œufs, comme font les anguilles, les aloses, les esturgeons, les muges &c. Sur les différents temps où les especes diverses de poissons d'eau douce vont fraier, c'est-à-dire déposer leurs œufs, voyez *Childery*, des singularités naturelles d'Angleterre, d'Ecosse et du pays de Galles. Les poissons des lacs et des marais, souffrent beaucoup dans la sécheresse de l'été. *Prospero Alpino* dit que lorsque le Nil se desséche, les petits poissons et les anguilles restent comme morts ensevelis dans la vase, mais que l'inondation suivante les ramene à la vie. Les petits poissons du lac *Como* se retirent en hiver dans les endroits les plus profonds, où il fait moins froid. Ils en font vraisemblablement autant dans nos lacs et nos marais. Les anguilles sont l'espece de poisson voyageur qui remonte en plus grande quantité, de la mer dans l'*Arno*; delà, par le *Gusciano* et la *Screzza* pénétre dans les lacs de *Fucecchio* et de *Bientina*, et se répand dans toutes les eaux qui coulent dedans. Quand ils commencent à monter ils sont très-petits, et s'appellent *crie* ou *criecoline*. Sur la maniere de châtrer les poissons en leur enlevant les ovaires, pour les faire engraisser, voyez Ant. *Zanon* de l'agriculture, des arts et du commerce. Les feuilles de moléne lorsqu'elles viennent à se corrompre dans l'eau, sont un poison très-actif pour le poisson d'eau douce. Il est défendu de pêcher avec la coque du levant, la chaux, ni avec aucunes herbes ou appâts quelconques qui puissent nuire au poisson, comme aussi de faire des enclos, et d'employer pour le prendre des moyens trop sûrs qui dépeupleroient l'*Arno* et les autres rivieres.

Il resteroit encore beaucoup de choses à dire sur la propriété des poissons, des crustacées, des testacées et des insectes qui se trouvent en si grande abondance dans les eaux de la *Valdinievole*, ainsi que sur les oiseaux aquatiques, ou de marais qu'on y voit continuellement, ou qui s'y rendent à certaines époques de l'année, mais je n'en ai qu'une idée superficielle et confuse; je sais que le docteur *Francesco Paguini* de Florence, médecin très-renommé de la communauté de Bientina, et très-curieux d'Histoire Naturelle, a fait sur ces classes du régne animal des observations très-belles et très-utiles, dont j'espere qu'il voudra bien faire part au public.

Collines de la Valdinievole et corps marins qui s'y trouvent.

La montagne basse de Pistoie et sa branche conique appellée *Mousummano alto*, sont des montagnes primitives composées de filons inclinés de pierre à chaux et de pierre serene. Mais à un certain endroit de leur hauteur, en descendant du sommet vers la base, on commence à trouver les bords les plus élevés de la déposition horisontale des collines, qui minée et creusée par les torrents, embrasse un vaste espace de pays sur la droite et au nord de l'*Arno* ; entre ce fleuve et les marais de *Fucecchio*, retenant les noms des différents endroits habités, qui sont situés sur ces collines dont celle de Capraia fait partie; cette derniere, en se prolongeaut sur l'Arno en forme plusieurs autres. Nous avons beaucoup de raisons de croire que cette vaste étendue presque triangulaire des collines de la *Valdinievole*, étoit autrefois une continuation de l'autre partie de la *Valdinievole* et de *Valdarno dit Sotto*, dont on trouve des traces au pied des montagnes du même nom, qui se prolongent depuis la *Nievole* jusqu'à *Cappiano*.

On peut conjecturer encore que cette déposition des collines de *Valdinievole*, étoient originairement une continuation de celles de *Valdipesa*, *Valdelsa*, *Valdelvola*, et de *Valdera*, dont on voit encore de nos jours d'immenses saillies, qui s'avancent jusqu'à l'*Arno*, et que les pluies rassemblées en torrents et en rivieres, ont coupé ces collines et leur ont fait les ouvertures énormes qu'on leur voit aujourd'hui. Je ne prétends cependant pas dire que cette grande étendue de pays fût une mer continuelle et partout d'une profondeur égale : je suppose au contraire qu'il y avoit des cavités vastes et profondes, comme celles qui servent de lit actuellement aux lacs de *Fuccecchio* et de *Bientina*, et une partie du *Valdarno di Sotto*. Ces ouvertures se reconnoissent facilement dans la mer moderne et sont formées par l'impétuosité des courans, dont elles sont peut-être elles-mêmes la cause principale; peut-être aussi les lacs de *Bientina* et de *Fucecchio* ont-ils été creusés par certains fleuves souterreins, qui tombans du sein des montagnes sont un indice de la continuation de ces collines ; c'est que toutes celles situées en deça et au delà de l'Arno sont formées du tuf qui constitue les montagnes de la *Valdinievole* et de *Barco Réale*. Presque toute cette immense quantité de tuf est d'une couleur fauve plus ou moins foncée, qu'elle tient d'nn fluide imprégné de particules de fer qui a uni et lié ensemble les molécules arénacées par un léger dégré de pétrification. Cette espece de tuf qui domine dans les montagnes de pierre Serena, est peut-être la cause qu'on ne trouve aucune autre espece de pierre dans les collines, qui sont au-dessous; j'ai cependant trouvé à *Valdarnodi Sotto* quelques traces que je crus de mattaion, et qui pouvoient être du tuf de couleur cendrée, ce que je ne pus bien distinguer parce que je descendois l'*Arno* dans un bateau. Si cette substance est vraiement du mattaion, ou des morceaux de pierre calcaire, il faudroit supposer dans cet endroit, ou un torrent tombant de quelque montagne, composée de pierre calcaire, ou bien quelque golfe, où ces courants et les marées, auroient rassemblé le limon le plus fin ; et si ce tuf n'étoit pas teint d'une couleur fauve, il faudroit supposer que l'ocre ferrugineux n'auroit pu arriver jusques-là.

Une autre preuve de l'uniformité d'origine, et de l'ancienne continuité de ces collines, c'est que l'on trouve parmi le tuf qui les constitue, une quantité immense de testacées et de corps marins. Le savant *Francesco Redi*, est le premier qui ait donné une description de quelques murex et pourpres fossiles de collines, dans une lettre plaisante qu'il écrivit au docteur *Jacques del Lapo*, célébre médecin, dont le docteur *Benoît Targioni* mon pere fut le disciple. » Vous me demanderez en riant, lui dit-il, d'où je tire les poissons de mer sur les montagnes où je vais souvent à la chasse des perdrix et des faisans. Je vous répondrai de même que je les pêche dans les ravins et les ruisseaux qui coulent dans ce pays, et quand je n'en trouve pas dedans, je prends une pioche ou quelqu'autre instrument avec lequel je remue la terre : et je trouve dessous toutes sortes de poissons de mer, comme on trouve des truffes dans les montagnes de *Norcia*. Il me semble vous voir rire aux éclats, croyant que je vous débite une fable. Cependant rien de plus vrai, et vous conviendrez que si l'on trouve dans ces montagnes toutes sortes de coquilles, on peut y rencontrer aussi des chiens de mer. Si vous vous avisiez de me le nier, je vous en enverrois trois ou quatre pleines barques, vous y verriez des buccins, des nautiles, des turbinites, des conques, des nérites, des moules, des glands de mer, des lepas et enfin toutes sortes d'huîtres.

Le célébre *Antoine Valisnieri* a contribué

à rendre fameux en Histoire Naturelle les testacées fossiles des collines de *Valdinievole*. Je n'ai jamais eu occasion d'examiner sur les lieux les corps marins fossiles de ces pays ; mais j'en ai plusieurs recueillis par *Micheli*, dont il parle dans son voyage aux montagnes de Pistoie. Le docteur *Pierre-Antoine Nenci* a observé d'autres testacées sur ces collines, et m'en a fait présent de quelques-uns, sur-tout d'un beau ver à peu près semblable à celui figuré par Gualtieri, qu'il avoit trouvé avec quelques os d'éléphant dans les collines de Cerreto Guidi.

Os fossiles d'éléphant des collines de Valdinievole.

Les collines de *Valdinievole*, où l'on trouve beaucoup d'os d'éléphant de différentes grandeurs, présentent aux Naturalistes un problême plus difficile à résoudre. Ces os sont mêlés avec ceux d'autres quadrupedes terrestres, ensevelis dans le sable qui compose les lits les plus profonds de ces collines, où ils sont pêle-mêle avec une quantité prodigieuse de corps marins. Cela prouve que ces os furent entraînés par les

courants

courants des eaux, qui tomboient du haut de ces montagnes, alors moins élevées, et déposés dans l'ancien lit de mer, où depuis ils ont été successivement couverts avec les corps marins qui s'y trouvent, par le sédiment des eaux, et sont restés renfermés dans ce que nous appellons aujourd'hui *des lits de tuf* qui minés successivement par les eaux modernes, ont laissé à découvert ces os d'une grandeur demesurée.

J'ai publié en 1754, dans une lettre écrite à M. de Buffon, quelques-unes de mes conjectures sur l'état de l'ancienne terre seche et habitable, qui devoit avoir moins d'étendue, lorsque la mer étoit plus élevée et plus vaste. Elles étoient fondées sur ce que dans les collines de Valdinievole, on trouve à une grande profondeur les os d'éléphant fossiles mêlés avec les corps marins dans les sédiments de la mer. Un Français de mes amis, qui me fit le plaisir de traduire en Français la lettre que j'écrivois à M. de Buffon, en envoya une copie aux rédacteurs du Journal étranger qui l'insérerent dans un de leurs volumes de juin ou de décembre 1755. Cette lettre fournit à M. l'abbé de Brancas, l'occasion d'insérer dans le

Mercure de France du mois de mai 1756, un Mémoire sur les os fossiles, dans lequel il essaie de réfuter et de démontrer insuffisantes et erronées, mes conjectures sur l'origine et l'ancienneté des os fossiles de *Valdinievole* et de *Valdarno di Sopra*. J'accorderai volontiers à M. l'abbé de Brancas que ma conjecture est fausse et facile à détruire; mais ce n'est certainement pas avec les raisons par lesquelles il prétend la démontrer telle. Je n'ai point lu son explication du flux et reflux dans ses Ephémérides Cosmographiques, ainsi je ne peux connoître s'il a découvert les véritables causes des révolutions arrivées dans notre globe. Mais, ne lui en déplaise, son mémoire sur les os fossiles ne m'a point du tout satisfait, il altere d'autant moins les preuves de ma conjecture, qu'il paroît ne les pas avoir lues toutes. Quoiqu'il en soit, M. l'abbé de Brancas et moi, avons soumis nos systêmes à l'examen du public, qui nous jugera sans partialité. En attendant des raisons plus convainquantes que celles de M. l'abbé de Brancas, je persisterai dans mon opinion sur les os fossiles d'éléphant, qui se trouvent dans les collines de Valdinievole, mêlés avec des corps marins, et je parlerai des différentes découvertes qui en ont été faites.

D'abord je savois confusément qu'il y a plusieurs années, on trouva à *Ceretto-Guidi* un grand squélette, que les paysans prirent pour celui d'un géant. Mais je crois, avec plus de fondement, que c'étoit celui d'un éléphant, comme le prouvent quelques-uns de ses os, conservés dans la galerie du Sig. *Gaddi*. On y voit, cependant, une dent molaire, d'une grandeur démesurée, qu'on dit avoir été trouvée avec ces os, qui n'est point celle d'un éléphant, mais bien celle d'un autre quadrupède, inconnu aujourd'hui. Ce qu'il y a de vrai, c'est que, si ce squélette n'est pas celui d'un éléphant, c'est celui d'un gros animal qui l'égaloit presqu'en grosseur. On a trouvé, à différentes fois, des os d'éléphant dans plusieurs fermes, auprès de *Ceretto-Guidi* : on découvrit entr'autres, en 1774, auprès du *Pont-à-Cappiano*, à cinq milles de *Galena*, un morfil entier ou dent d'ivoire, dont le docteur *Giovanni*, l'aîné, fit présent au marquis *Côme Riccardi*.

La découverte la plus intéressante d'os fossiles d'éléphant de la *Valdinievole*, fut celle faite en 1753 par le docteur *Pierre-Antoine*

Nenci, médecin très-renommé, dans ses fermes situées dans la commune de *Ceretto-Guidi*. Il eut la bonté de m'envoyer une partie de ces os, accompagnés d'une lettre que je transcris ici.

« Je n'ai pu vous envoyer plutôt les os d'éléphant, dont je vous ai parlé, l'*Arno* étant presque à sec; mais vous recevrez bientôt dans une caisse, différens morceaux de trois éléphants, parmi lesquels vous observerez deux *tibia*, de grandeurs inégales, dont le plus petit en trois morceaux, et l'autre plus grand, en deux. Ce dernier appartient au squélette, trouvé entier, dont vous recevrez encore un morceau du *fémur*, et une partie de la mâchoire inférieure avec la derniere dent molaire. Vous trouverez avec eux un morceau des dents longues d'un autre éléphant, plus grand que les deux autres, dont la longueur entiere étoit de quatre coudées et demie. Je voulois vous envoyer aussi la dent entiere de l'éléphant de la seconde grandeur, qui, outre l'os qui lui sert de base, est long de deux coudées, sans compter une demi-coudée, renfermée et assujettie dans le même os; mais je l'ai laissé à la maison de campagne du sig. *Buontalenti*, près de laquelle ce squélette a été trouvé. Vous recevrez donc trois parties de trois éléphants, de diverses grandeurs; l'un petit, l'autre de moyenne taille, et le troisième d'une grosseur vraiment prodigieuse. Je n'ai pu trouver des os de ce dernier, que quelques petits morceaux calcinés. Mais, dès que j'en aurai le temps, je vous ferai part des observations que je pourrai faire. J'ai découvert les os de deux autres de ces animaux; je les ferai tirer le plutôt possible. Je vous envoie deux autres morceaux d'os, appartenants à d'autres animaux, et ce ver marin, dont je vous parlai à Florence ».

Les os d'éléphant, que je reçus alors du sig. *Nenci*, et que je conserve dans mon cabinet, sont les suivans.

1°. Un morceau, du côté gauche de la mâchoire inférieure d'un éléphant de la grande espèce, vers l'articulation avec la supérieure, long de dix pouces, large et haut de six, laissant voir presqu'en entier la dernière dent molaire. La substance osseuse de la mâchoire a acquis un degré remarquable de pétrification, et a plusieurs fêlures. Ce dehors est de couleur blanchâtre, semé et coupé de petits points et lignes noires, et taché irréguliérement d'une couleur de rouille avec des ondes noirâtres. Là, où cette couleur de rouille est plus épaisse, il s'est formé comme une incrustation de pierre et de sable, liés ensemble par cette même matière. La substance spongieuse de l'os a les parois épais et pétrifiés, d'une couleur de terre. Ses cavités sont toutes teintes et incrustées de noirâtre ou de couleur de rouille ; mais elles sont vides auprès de la dent, et pleines de terre et de sable, couleur de tabac, auprès de l'articulation. La dent se prolonge dans l'alvéole, à la longueur de neuf pouces sur deux pouces quatre lignes de largeur. Elle s'élève au-dessus du bord seulement, d'un pouce, et offre une suite de saillies ou de canelures à petites côtes, dont quatre sont usées et limées par l'action de la dent supérieure. Cette dent paroît en-dessus d'un blanc sale, et couverte irrégulièrement d'une couleur de rouille ; mais à l'endroit où elle est rompue, sa texture entiere paroît solide, brillante, avec des lignes blanches et noires entre sa racine et le fond de l'alvéole ; il reste un vide, haut d'un pouce, large et profond d'un pouce et demi, dans lequel on distingue les deux extrémités linguiformes des replis tortueux d'une lame pierreuse, qui forme les cannelures de la dent. Cette cavité est toute incrustée d'une concrétion terreuse et pierreuse, partie noirâtre et partie décomposée en ocre de couleur orange.

2°. Un tronc de morfil d'éléphant de la grande espèce, long de six pouces, large de six et demie, haut de quatre et demie, mais écrouté d'un côté. C'est une portion de celui trouvé par le docteur *Nenci*, long de quatre brasses et demie. Il a sûrement été coupé vers la moitié, car on ne voit aucun vide au centre; mais il est un peu écaché et formé tout entier de lames concentriques. Sa substance est de l'ivoire calciné et non pétrifié, mais seulement marqué de noir de distance en distance, imbu et taché d'un suc ferrugineux, couleur de terre, qui, dans quelques petites fentes, a formé dans les interstices d'une lame à l'autre, des croûtes minces, de couleur de rouille, et presque pierreuses.

3°. Sept morceaux d'une épaule d'éléphant, de l'espèce la plus grande, le plus considérable desquels a un pied et demi de longueur, neuf de largeur, et trois de hauteur. Leur substance, quoique calcinée, est dure et couleur de terre. Les lames osseuses n'ont pas plus de deux lignes d'épaisseur dans quelques endroits ; dans d'autres, elles en ont jusqu'à sept, et paroissent au-dehors ondées et creusées. Du côté de l'ouverture des canaux sanguins, elles ont quelques fentes transversales, tachées de noir et de couleur de rouille, pointées et rayées, par une certaine matière ferrugineuse qui s'y est déposée, et en le liant, a changé en pierre le sable qui se trouvoit à l'entour.

Au-dedans, cette croûte osseuse est en quelques endroits blanchâtre, et dans d'autres, noire. La substance spongieuse qui forme la majeure partie de l'épaule, a les parois de ses cellules gros et durs, teints et imprégnés d'une matière ferrugineuse, noire, et couleur de rouille, qui, en quelques endroits, a acquis la consistance de la pierre.

4°. Un morceau long de dix pouces, large de sept, et haut de six, d'un os fossile d'éléphant, de la grande espèce, rompu dans plusieurs endroits; de manière que je ne saurois dire s'il est du côté de l'acétabule d'une épaule, outre quelqu'autre partie, et s'il appartient ou non à l'épaule précédente, auquel il ressemble par sa substance, tant interne qu'externe.

5°. L'appendice inférieure d'une cuisse d'éléphant, de la grande race, large en tous sens de sept pouces, calcinée, à l'extérieur d'un blanc sale, taché de couleur orange, avec de larges incrustations de sable, tranchant, presque liées à la superficie de la pierre, où l'on trouve renfermées quelques mottes de terre d'ocre blanchâtre. On y voit quelques petites cavités, dont plusieurs sont remplies d'une terre blanchâtre. Les parois osseux sont tous poreux en dedans et dégénérent en une substance spongieuse, qui occupe tout l'intérieur de l'os avec les parois de ses cellules teintes irrégulierement de brun et de couleur orange, et avec plusieurs de leurs cavités remplies de terre blanche presque calcinée et d'une autre terre brune et ferrugineuse.

6°. Un *tibia* d'éléphant de la petite espece calciné et rompu en deux morceaux, long de vingt-un pouces, large à une extrémité de six pouces, à l'autre de cinq et demi et au milieu de trois et demi, légérement égratigné à l'extérieur d'un blanc sale taché de couleur orange et pointé de noir avec des incrustations assez minces de sable presque pétrifié en-dessus par le moyen des sucs ferrugineux. Les parois osseux, sont minces et poreux et dégénerent en une substance spongieuse, qui remplit le vuide, et ceux des cellules, sont teints et inscrustés d'une couleur obscure.

7°. Un tibia ou un *ulna* d'éléphant de la petite espece, long de deux pieds, large de six pouces et demi, de l'extrémité supérieure où il est rompu et de l'inférieure qui se termine en un acetabule cinq et demi, au milieu trois et demi, d'une substance semblable au tibia précédent par la couleur intérieure et par l'extérieure.

L'extrêmité supérieure de l'os fossile de l'épaule d'un bœuf qui a subi peu de changemens dans sa substance et dans sa couleur d'os. Il est à l'extérieur irrégulièrement incrusté d'une concrétion pierreuse de matière ferrugineuse, de couleur obscure, qui a lié avec elle dans la pierre, beaucoup de sable et quelques petits cailloux, comme on l'observe dans quelques croûtes de pierre d'aigle. A l'endroit où l'os est rompu presque horisontalement, son plus grand diamètre est de trente lignes, et l'on distingue que son vide et les cellules de ses parties spongieuses, sont remplies d'une substance métallique noire, sans lustre, aussi dure que la pierre calcaire, et qui a formé une espèce de matrice toute incrustée de mamelons globuleux noirs, disposés irrégulièrement, gros comme des grains de mil et légèrement excoriés. Autour de cette matrice, où la pâte métallique est en plus grande quantité, on en distingue d'autres semblables, très-petites, mais lisses à la superficie, et l'on voit que la nature de cet amas, est une espèce de concrétion globulaire ou solide, ou creuse, à parois minces, et à croûtes rouges au fond, et noires en-dessus. L'entrelacement des sections de cette croûte forme un solide à feuilles, ressemblant presque à l'agathe.

On a tiré depuis, des collines de *Lamporéalcio*, de semblables os d'éléphant, dont le docteur *Valentino-Gaëtano Venturini* m'a donné la description, que j'ai vue depuis publiée dans le Journal d'Italie, concernant l'Histoire Naturelle du célèbre *Franccsco Griselini*, avec une lettre sur la découverte faite dans le voisinage de certains os pétrifiés, que l'on soupçonne être des os de cheval.

Fossiles remarquables de la Valdinievole.

Le catalogue d'Histoire Naturelle de ces pays, envoyé au marquis de *Carlo Ginori*, fait mention de plusieurs étites ou pierres d'aigle de différentes formes et de couleurs diverses, trouvées dans le territoire de *Bugiano*, vers le côteau de *Stignano*. Quelques-unes sont dures, ont le noyau d'un rouge clair ou de couleur de chair; elles diffèrent entre elles par le noyau et par la couleur. Elles se trouvent plus abondamment qu'ailleurs dans une ferme appartenante au docteur *André-Félix Rossi*, appelée *Icoletti di Stignano*. On y a retrouvé de petites cavités remplies de ces pierres d'aigle, dont quelques-unes sont de couleurs variées, ont la croûte très-dure, et d'autres l'ont d'une dureté médiocre, les unes ont le noyau isolé, et font un bruit lorsqu'on les secoue, les autres pleines d'une terre presque bolaire, fine, onctueuse, couleur de chair et semblable au bol oriental. Les *étites* ordinairement grouppées, contiennent différentes terres de couleurs assez vives, rouges et jaunes, que l'on pourroit employer pour la peinture. La terre où se trouvent communément ces pierres d'aigle, est jaunâtre, et au feu de la porcelaine elle reste liée seche 4, rougeâtre.

On tient dans ce pays pour très-salutaire, l'eau d'une fontaine, qui sort du côté du levant du pied de la colline sur laquelle est situé *Buggiano*; on appelle communément cette eau *vivola*. La bonne opinion que le peuple a de cette eau, porte dans les épidémies quelques paysans à la faire prendre à leurs domestiques malades, qui s'en trouvent ordinairement bien. Ayant été moimême témoin de cette expérience, je la goûtai et la trouvai légérement imprégnée d'acide. Je la conseillai volontiers aux malades qui sont toujours en grand nombre dans le château de *Massa di Valdinievole*. J'eus le plaisir de voir que ceux qui en avoient bu copieusement avoient été soulagés. Cela devoit être, car en ayant fait évaporer une bouteille, je trouvai dans le peu de résidu qu'elle laissa, un principe nitreux dont le goût ressembloit assez à celui de l'esprit de sel marin.

Le vendredi dix-huit octobre, j'allai voir la carriere des fameux jaspes de *Barga*, elle est éloignée d'environ un mille au levant de *Barga*, précisément dans le ravin de *Gienceto*. Le chemin est très-mauvais, passant d'abord dans des terreins cultivés, ensuite dans des châtaigneraies. Un peu au-delà du bourg et dans le milieu même du chemin, je trouvai parmi du margon, plusieurs morceaux de charbon fossile, qui fut indubitablement du bois, et dans lequel on distingue clairement les fibres et les cercles annuels de son accroissement. Il est imprégné de bitume peu gras, ce qui l'a empêché de devenir aussi noir, aussi compact et aussi cassant que celui de la vallée de *Cecina*; mais il a mieux conservé sa forme de bois, et il s'éclate facilement. Des morceaux que j'ai pris sur les lieux et que j'ai portés à Florence, l'un est à coup sûr un morceau de tronc d'arbre impregné de bitume noir et brun peu gras, qui a laissé bien distincts les accroissemens annuels ou cercles parallelles, un peu éloignés les uns des autres et fendus dans quelques endroits en diverses directions, comme pour rejetter cette concrétion; on apperçoit dans ces fentes quelques légeres incrustations d'ocre brune; il faut beaucoup souffler pour l'allumer, et il répand une odeur très-fétide : l'autre morceau qui étoit aussi du bois dans l'origine, est imprégné de bitume plus dense, plus noir et plus luisant, et est fendu comme le précédent : on l'allume avec beaucoup de peine et il répand une odeur bitumineuse assez pénétrante.

Ce n'est pas là le seul endroit où l'on trouve des charbons fossiles. *Rinieri Solenandro*, fameux médecin du seiziéme siécle, en a observé un grand nombre dans la vallée spacieuse de *Serchio*.

Botognano et *Ghivizzana* sont deux châteaux situées dans l'enceinte de la vallée *del Serchio*. Les charbons fossiles qu'on y trouve prouvent que ces terreins ont été formés par le sediment des eaux, qui les ont entraînés en tombant du haut des montagnes voisines.

Veluti cum
Rapidus montano flumine torrens
Sternit agros, sternit sata laeta, boumque labores,
Praecipitesque trahit Silvas.

Les troncs d'arbres roulés en bas, resterent vraisemblablement ensevelis dans le limon, ou enfoncés dans la lagune, où trouvants des sucs bitumineux, ils s'en imprégnerent et devinrent des charbons fossiles. S'ils eussent été pénétrés de sucs spatheux, ou tartreux, ils se seroient pétrifiés, et s'ils n'eussent trouvé aucuns de ces sucs à leur portée, ils seroient simplement restés bois. Je traduirai ici la réflexion de *Solenandro*, sur les charbons. « J'ai vu, dit-il, des arbres renversés depuis plusieurs siécles dans des forêts, les uns couverts de terre et les autres sur lesquels il étoit cru de la mousse. Ils ne sont plus propres à brûler, car ou ils se pourrissent peu à peu, ou bien ils se pétrifient s'ils sont voisins, d'un suc propre à leur faire subir cette métamorphose. J'ai vu à Luques, dans le cabinet du Sig. *Christophe Martini*, appellé le *saxon*, une belle collection de charbons fossiles et de bois pétrifiés de ce pays. Je me rappelle avoir vu un charbon fossile, qui avoit été originairement de bois trouvé à *Castiglione* sur le chemin de Bagno della villa, dont on me dit qu'il existoit des lits de douze brasses d'épaisseur.

On trouve en abondance des charbons fossiles en d'autres endroits de la *Garfagnana* peu

peu éloignés de *Barga*. Le docteur Dominique *Vaudelli*, dans son analyse de quelques eaux médicinales du Modenois, nous apprend qu'à un mille au nord de *Castel Nuovo*, on rencontre un petit torrent appellé *Zezza*, dont le lit, à son embouchure dans le *Serchio*, est formé d'une grande quantité de charbon fossile disposé en lits irréguliers inclinés un peu au midi. Ces lits se divisent en lames et quelques-uns d'eux ne sont composés que d'une terre d'un jaune cendré et d'autres de lames d'environ un pouce d'épaisseur, et noires comme le charbon ordinaire. Quelques-unes de ces lames paroissent avoir des fibres et des nœuds comme le bois, et s'exfolient un peu, lorsqu'elles ont été exposées à l'air : d'autres ont une couleur de caffé : on y observe mieux que dans les autres, les nœuds et l'écorce des arbres. Si vous laissez long-temps dans l'eau cette espece de charbon, il s'y dissout, s'y décompose et finit par devenir une terre noire; quoiqu'il ne s'allume pas tout d'un coup, il conserve le feu plus long-temps et brûle avec plus d'activité que beaucoup d'autres charbons. Ses lits forment presqu'entierement l'extrémité du Mont de *Zezza*, qui sépare le petit torrent de même nom du *Serchio*, et s'étendent vers le nord, le long des bords de cette riviere. Ils correspondent à d'autres lits semblables, situés sur le côté opposé du même torrent au pied du mont Sojona vers le midi, continuent à être découverts tout le long du torrent vers le couchant, surtout au pied des deux montagnes ci-dessus. Le docteur *Lavelli* nous apprend que dans les fourneaux du pays, on se servoit de ce charbon fossile pour cuire les tuiles et les briques, et qu'on le nommoit *pierre puante* à cause de l'odeur fétide qu'il répandoit au feu.

En 1772, le docteur *Joseph Benvenutti*, me fit présent de quelques morceaux de charbon fossile, trouvés dans les montagnes voisines de *Bagni di Lucca*. On voit qu'ils ont été roulés dans les eaux de quelque torrent : ils sont formés de feuilles très minces, posées les unes sur les autres, avec des veines fibreuses, plus ou moins teintes, et incorporés d'une substance noire et bitumineuse qui, dans les endroits où elle est la plus abondante, s'est condensée en lames noires et brillantes, et a seulement teint d'un noir mat, les petites feuilles du bois, dans ceux où elle est plus rare, les laissant fragiles et divisibles. Entre ces feuilles, on voit quelques petits morceaux et quelques petites taches d'ocre brune et couleur de rouille.

Observations sur les jaspes de Barga.

En quittant ces charbons fossiles, on perd de vue, en descendant vers le ravin, la déposition horizontale de craie, et l'on commence à trouver la pente d'une montagne primitive, découverte et formée de petits filons inclinés de *Galestro*, de différentes couleurs, parmi lesquels on voit des fils subtils d'alberese, couleur d'ongle et blanchâtre, ayant, pour la plûpart, la dureté du jaspe peut-être par le mêlange des sucs de spath et de quartz. On trouve au-dessus des petits filons d'alberese, avec de larges jointures de spath. On retrouve encore du *Galestro* après quelques filons d'une certaine pierre qui se fend comme l'ardoise, toute couverte d'écailles très-minces de talc argentin. Semblable à la pierre qui contient la matrice de mercure à *Levigliani*, elle a en outre quelques veines, ou relieures de quartz. On remonte alternativement plusieurs filons de *galestro* et d'alberesé, en descendant jusque dans le ravin dans lequel on distingue clairement que les filons constituants cette pente sont inclinés, ayant au levant la partie la plus élevée et la plus basse au couchant.

Ce ravin est une grande excavation tortueuse de la montagne, dans laquelle se trouve la carriere de jaspe, où j'ai remarqué les pétrifications suivantes, en filons posés l'un sur l'autre en remontant le courant.

La premiere que l'on voit découverte et posée sur des filons d'alberese, est elle-même un filon très-haut, tortueux et inégal, d'une espece de caillou composé de morceaux ou fragments d'alberese liés en pâte d'alberese cendrée, dont la couleur n'est pas uniforme par-tout, avec un grand nombre de veines et de relieures de spath. Ces fragments d'alberese n'ont pas tous la même dureté, puisque les eaux du torrent ont creusé les uns plus que les autres. Ils contiennent d'autres morceaux de cailloux plus anciens, composés eux-mêmes de très-petits morceaux de calcedoine blanche, dont on trouve quelques petits fragments isolés sur la surface de ce même filon.

2°. De pareils filons très-minces d'alberese et de *galestro* rouge et verdâtre, qui se divise en lames.

3°. Un filon haut d'une demi-brasse, d'un jaspe très-beau, qui ayant été long-temps à découvert, se fend en ligne doite comme le *galestro*, sur-tout dans la pâte rouge ; la blanche résiste mieux à l'action de l'air.

4°. Quelques petits filons ou petites lames ondées, d'une pierre qui paroît être une pâte d'alberese, mais qui pour la dureté approche de la calcédoine ; les uns sont rouges et les autres cendrés.

5°. Quelques filons minces de *cicerchina*, formés de petits morceaux unis de calcédoine blanchâtre, liée en pâte d'alberese cendré.

6°. Deux petits filons, dont l'un haut de deux doigts, l'autre de quatre de pierre noire, d'une pâte semblable à celle de l'alberese, mais approchante du jaspe pour la dureté.

7°. Divers petits filons de *galestro* qui se divise en lames comme l'ardoise. Ceux-ci séparent les filons ci-dessus de pierre noire.

8°. Parmi ces petits filons de *galestro* on

en voit un rouge haut de six doigts dans lequel sont incorporées deux lames ou tablettes de jaspe rouge.

9°. Un filon de caillou où sont renfermés des morceaux de pierre à feu, ou de jaspe.

10°. Divers filons d'alberese blanchâtre et cendré, ayant en quelques endroits la dureté du jaspe, et séparés par des petits filons de *galestro*, qui se fend en petites lames très-fragiles.

11°. Différents filons d'alberese rouge.

12°. Autres filons divers d'alberese blanchâtre.

13°. Quelques filons de palombino ou *alberese forte.*

14°. Un filon inégal de caillou formé des fragments de cailloux plus petits, liés dans une pâte d'alberese blanc.

15°. Un filon de très-beau jaspe, d'une demi-coudée de hauteur, ondé à la superficie, avec des inégalités et des saillies semblables à celles qui se forment sur les pierres des rivieres. Il est plus veiné de blanc à sa base, que dans ses autres parties, et dans ces veines blanches de quartz, se trouvent renfermés des morceaux de calcédoine de couleur livide.

16°. Plusieurs petits filons d'alberese rougeâtre disposés l'un devant l'autre comme ceux du marbre rouge de *Montieri* et subdivisés en lames paralelles très-basses, dont on distingue le corps et les extrémités. L'assemblage de ces filons, forme en-dessus des ondes, ou bosses très-relevées.

17°. Plusieurs filons d'alberese, et plusieurs autres de *galestro*.

18°. Un filon de pierre rouge d'une pâte semblable au *galestro*, semée de veines ou relieures de plâtre transparent tirant sur le rouge. Cette pierre se fend et se divise perpendiculairement en petites lames, comme le jaspe du n°. 3, mais elle est aussi fragile que le *gnlestro*, et les sections de ses lames, font connoître que ses veines et ses relieures sont de la nature du plâtre, c'est-à-dire, composées de deux tablettes combinées et étroitement unies de cristallisations très-compactes et très-minces en forme d'aiguilles, se contrariant obliquement; la substance de cette pierre, comme il paroît par les échantillons pris sur les lieux, est une terre très-fine presque bolaire, qui se détache en différents sens par lames très-minces et par des écailles ondées, lisses et luisantes comme du talc. La dureté de cette pâte rouge varie entre celle de l'alberese et celle de certains bols, car il y a de ces lames, qui, mises sous les dents, n'ont rien de pierreux, et que peu de tems après la salive fait écailler. On peut donc conjecturer que dans l'origine, une couche ou sédiment de terre bolaire et d'ardoise, a été inondée d'un suc spatheux, qui n'a pu s'y introduire assez avant pour s'y incorporer; mais seulement se mêler avec quelques-unes de ses parties détachées, tout le reste ayant été obligé de se consolider en deux tablettes de cristallisations très minces, réunies en forme de veine dans les lames de terre peu à peu changées en pierre.

Au-dessus de ce filon, on ne trouve plus de jaspe, mais seulement de l'alberese et du *galestro* distribué en plusieurs filons, surtout le *galestro*, qui y est en grande quantité.

Telles sont les carrieres des fameux jaspes de *Barga*, et pour répondre à ceux qui croient le jaspe une pierre parasite, je dirai que les jaspes, n°. 3 et 16, sont des filons constituants cette pente de montagne primitive.

Je crois pouvoir conclure de ces observations, que le jaspe doit son origine à un limon de *croco ferrigno* , imprégné de suc quartzeux, qui, en se coagulant, a formé la masse de cette pierre veinée d'un blanc de lait, aux endroits où le quartz se trouvoit abondamment, plus pur et rouge, là où abondoit le limon ferrugineux. Je ne sais pas d'où a pu venir tout ce fluide quartzeux, mais je sais qu'il a dû y employer beaucoup de temps, aussi bièn que le croco martiale, puisque la couleur rouge et la dureté du jaspe dominent dans la majeure partie des filons.

C'est du filon, n°. 3, qu'ont été tirés la plûpart des jaspes que l'on voit à Florence, et surtout cette énorme table que l'on voit sur le pavé de la chapelle de *Reali depositi* à Saint Laurent, destinée à faire le marchepied de l'autel. On fut obligé, pour transporter cet énorme bloc, on fut obligé de faire un chemin qui passoit sur le côteau à main droite, et qui suivant le cours d'un torrent descendant jusqu'au *Serchio*, où la table fut mise sur un radeau, conduite à la mer par le *Serchio*, de-là à Florence par l'*Arno*. Ce transport coûta excessivement et l'exploitation de cette carriere, étant trop dispendieuse, elle fut abandonnée et reservée pour le souverain qui la trouveroit très-abondante s'il vouloit en faire tirer du jaspe. En suivant les traces de la route ci-dessus, on trouve, un peu au-dessus de la carriere, une grande table de jaspe qu'on y a laissé à découvert; on en trouve encore une autre plus grande dans un bois de châtaigners, situé un peu plus loin. On voit plusieurs morceaux de jaspe sur la carriere, ce qui fait croire que l'on y a ébauché le marche-pied dont j'ai parlé, mais ces morceaux ont beaucoup souffert des injures de l'air.

Cette belle pierre, dans la section perpendiculaire de son filon primitif, est d'une pâte rouge foncé, toute rayée de lignes plus ou moins larges, la plûpart d'un blanc de lait, et quelques-unes perlées et transparentes. Et du côté de la face interieure du filon, outre les veines blanches, elle en a quelques-unes de noire, larges et ondées, comme aussi vers la même face, les veines blanches sont plus larges, et mêlées d'un rouge clair tirant sur la couleur de chair. La pâte rouge des deux faces tant supérieure, qu'inférieure, a peu des veines blanches; elle se fend avec facilité et a de petites matrices de terre rougeâtre et d'une autre terre noire, de sorte que pour avoir une belle table de jaspe de *Barga*, il faut écrouter le filon des deux côtés, au moins de l'épaisseur d'un doigt, avant d'arriver aux raies blanches, qui relevent la couleur de la pâte rouge, qui sans cela seroit assez monotone. On peut actuellement en tirer de fort beaux blocs en coupant ce filon tant en long qu'en large, et l'on peut être sûr que plus on en tirera en large, plus il sera beau. On verra d'abord en le taillant des veines blanches teintes dans le milieu, ou sur les bords, de couleur de chair et de rouge; ensuite on découvrira les taches noires mêlées avec les blanches, d'où résultera un composé admirable. Le jaspe de *Barga* a cet avantage, que pris dans les entrailles du filon, c'est-à-dire, écrouté en-dessus et en-dessous, il est partout d'une égale dureté, prend un poli uniforme et un lustre égal et aussi vif que puisse prendre le cristal. De plus on est sûr de ne point y trouver de madrosités, ou d'autres imperfections, lorsqu'on a fait la dépense de le scier, comme cela arrive dans presque toutes les pierres dures. Enfin ce jaspe n'a que fort peu de madrosités, encore ne se trouvent-elles que vers la croute, ou superficie supérieure du filon ; c'est pour cela qu'il faut la lever avant que de le mettre en œuvre. Chacun peut connoître par la description que je viens de donner de ce filon, de laquelle de ses parties a été tirée la table qu'il en possede. Les plus beaux ouvrages de ce jaspe s'envoient à Florence dans la chapelle *de Reali depositi* de la basilique de S. Laurent.

Voici ce qu'en dit le pere Augustin del *Riccio*, chapitre 101, de son Traité des pierres. Les jaspes de *Barga* sont d'un rouge obscur : on y voit quelquefois des veines d'un rouge vif avec des morceaux de calcedoine blanche, qui ajoutent à sa beauté. On en tire des blocs très-grands, tels que ceux que le grand duc François fit amener à Florence; ils sont très-durs et faciles à polir. Les jaspes furent découverts par François *Mazzeranghi de Barga*, intendant du jardin des plantes du grand duc François. Je veux bien croire que ce fut François *Mazzeranghi* contemporain du pere *Augustin del Riccio*, qui les découvrit. Cependant on lit dans le pere *Michel-Ange Salvi*, que *François Picchiarini* de Pistoye, arithméticien et géometre célébre, fit pour le grand duc Come II, le modele en cire coloriée de différents forts de la *Garfagnana*, que ce fut lui qui ayant trouvé le jaspe de Barga, le porta au grand duc Ferdinand Ier., qui le fit mettre dans sa galerie.

Joseph-Antoine *Torricelli* en parle encore dans son Traité des pierres dures et tendres. Il y a, dit-il, à *Barga* plusieurs especes de marbres blancs et rouges et assez beaux. Ces jaspes doivent leur origine à une pierre rouge à faire de la chaux, qui se trouve en quelques endroits plats, et qui sans être tout à fait découverte est cuite au soleil et devient du jaspe, car sans cette préparation naturelle, elle ne change pas de nature, et il n'y a que les parties exposées à l'action du soleil qui deviennent du jaspe. C'est ce qui fait que l'on trouve souvent dans cette pierre certaines divisions presqu'invisibles, semblables à un filet, qui séparent la pâte de la pierre cuite, et celle-ci au lieu de ces divisions, se remplit de calcédoine; ces sels changent encore une partie de la pierre en calcédoine, qui reste blanche, et de tendre qu'elle étoit, la rend dure comme le jaspe. Mais cela n'arrive pas quand le filon est droit, parce qu'alors à une coudée de profondeur ce n'est plus du jaspe, encore n'est-il pas parfait jusqu'à l'endroit où il change de nature. On en connoît facilement la différence. Lorsque le filon se trouve dans un endroit plat, on en voit des morceaux de dix coudées de longueur, sur quatre ou cinq de largeur : l'épaisseur est au plus d'une coudée, et n'est pas toujours égale à cause des ondes que fait la calcédoine, sans le concours de laquelle je ne crois pas qu'il puisse y avoir de jaspe. Le lecteur voudra bien excuser la théorie grossiere de l'écrivain, qui paroît avoir été meilleur tailleur de pierre que naturaliste. J'ai découvert par plusieurs observations faites sur les lieux, que les filons de jaspe étoient dans l'origine une couche de limon très-fin d'*ocre martiale* imprégné d'un fluide quartzeux, qui s'est depuis coagulé et a formé le filon de jaspe rouge, avec des veines transparentes, où ce quartz a pu se rassembler en plus grande quantité et plus pur ; blanches, là où il s'est trouvé mêlé de quelques parties calcaires, couleur de chair, où l'ocre martiale s'est rencontrée unie à la substance calcaire, et noire, où s'est introduite quelqu'autre substance. Ce qui me fait croire que la base substantielle de la pâte du jaspe est le quartz, c'est sa dureté uniforme. J'ai en outre observé dans les petites madrosités qui se trouvent quelquefois dans les veines blanches, certaines petites matrices remplies de très-minces aiguilles exagones de cristal de montagne, qui sont absolument de la même pâte et de la même substance que tout le reste du jaspe ; ajoutez à cela que les morceaux de jaspe détachés du filon, et restés sur les lieux depuis qu'ils ont été tirés, sous les grands ducs François Ier. et Ferdinand Ier., ont considérablement souffert des injures de l'air, de sorte que vers le haut du filon, ils s'exfolient comme le *galestro*, et s'élevent par écailles très-minces. Remarquez que la pâte rouge, la pâte couleur de chair, la blanche et la noire se fendent et se partagent de la même maniere, signe qu'elles sont de la même substance, et que si une seule et même cause l'avoit coagulée en pierre, elle avoit été de même désunie dans la suite par une autre cause uniforme.

Voici, si je ne me trompe, une preuve suffisante que le jaspe est de la même nature que le cristal de montagne; on peut le voir encore mieux dans mon cabinet, où j'ai placé dans la classe du quartz, le cristal de montagne et le jaspe.

On a vu plusieurs fois sur la pente d'une montagne, un filon d'une substance terreuse, condensé en pierre, par un suc lapidifique. Je ne sais précisément à quoi attribuer l'origine de ces sucs. Ils ont peut-être été apportés par des courants dans différentes directions.

Si l'on se décidoit à tirer encore des jaspes de *Barga*, pour les mettre en œuvre, je conseillerois de les mettre à couvert si-tôt leur sortie de la carriere pour les défendre des injures de l'air, parce que j'ai observé qu'étant exposés aux rayons du soleil, ils se fendent et se levent en écailles, peut-être par la dissolution des parties ferrugineuses qu'ils contiennent. Il faudroit avoir cette attention pour toutes les pierres dures dont l'air altere la qualité ; quelques-unes s'y endurcissent, et deviennent difficiles à travailler ; d'autres s'exfolient, se fendent ou se pulvérisent; d'autres enfin changent de couleur. Ces variations dépendent de la dissolution ou de la coagulation des substances mêlées dans ces pierres depuis le commencement de leur formation. Le fer est celle que l'on

rencontre

rencontre le plus souvent, et qui se lie le mieux avec tous les sucs lapidifiques.

Réflexions sur les causes des pétrifications.

Il faut nécessairement supposer que ces sucs lapidifiques étoient des liquides aqueux et non des fluides mis en fusion par l'action du feu ; presque toutes les pierres du globe sont leur ouvrage ; et il est vraisemblable que l'opération de ces sucs est finie depuis plusieurs siécles, à la réserve du tartre qui continue d'agir ; mais à le bien considérer, on voit qu'il n'est qu'un suc lapidifique du second rang. Le régne de tous les autres paroît désormais fini ; et comme nous ne les voyons pas agir sous nos yeux, nous ne pouvons comprendre la maniere dont ils ont opéré. Nous avons cependant de puissants motifs pour croire qu'ils agissoient en raison de l'attraction réciproque de leurs parties. Il devoit y avoir entre les sucs de grandes différences, si l'on considére la grande variété de pétrifications et de cristallisations, que l'on rencontre tous les jours. Certainement le suc qui a formé le diamant est différent de celui du rubis, du grenat, &c. Celui qui a formé l'opale, differe du quartz. Les spaths avec des cristallisations pyramidales à trois faces, différent aussi des cubiques, des rhomboïdes, des lenticulaires ! Les métaux et les minéraux semblent aussi avoir été dans l'origine des liquides aqueux, sans excepter les sulphureux ; et s'être unis avec des sucs lapidifiques, formants ainsi la masse de leurs veines métalliques. De-là vient que celles d'un même métal ou minéral se trouvent sous tant de formes diverses qui exigent beaucoup d'étude et de pratique pour les distinguer et les fondre. Si ces différentes especes de sucs lapidifiques généraux et fondamentaux étoient bien connues et bien déterminées, la physique feroit de grands progrès, et les arts en retireroient un avantage considérable. La résolution chimique des pétrifications, ne suffit pas pour en entendre la composition ; cette importante découverte est vraisemblablement réservée aux siécles futurs. Qui sait si avec le temps on ne découvrira pas d'autres métaux et minéraux, que l'on ne connoît pas encore, et dont les hommes pourront faire usage ? Il me paroît étrange que les marcassites, pierres si pésantes, ne donnent que du vitriol et du soufre, que les pierres de Boulogne ne donnent rien, et que de tant de pierres diverses qui composent les montagnes, on ne puisse retirer que de la chaux ou du verre. Je crains que l'on n'ait pas encore trouvé la véritable maniere de les fondre, et que nous ne connoissions pas les métaux ou les minéraux qu'elles recélent peut-être.

Il seroit utile aussi de savoir pourquoi dans les montagnes du globe, certains sucs lapidifiques se trouvent en plus grande abondance que d'autres ; par exemple, pourquoi l'on trouve abondamment la pierre à chaux et sabloneuse, et le marbre et le jaspe en plus petite quantité, &c. Pourquoi, parmi les cristallissations, on rencontre beaucoup de spath et de cristal de montagne, et rarement des opales, plus rarement des grenats et très-rarement des émeraudes, des rubis et des diamants : enfin pourquoi parmi les minéraux, le soufre se trouve t'il si souvent, et pourquoi le fer est-il le plus commun de tous les métaux? Cependant si l'on observe bien, on verra que le spath a dû autant coûter à la nature que le quartz, le fer que l'or ; et que l'usage qu'en font les hommes, leur a seul assigné le rang qu'ils tiennent. Je n'ai pas conjecturé le premier que les pétrifications les plus communes et les plus générales aient été formées par l'humidité, d'une maniere analogue à la concrétion des sels fixes; mes observations réitérées m'en ont seulement démontré la vraisemblance qui se change tous les jours en certitude. Bernard *Varenio* a dit *consistentia terrae et coherentia est à sale.* Claude *Berigardo* s'exprime ainsi, *fossilia et metalla concrescere videntur in suis fodinis fere eo modo quo dixi salem.* L'illustre Robert Boyle démontre clairement cette théorie dans son beau Traité *de gemmarum origine et virtutibus.* On lit dans l'Histoire de l'Académie Royale des Sciences de Florence, ann. 1716, pag. 8, que toutes les pierres sans exception ont été fluides, ou au moins une pâte molle, qui s'est séchée endurcie ; il suffit, pour s'en assurer, d'avoir vu une seule pierre, qui contienne quelque corps étranger, qui n'auroit jamais pu y entrer, si elle eût toujours eu la même consistance. Cette seule pierre prouveroit pour toutes les autres, mais on en voit tous les jours une multitude. Outre cela, on trouve une infinité de ces pierres qu'on appelle *figurées*, qui ont été jettées avec beaucoup de soin et de délicatesse dans différents coquillages, ce qui démontre que la pâte dont elles sont formées, devoit être extrémement molle et fine. M. Géoffroi pense que la terre sans aucun mêlange de sels ou de souffre suffit pour cette formation : cela veut dire que ces deux substances ne s'y opposeroient pas, mais qu'elle peut bien s'opérer sans elles. Car il y a beaucoup de pierres qui contiennent peu ou pas du tout de sels et de soufres. Le célébre *Laurent Bellini* admettoit la théorie des pétrifications, analogue à la cristallisation des sels fixes et provenante de ce qu'il nomme *la force de contraction inhérente à la matiere*, que le grand Newton a depuis appellé *force d'attraction*. *Bellini* nous en a donné une idée suffisante dans sa belle Dissertation *de contractione naturali et vino contractiti*.

Dendrites de Barga.

Entre la premiere et la seconde carriere de jaspes décrites plus haut, les filons forment une élévation. On y en voit un grand d'ardoise de couleur plombée tendre et spongieuse. Quelques croutes détachées de cette ardoise ont de belles marques dendrites nuancées dans l'une desquelles j'ai trouvé le principe d'une cristallisation cristacée et nuancée de verd de gris, ou de verd de montagne.

Voilà la pierre dendrite, c'est-à-dire, avec des figures semblables à de petits arbres, que j'ai trouvée dans le territoire de *Barga.* Il faut croire cependant qu'il y en a de plus belle en quelques autres endroits, car dans les mémoires de l'Académie Impériale des curiosités de la nature, on voit quelques observations sur une pierre dendrite, qui se trouve proche *Barga.* Le pere Athanase *Kircher*, a décrit les dendrites de *Barga*, (*mundus subterraneus*, *pag.* 39.) Ceux qui ne connoissent pas ces especes de pierres peuvent lire la description qu'en donne Ulisse *Aldrovando*, sous le nom de *brathites* ou *sabinithes et marmor dendrites*. Les marques des dendrites étant très-variées, on en trouve des descriptions dans différents ouvrages. Les dendrites du mont Gibel ont été décrites par *Thomas Bartholino*, celles d'Egypte par

Prosper Alpino, par *Thomas Schaw*; (Voyages, tom. 2, pag. 83.) On peut consulter, sur l'origine des marques des dendrites, les Mémoires de l'Académie Royale des Sciences de Paris, année 1717, pag. 1, 1733, pag. 35, 1745, pag. 807, *Antoine Valisnieri* sur les corps marins, qui se trouvent sur les montagnes, ch. 36, et quelques autres.

J'ai trouvé dans la collection de Micheli, sous le nom d'*Albâtre de Barga*, une table ovale sciée et polie, d'une espece de pierre calcaire de couleur fauve avec des veines blanches d'agathe, d'une dureté inégale, avec de petites madrosités. Il paroît que dans l'origine une couche d'ocre d'une couleur semblable à la terre jaune des peintres, et nuancée de quelques couleurs foncées, se sera trouvée imprégnée de suc spatheux, qui l'aura coagulé et consolidé en une espece d'alberese opaque ; les masses de terre les plus épaisses ont fourni aux cristallisations pyramidales de spath, plusieurs centres, divers blancs marbrés, ondés à la surface et coupés par des bandes d'un jaune plus ou moins foncé selon la quantité de terre qui s'y trouve mêlée. Je ne sais cependant dans quelle partie du territoire de *Barga* a été tirée cette table.

OBSERVATIONS FAITES DANS LA VALLÉE DELLA CORSONNA.

Le vendredi 18 octobre, je descendis au nord de *Barga*, dans la vallée arrosée par le fleuve *Corsonna.*

Ce fleuve impétueux prend sa source dans les montagnes de *Pistoie*, et se jette dans le Serchio, presque sous le château de *Gallicano* ; il est aujourd'hui large et profond et très-rapide, et roule de gros cailloux de pierre serene, peu d'alberese et beaucoup de troncs de châtaigners. On me dit à *Berga* qu'il y a cinquante ans la *Corsonna* avoit fort peu d'eau et presque pas de courant. Elle ne sortoit presque jamais de son lit et ne causoit aucun dommage dans l'étroite vallée, au milieu de laquelle elle couloit tranquillement, on y pêchoit même beaucoup d'excellentes truites. Mais depuis que l'on a fait ces grandes et fatales coupes de bois dans les montagnes de Pistoie, les eaux n'étant plus retenues, s'élancent avec impétuosité dans la *Corsonna*, entraînent avec elles une quantité incroyable de pierres et de terres et d'arbres qu'elles ont déracinés, et ne pouvant plus être contenues dans l'ancien lit du fleuve, se répandent dans la plaine où elles ravagent les moissons et causent une perte irréparable aux cultivateurs ; c'est ce qui a obligé la communauté de *Barga* à envoyer quelques officiers pour aviser aux moyens de prévenir les inondations, moyens rendus inutiles par la violence du fleuve, qui, en certains temps, inonde presque toute la vallée.

La *Corsonna* n'est pas le seul fleuve de Toscanne, que les coupes de bois faites dans les montagnes, aient rendu fatale à la plaine; il y en a beaucoup d'autres, et cet inconvénient ne fera que s'accroître ; l'eau tombant avec trop de rapidité des sommets dégarnis, dépouille les montagnes de la terre qui les recouvre, l'entraîne dans le lit des fleuves qu'elle éleve à la hauteur des plaines. On me fit voir de *Barga*, le sommet d'une des montagnes de Pistoie, dont la pente se prolonge du côté de la *Corsonna*, que l'on m'assura avoir vue toute couverte de bois immenses, comme les montagnes voisines. Ces bois ayant été coupés depuis quelques années , les neiges en se fondant , ont délayé le terrein , qui n'étant plus retenu par les bois, a été entraîné par les pluies dans la *Corsonna* , laissant cette montagne découverte , ce qui lui donne un aspect très-sauvage au milieu des autres revêtus de bocages. Ce terrein entraîné dans la *Corsonna* avoit sans doute plusieurs milliers de pieds cubes : ce fait arrivé sous nos yeux , peut dont expliquer l'énorme diminution qu'ont éprouvée les montagnes du globe dans le cours de plusieurs siécles , et le comblement du lit ancien et moderne de la mer.

Si l'on eût opposé une barriere solide à la *Corsonna* , dans l'endroit où elle se jette dans le *Serchio*, et que cette barriere eût été aussi aussi élevée que *Barga* , tout le terrein enlevé à la montagne dont nous avons parlé , se trouveroit rassemblé et déposé en lits plats dans la nouvelle vallée de la *Corsonna*, où il auroit formé des collines composées de lits de terre , de sable , de gravier, selon la diversité des courants. On y trouveroit encore les troncs des châtaigners, qui seroient devenus des charbons fossiles, s'ils se fussent imprégnés de sucs sulphureux et bitumineux, ou qu'ils eussent croupi dans le limon des eaux stagnantes. Voilà, si je ne me trompe, un modele de la formation des collines des bords du *Serchio* que j'ai décrites.

Mais comme la *Corsonna* n'a point de digue à l'endroit indiqué, et que son cours dans cette étroite vallée est très-rapide, elle n'y dépose, ni terre ni sable; mais seulement de grosses pierres, et ronge la pente des collines adjacentes, en les faisant ébouler, comme fait l'*Arno* à celle de *Capraia*.

J'ai observé dans les grandes breches perpendiculaires de ces collines, qu'elles sont composées de plusieurs lits horisontaux de gravier, mêlés de lits de margon, ou tuf de couleur bleuâtre; dans quelques-unes des fentes de ces collines, on trouve de grandes croutes de tartre ou stalactite blanche, marbrée, provenante, sans doute, de la déposition des eaux, qui sortoient imprégnées de tartre des montagnes primitives adjacentes, recouvertes de la déposition des collines. Ces stalactites ont différentes figures; elles sont formées de feuilles assez solides mais légeres; on s'en sert à *Barga* pour faire des plafonds parce qu'elles ne chargent pas et qu'elles prennent bien avec la chaux et le plâtre.

J'observai que les cailloux et le gravier roulés par la *Corsonna*, ne sont autre chose que de la *cicerchina* et de la pierre serene, comme celles que l'on trouve éparses dans tous les lits des collines de la vallée du *Serchio*. Elles sont cependant beaucoup plus dures que celles des collines, conservent leur couleur de plomb, ne deviennent point une pierre morte, et ne se pulvérisent point comme elles. Je ne sais si l'eau du fleuve a la propriété de les endurcir ; si le terrein des collines élevées est mêlé de quelque suc salin, dissolvant et macérant ; si le gravier des collines est plus ancien de quelques siécles, que celui des fleuves, ou enfin si parmi ce dernier, il ne se trouvoit pas quelque pierre morte, qui se soit broyée et ait laissé subsister seules, celles qui étoient solides et dures.

RÉFLEXIONS SUR LA FORMATION DES PIERRES ET DES MONTAGNES.

M. DE BUFFON pense que les fentes perpendiculaires, que l'on voit dans les filons des montagnes et dans les lits des collines, sont causées par l'affaissement du filon, ou lit inférieur, qui leur servoit de base, et qu'elles ressemblent aux fentes et aux crévasses des murailles dont les fondements ont cédé. Cela est vrai dans quelques cas et l'on en voit tous les jours la preuve dans les montagnes ; mais je crois que plus souvent les fentes que l'on trouve entre les masses qui composent un filon, viennent du contact immédiat et tenace où se trouvent les particules de la pâte molle de la pierre lorsqu'elle vient à se coaguler, et se pétrifier, à proportion de l'activité de la cause lapidifique. J'en ai dit quelque chose en différents endroits de cet ouvrage en parlant de la structure des lits de tuf, des lits de craie et en décrivant les cristaux de montagne. Les observations journalieres me persuadent de plus en plus, que c'est par ce méchanisme général et très-simple, que se sont formées les pétrifications ; en voici, en peu de mots, l'explication.

Les filons modernes des montagnes, ou les lits nouveaux des collines, étoient dans l'origine un limon imprégné de diverses substances, souvent douées d'une force d'attraction réciproque , à peu près comme les molécules salines. Leurs parties les plus homogenes, commencerent à s'attirer et à s'approcher réciproquement jusqu'à ce qu'elles se fussent combinées , ou plutôt amalgamées comme le plâtre dont se servent les maçons et comme font les sels de lessive. En s'approchant ainsi, elles formerent une pâte plus dense et plus serrée, exprimant et laissant dehors , l'eau qui leur servit d'abord de véhicule , de sorte qu'à la fin, la couche de limon est restée divisée et partagée en une quantité plus ou moins grande de masses , ou de solides également hauts , mais d'une largeur inégale, et plus ou moins détachés l'un de l'autre. Si, dans les intervalles qui séparent ces masses , il n'est resté que de l'eau pure , insipide et sans action , les fentes du filon doivent aujourd'hui se trouver vuides , comme elles le sont en effet ; mais si dans ces mêmes intervalles il est resté quelqu'autre substance bourbeuse d'une nature différente, les fentes doivent se trouver remplies de quelqu'autre pétrification distincte des masses de la premiere , et disposée en tables ou en lames, selon que la capacité ou la figure du lieu lui aura permis de s'étendre.

S'il est permis à l'esprit humain de méditèr sur les causes secondes, qui ont concouru à la formation du globe terraqueux, il paroît vraisemblable que la principale de ces causes est une force de cohésion et de propension au contact à nous inconnue, que la main libérale de la nature, a distribué aux moindres parties de la matiere, en différentes doses d'activité. Je veux parler de l'attraction Newtoniene d'abord découverte par le célébre médecin-philosophe *Bellini*, et depuis démontrée le mobile général de l'univers, par le grand *Newton*.

La seule force d'attraction a dû suffire pour consolider à différentes époques tous les filons et les lits qui composent la surface apparente de notre globe. Sans elle cette surface n'auroit jamais été qu'un cloaque profond et nullement propre aux usages merveilleux auxquels l'éternelle Providence l'avoit destiné. Il n'est pas en notre pouvoir de déterminer les différents dégrés de cette force, ni de ses mesures relatives ; admirons seulement la puissance qui, par ce moyen, combiné, si l'on veut, avec la gravitation, le magnétisme, l'électricité et peut-être d'autres effets, dont la cause nous est également inconnue, a donné à la matiere tant de formes diverses. Je ne crois pas qu'aucun homme puisse fixer le temps où cette cause seconde générale a produit ces effets étonnants; cela ne peut être qu'après la création, puisqu'on trouve par-tout dans les pétrifications, qui composent les montagnes, un nombre prodigieux de substances végétales et animales, qui font supposer que la face moderne de notre globe n'est plus la face ancienne et primitive que le Tout-Puissant lui avoit donnée; mais qu'elle a été, pour ainsi dire, récréée et récomposée des ruines et des débris de l'ancien univers.

L'Ecriture Sainte nous parle d'un déluge universel qui changea entierement la face du globe; mais toute la science des philosophes n'a pu calculer les variations produites par cette incroyable inondation universelle. La philosophie nous démontre qu'après cette époque, il n'a pu se former sur la surface de la terre, de pétrifications primigenes, qu'on puisse vraiment nommer telles; mais qu'au contraire plusieurs ont été détruites. Il est donc indubitable que la formation des pétrifications qui composent la face moderne de notre globe, est postérieure à la création ; mais antérieure à la fin du déluge universel. Il est difficile de tirer une conséquence certaine d'une simple conjecture, dit Seneque.

Nous traduirons ici ce que dit l'immortel Leibnitz (*protegeae*, §. 8, pag. 15). Il est vraisemblable que plusieurs lits autrefois horisontaux avant que le globe eût souffert aucune altération, sont depuis devenus inclinés dans les révolutions qui y sont arrivées. Car quoi de plus naturel que de croire que soit lors de la formation de l'univers, sorti du sein des eaux, soit, lorsque celles du déluge déposoient leurs sédiments, chaque chose se soit placée horisontalement suivant son propre poids ; en suivant la loi générale des fluides, dont une force supérieure est venue depuis détruire l'équité; et la raison en est sensible, car on voit dans les promontoires de Norwege, des masses immenses de rochers taillés à pic, qui s'avancent dans la mer, dont les couches sont par-tout les mêmes, et des vallées ouvertes et creusées par les eaux ou par quelqu'autre force, dont les bords formés par des montagnes opposées, offrent des lits absolument semblables. Tout cela confirme ce que j'ai dit sur l'origine des lits des fleuves. Le même philosophe, dans une lettre écrite au professeur Busching, à Hambourg, lui dit, « j'aime assez votre opinion, que les eaux du déluge universel sortirent de la terre ; je crois que cet affaisement de sa surface, n'a pu s'opérer sans fracture et sans ruines, car je crois que la croute étoit déjà ferme. Mais où est retournée toute cette eau ? Est-elle rentrée dans le sein de la terre par les mêmes ouvertures d'où elle étoit sortie ? »

L'auteur anonyme des lettres à un Américain, sur l'Histoire Naturelle générale et particuliere de M. de Buffon, pag. 8 de la lettre 4, prouve assez clairement que les pierres des montagnes primitives, sont formées d'une certaine matiere fluide et laiteuse, à peu près semblable à celle que les maçons appellent *lait de chaux*, qui s'est consolidée à l'aide de l'eau de mer qui y étoit mêlée. Je suis de son avis jusqu'ici, mais je ne goûte point son système sur la formation des lits qui composent les montagnes, c'est-à-dire, que dans les épanchements et écoulements successifs des eaux du déluge, cette matiere laiteuse soit venue, avec les eaux de la mer, s'étendre et se condenser sur l'ancienne surface du globe. Il ajoute l'éruption des eaux souterraines, l'écoulement impétueux des eaux pluviales, qui ont déposé sur les couches de matiere laiteuse, les matériaux qu'elles avoient enlevés et roulés en bas des montagnes; et conclut que du concours de ces deux causes opposées, se sont formés les lits et les filons, composants les collines et les montagnes, qui ne s'élevent pas plus de mille toises au-dessus du niveau actuel de la mer. J'aurois beaucoup de choses à dire sur cette nouvelle théorie, pour le moins aussi arbitraire que celle de M. de Buffon, qu'il combat. D'abord les filons des montagnes de mille toises, sont absolument semblables et fabriqués de la même maniere, que ceux qui surpassent cette hauteur et s'élevent beaucoup au-dessus, et rien n'annonce la différence de leur structure; par exemple, les filons de la cime du mont S. Gothard, sont formés de la même maniere que ceux dont les vastes branches se prolongent du côté de la Lombardie, jusqu'à ce qu'ensevelis sous le sédiment des eaux du Pô, ils forment cette belle plaine de Lombardie. Le sommet des Cordillieres en Amérique est absolument semblable à leurs vastes flancs dont la pente se prolonge jusques sous les collines du Pérou et du Brésil, où elles restent ensévelies. Il faut donc, lorsqu'on se mêle d'expliquer la formation des filons des montagnes, ne pas se restraindre à celles qui n'ont pas plus de mille toises au-dessus du niveau actuel de la mer; mais s'élever jusqu'aux plus hautes, dont la majeure partie a plus du double d'élévation. Le système de l'auteur des Lettres à un Amériquain qui ne s'étend qu'aux montagnes de mille toises, est donc insuffisant. Secondement, comment comprendra-t-on que dans le court espace du déluge universel, il ait pu se faire sur le globe tant et de si hautes dépositions? Troisiémement, comment pouvoit-il se trouver dans la mer, avant le déluge, sans interruption et dans le même temps, tant de millions de coquilles de testacées, tant de polipes et de plantes marines qu'elle en déposa sur la terre ? C'est une réflexion que n'ont pas encore faite ceux qui ont traité des effets du déluge. Elle suffit pour nous persuader que ces testacées ont vécu dans des temps différents et ont resté à sec depuis un temps immémorial, dans les endroits où nous les voyons aujourd'hui. Comment des testacées et des polypes si délicats, des plantes marinessi fragiles, ont-elles pu se conserver saines et entieres dans les pierres, si elles ont été apportées du fond de la mer dans le bouleversement général? Si l'effusion périodique de cette matiere laiteuse étoit vraie, elle devroit se trouver en couches circulaires paralelles aux bouches des abymes d'où elle est sortie, et ces couches devroient être plus épaisses auprès de l'ouverture à laquelle ils doivent leur origine, et aller toujours en diminuant à mesure qu'elles s'en éloignent. Que l'Auteur prenne la peine de faire un voyage de quelques jours, vers le mont Cenis, ou vers les Pyrenées, il verra que ce n'est point là le méchanisme des filons des pierres, et que son systême ne suffit pas pour expliquer la formation des montagnes primitives dont il n'a peut-être vu aucune ou qu'il n'a pas examinées avec soin. On voit par son raisonnement qu'il n'a une idée que des collines de son pays. Mais il n'est pas suffisant pour expliquer la formation des collines en général, qui seule est à la portée de l'esprit humain.

Je crois être le premier qui ait démontré

la différence de structure, d'âge et de nature qui existe entre les collines et les montagnes primitives, et j'espere que ma théorie trouvera par-tout des partisans. Je ne me fais pas cependant un mérite de cette découverte, car cette théorie est si simple et si facile, qu'il ne faut qu'un peu de jugement pour s'en pénétrer ; les voyages, la chasse suffisent pour cela ; je m'en étois même formé une idée étant encore très jeune, lorsque je demeurois au village *Valdarno di Sopra*. Il est étonnant que tant de philosophes, dont je me ferois gloire d'être l'écolier et qui ont voyagé pour observer la structure du globe, ne s'en soient pas avisés ; mais prévenus de leurs propres systêmes, ils se sont formé une idée confuse et gigantesque des montagnes et des collines. Cette idée fausse a servi de base à tant de systêmes sur la cosmogonie, sur la théorie de la terre et sur les effets du déluge. Si l'amour propre ne m'aveugle pas, ma seule théorie des collines, renverse et anéantit tous ces systêmes spécieux, et fournira des conséquences plus justes : ce sont toujours de petites circonstances, qui font échouer les grands systêmes. Je ne prétends pas cependant chercher à diminuer rien de la gloire de ces hommes estimables, qui ont consacré leur vie et leurs talens, à cette importante recherche. Au contraire j'avoue que le motif qui les a empêché de faire cette découverte tourne à leur avantage. Ils étoient déja philosophes avant d'observer, et avoient déja élevé la carcasse de cet édifice, et moi je n'étois encore qu'un écolier de réthorique, sans aucne teinture de physique, lorsqu'en me promenant dans les sentiers de *Valdarno di Sopra*, je découvris cette importante vérité. Le célèbre *Jean-Jacques Spada*, archiprête de *Grezzana*, carte 17 de sa belle description, où il prouve que les corps pétrifiés, qui se trouvent dans les montagnes voisines de Veronne, ne sont pas des jeux de la nature, ni du déluge, mais qu'ils existoient auparavant, a découvert que les collines où abondent les corps marins s'élèvent à une hauteur déterminée, et en a inféré que dans le temps où elles étoient couvertes par la mer, il ne restoit aux hommes et aux animaux terrestres que les montagnes pour retraite.

L'analogie du tar tre avec les pierres, aide beaucoup à comprendre la formation de ces dernieres, quoique la concrétion du tartre se fasse par feuilles, ou par lits posés l'un sur l'autre, et que dans la majeure partie des pierres, elle se fasse en forme de spheres qui s'éloignent de leurs centres particuliers: on pourroit opposer à cela qu'il ne se fait plus aujourd'hui de ces pétrifications, et qu'il est vraisemblable qu'elles ne se sont pas faites ainsi autrefois ; mais je répliquerai qu'il manque à notre terre découverte, le principal agent des pétrifications, l'eau de mer ; et il y a tout lieu de conjecturer qu'aujourd'hui les pétrifications ne se forment qu'au fond de la mer. Les fleuves y portent continuellement des matériaux dont résultent, ainsi que de ceux qui y sont depuis plusieurs siecles, les forces nécessaires d'attraction pour cette opération. Que l'on examine dans un verre de cristal, l'eau des sources bouillantes de *Rapolano*, on aura peine à croire qu'elles contiennent tant de parties pierreuses ; qu'on y jette seulement quelques gouttes d'huile de tartre, ou bien qu'on y plonge quelques instants un brin de paille, on sera forcé de convenir qu'elles sont imprégnées d'une substance pierreuse. L'eau de la mer nous paroît limpide ; mais qui sait si elle n'est pas chargée de parties pierreuses et coagulantes inconnues à la chimie, qui mêlées avec quelque tourbe de riviere, qui leur est plus analogue, forment un solide pierreux à peu près semblable aux filons de pierre que nous trouvons dans les montagnes ? On ne peut nier que l'eau de mer ne contienne le principe des pierres, puisque c'est dans la mer que les testacées prennent la substance muqueuse dont ils forment leurs coquilles, c'est-à-dire, un os pierreux plus dur que ceux de tous les animaux terrestres, et plus dur encore que beaucoup de pierres que nous trouvons sur les montagnes. Le Comte *Louis-Ferdinand Marsili*, en différents endroits de l'Histoire physique de la mer, et *Vitaliano Donari* dans l'Essai sur l'Histoire Naturelle de la mer Adriatique, nous donnent une idée de la quantité de tartre que contient la mer moderne et de la multitude de concrétions tartreuses qu'elle forme tous les jours.

Réflexions sur la formation des lits des fleuves.

Les écluses, dans le territoire de *Barga*,

sont un défilé long de plus d'un mille et des plus difficiles. Je ne sais comment étoient les fameuses Thermopyles , mais si la Toscane n'avoit que cette seule avenue , deux armées comme celles de Xercès y échoueroient et y seroient arrêtées par quelques centaines d'hommes. Les écluses sont donc une fosse longue de plus d'un mille , large par tout d'environ douze coudées, haute quelquefois de quarante coudées et quelquefois de deux cent , de sorte qu'en certains endroits l'élévation prodigieuse des bords , rend le jour si obscur, qu'on croiroit marcher dans un souterrain. Le fond de cette fosse, est un plan incliné de pierre , sur lequel la *Torrita* roule ses eaux avec impétuosité, entraînant dans son cours des masses énormes. Les parois sont des sections perpendiculaires de filons de pierre très-élevés , continués avec le fond ; ce qui donne à cette fosse l'aspect d'un canal de pierre. Dans les coupures des bords on voit que les filons de cette pierre de l'espece du caillou , sont ondés et tortueux , et prennent différentes directions ; que parmi eux il y en a cependant quelques-uns de perpendiculaires, sans vuide, ou cloison de terre entre ces filons qui se touchent et s'entrelacent ; leur union, leur solidité et leur dureté uniforme est cause, à mon avis, que les eaux de la *Torrita*, n'ont pu se creuser à travers que ce fossé étroit, et n'ont pu miner cette montagne.

Si toutes les montagnes du globe terraqueux ressembloient à celle-ci, les eaux n'auroient pu en altérer la face aussi considérablement qu'elles l'ont fait. Il n'est pas douteux que les eaux de la *Torrita* se soient ouvertes cette route étroite en rongeant les filons, puisque leurs coupures de l'un et de l'autre bord se correspondent également, et qu'on y distingue des traces et des lignes paralelles à la surface de l'eau, où la pâte de la pierre étoit un peu moins dure ; on distingue en outre dans le lit de la riviere, des saillies pareilles aux cordons des routes pavées ; ces saillies se trouvent aux endroits où se réunissent les extrémités des filons, qui ne sont pas étroitement unis. Lorsqu'il se trouve dans le filon une partie moins dure que le reste, on est sûr d'y rencontrer une fosse ou cavité, et lorsque le filon entier est d'une pâte moins dure, le lit se trouve plus large et plus profond. On rencontre ailleurs des rivieres ; qui , avec le temps , se sont creusé un canal proportionné à leur masse d'eau , à travers des montagnes très-solides. Les Alpes , l'Appenin , les montagnes de la Suisse , offrent de pareils exemples.

Il est évident que ce canal a été creusé par les eaux mêmes de la *Torrita* , lorsque la mer eut laissé cette montagne à découvert. Si l'illustre M. de Buffon eût pris la peine de visiter cet endroit, je suis sûr qu'il auroit approuvé ma théorie. J'ai pris plus haut la liberté de proposer quelques objections contre sa proposition générale , que les lits des fleuves ont été creusés par les courants de la mer. L'Auteur des Lettres Anonymes à un Américain, a raison, selon moi, quand il dit (let. 4 et 5) que M. de Buffon ayant supposé que les scories de verre , avoient formé une croute unie et sans interruption sous les eaux de la mer, il ne pouvoit par conséquent y avoir de courants ; qu'il ne pouvoit y en avoir non plus avant la formation des montagnes ; que les vents n'ont pu influer sur les profonds abymes de la mer : que les effets du flux sont presque imperceptibles en pleine mer; et que lorsqu'elle coutroit toute la terre à la hauteur supposée par M. de Buffon, le flux et le reflux devoient être presque nuls ; selon lui, les eaux ont dû s'élever successivement, à mesure que la lune a parcouru tous les méridiens. Il n'a pas dû y avoir d'interruption, et cette circulation continuelle n'ayant éprouvé aucun obstacle, il résulteroit d'un mouvement aussi régulier, que la forme de la terre se seroit plutôt conservée qu'altérée, parce que le flux et le reflux auroient été trop foibles pour causer ces tournants, ces secousses et ces bouleversements nécessaires pour former la plus petite élévation à une profondeur de cinq cent pieds. Il dit encore que M. de Buffon n'assigne pas une juste place à cette prodigieuse masse d'eau, qui couvroit la terre. Il faudroit supposer que cette eau en laissant la terre à découvert, s'est creusée un équivalent dans la mer. Car les montagnes, comme celles de la Cordilliere, s'élevant sous cet amas immense, la sphere de la mer n'en auroit pas été altérée, puisque la terre auroit remplacé l'eau. Il lui semble contradictoire que les inégalités du globe, c'est-à-dire, les côtes et les montagnes, aient été formées par les sédiments de la mer, et que ces sédiments en aient été détachés. Il lui semble enfin qu'il n'y a pas matiere à tirer tant de conséquences des angles saillants et rentrants, que l'on apperçoit dans les bords des fleuves, puisque cette régle est souvent fausse, et que l'on voit distinctement dans le détroit de Gibraltar, dans le pas de Calais, dans le bosphore de Thrace des angles saillants opposés l'un à l'autre. Il donne encore beaucoup d'autres raisons plausibles contre la formation des lits des fleuves. Mais qu'il est facile de renverser un systême, et qu'il est difficile au contraire d'en élever un nouveau! Cet Auteur anonyme, d'ailleurs très-ingénieux, veut nous expliquer la formation des lits de rivieres, mais qu'il est encore loin de la vérité! qu'il eût bien mieux fait de s'épargner cette peine! Après avoir prétendu expliquer la formation des filons des montagnes avec les sédiments successifs des substances pétrifiantes montées du fond de la mer, et des tourbes tombées des montagnes, il veut que sur la fin du déluge universel, les eaux qui s'écouloient des anciennes montagnes incrustées et enveloppées à une certaine épaisseur de ces sédiments, et se précipitoient vers la mer, il veut, dis-je, que les eaux aient détruit les filons qu'elles avoient d'abord déposés, mais qui n'avoient pas encore pris assez de consistance pour résister à leur impétuosité, et qu'elles aient ainsi creusé les lits modernes des rivieres. Il prétend en outre que dans le temps du déluge, les torrents qui s'élançoient avec rapidité des montagnes, formerent des courants dans la mer, et que la mer elle-même, en s'élevant, ayant formé de nouveaux courants, altéra la structure des montagnes. Enfin il avance que les angles saillants et rentrants qu'on observe dans les lits des fleuves, ont été formés par les courants de la mer lorsqu'elle se retira de dessus le continent, et que ce fut peut-être en cette occasion que se forma la Méditerranée, par la rupture du détroit de Gibraltar. Il n'est pas l'auteur du systême que les lits des fleuves ont été creusés par les eaux, qui sur la fin du déluge se précipitoient vers la mer ; le Sig. *Joseph-Antoine Constantini* avocat, l'avoit dit avant lui, et avoit fait là dessus plusieurs belles observations. Cet évrivain ingénieux a bien distingué les collines d'avec les montagnes primitives ; mais il les a crues une production du déluge universel. Selon les idées reçues sur le déluge, l'écoulement des eaux devoit se faire régulierement, c'est-à-dire, avec une rapidité graduellement successive, et ne devoit pas produire sur le globe des effets aussi marqués que les lits des fleuves. L'Auteur des Lettres à un Américain, me dira t-il pourquoi dans la coupure de montagne appellée les *écluses*, toute composée de filons de pierre semblables et uniformes, les courants de la mer, les torrens, ou les écoulements du déluge ne se sont ouvert que cette route étroite et peu étendue, lorsque les pierres encore tendres ne leur auroient opposé qu'une foible résistance. S'il prétend que cette différence provient de la résistance qu'opposoient les pierres plus ou moins endurcies, je lui répondrai que, ou les filons de ce défilé de montagne appellé les *écluses*, étoient peu durs, et alors les eaux tombantes des vastes flancs supérieurs devoient s'ouvrir une voie plus large proportionnée à leur volume, et à leur rapidité, ou que ces filons étoient déja très-durs et difficiles à entamer, et en ce cas les eaux n'auroient pu faire cette coupure en peu de semaines, mais elles se seroient plutôt jettées sur un autre côté de la pente plus facile à ronger; la même raison

raison milite contre l'effet des courants supposés de la mer durant le déluge ; car en peu de jours les pierres, si elles eussent été tendres, auroient dû être plus rongées par les courants qui ne les auroient presque pas altérées, si elles eussent été dures ; en outre il faudroit supposer ces courants infiniment plus rapides que ceux du systême de M. de Buffon.

Réflexions sur les bois des montagnes.

Vers la moitié de la haute montagne *del Forno*, les bois de chênes ordinaires et de chênes verds qui s'étendent depuis là jusqu'au *Serchio*, disparoissent totalement, et l'on ne trouve plus jusqu'à la cime, que de grands hêtres, qui, ainsi que les sapins, sont les arbres primitifs et indigenes des hautes montagnes de la Toscane. Les chênes des deux especes sont aussi aborigenes, mais ils ne croissent que sur les montagnes plus basses et sous la région des hêtres et des sapins. Je crois que les châtaigners sont étrangers et qu'ils y ont été apportés et semés par les habitans pour leur usage ; car dans les vastes châtaigneraies de ce pays, j'ai

trouvé des anciennes souches de chênes, qui me font croire que l'on a abbatu autrefois de ces arbres pour y substituer des châtaigners. En montant sur plusieurs montagnes très-élevées, et notamment sur celle de *Prato Magno*, j'ai observé que les bois dont elles sont revêtues, viennent très-hauts, vers le milieu de leur pente ; mais qu'ils sont très-bas et rapportent beaucoup plus de fruits en approchant de la cime. Le sommet est ordinairement nud ou recouvert d'herbe. Lorsque je montai, je m'apperçus que j'approchois de la cime, par la diminution graduelle de la hauteur des arbres. Cela vient peut-être de ce que la terre a moins dépaisseur ou de ce qu'elle est trop couverte de neiges et de glaces, ou enfin de l'impétuosité des vents qui y soufllent continuellement. Les bouleaux, qui dans les montagnes d'Allemagne croissent à une grande élévation, rapportent des fruits en Laponie. « C'est une chose remar-
» quable, dit Jean-Jacques Scheuchzer, *iter*
» *alpinum*, que dans les montagnes de la
» Suisse, les arbres ne croissent qu'à une
» certaine hauteur et qu'ils deviennent plus
» petits, à mesure que l'on approche du
» sommet. Il y a, dit-il, des sapins qui

» suivent le même ordre de végétation, qui » n'ont que peu de feuilles raccornies par le » froid ; des branches éparses çà et là sur le » tronc, mais toutes tournées du côté du » midi, indice manifeste de la violence du » vent de nord, qui souflle sur les monta- » gnes, et qui force les branches de ces » arbres à prendre une direction contraire » à leur inclination naturelle Ces forêts » horribles par leur aspect et par l'hiver » continuel qui y régne, offrent annuelle- » ment un spectacle singulier, en ce que » les arbres dont elles sont plantées, sont » autant d'aimants et les branches autant » d'aiguilles aimantées. » Remarquez que la plûpart des plantes qui dans les pays chauds où elles naissent, sont vivaces et viennent fort grandes, transportées dans les nôtres, sont annuelles et basses, tant sont différentes les influences de ces climats ; en récompense les arbres qui croissent sur le sommet des montagnes et que leur situation empêche de s'élever à une grande hauteur, sont plus durs et plus propres à être travaillés. On trouve dans le Journal d'Italie, concernant l'Histoire Naturelle, de bonnes méthodes pour planter les bois, les conserver, les multiplier et les rétablir. On trouve aussi dans le même Journal la méthode de tailler les chênes et les autres arbres, pour que leurs bois deviennent plus durs et plus propres à différents travaux. Parmi tous les usages que l'on peut faire du chêne et de toutes ses parties, la maniere dont on emploie l'écorce et la sciure pour préparer les cuirs, n'est pas le plus à dédaigner.

Du hêtre et de ses propriétés.

Le hêtre est un arbre qui se plaît beaucoup dans les Alpes, et couvre une grande partie de nos montagnes. Il est d'une très-grande utilité, et l'on pourroit en retirer de plus grands avantages, si l'on savoit, ou si l'on vouloit en faire tous les usages auxquels il est propre, et pour cela il mérite seul une digression. On lit dans le Recueil d'Observations sur l'Histoire de Medecine et Naturelle de *Vallisnieri*, pag. 17. » Dans les montagnes les plus élevées du » Modenois, où le froid est le plus âpre, » on ne voit que des forêts immenses de » hêtres, autrefois peuplées d'ours, de san» gliers et autres bêtes féroces, qui se nour-

» rissoient de leurs fruits. Actuellement ils » servent de nourriture aux cochons domes» tiques, et les bergers de ces cantons en » tirent de l'huile dont ils se contentent. » Dans nos montagnes les faînes ou fruits » de hêtre sont pour les pourceaux une » nourriture substantielle, mais ceux qui en » mangent ont le lard peu ferme. » L'illustre *Linnée* dit que dans les pays du nord, lorsque les hêtres donnent du fruit, ce qui n'arrive pas tous les ans, alors on y amene les porcs des cantons voisins; en automne et aux approches de l'hiver on les remmene aussi gras qu'ils étoient maigres auparavant. Le lard qui en provient est presque liquide lorsqu'il est cuit; mais sa saveur dédommage de ce petit défaut; les cochons qui mangent du gland l'ont plus ferme, et ceux qui se nourrissent de bled l'ont très-doux.

On observe chez nous que les faînes sont abondants sur le sommet toutes les fois que les chênes qui croissent au-dessous donnent beaucoup de gland, et que lorsque les faînes manquent dans quelqu'endroit des Alpes, ils manquent dans tous les autres. Ces fruits mangés en trop grande quantité, produisent sur les hommes des effets semblables à ceux de l'yvraie, c'est-à-dire, une espece de stupidité et d'engourdissement, qui tient de l'yvresse. La cendre du hêtre servoit autrefois à teindre des étoffes, à faire du verre, &c. On en faisoit aussi des simulacres, témoin le colosse d'Hercule, et plusieurs ouvrages, témoin ce fragment de Virgile :

Duo tibi pocula ponam,
Fagina, caclatum divini opus alcimedontis.

Gio. Bauhino. Hist. plan. univers. remarque que les hêtres se trouvent en abondance dans l'Allemagne, dans la Carinthie, la Stirie et la Carniole, sur le mont Athos et dans les montagnes de Macédoine ; cet arbre, ajoute-t-il, fleurit et pousse des feuilles en mars ; et son fruit mûrit en septembre avec les châtaignes. La fertilité des arbres, dit Pline, les altere tous ; mais elle produit cet effet sur le hêtre plus que sur les autres arbres. J'ai vu sur ses feuilles en juin certaines excrescences, grosses comme un grain très vif, posées droit sur la partie supérieure de la feuille ; elles deviennent dures, ligneuses, vuides en dedans, avec un trou rond percé à la partie inférieure de la feuille, et servent de retraite à une espece de scarabée, qui y dépose ses œufs.

L'usage le plus ordinaire et le plus lucratif que les Montagnards fassent du hêtre, est de le réduire en charbon dont on consomme beaucoup dans les forges à fer. Ses fruits pourroient fournir à la Toscane, une nouvelle branche de commerce très-avantageux, si on savoit en tirer l'huile. J'ai été le premier à démontrer à mon pays l'utilité et la nécessité de cette épreuve, je désire que mes conseils soient suivis.

De l'huile de faîne.

Toutes les plantes contiennent une portion plus ou moins considérable d'huile naturelle, c'est-à-dire, d'un liquide sulphureux, plus ou moins dense, qui ne se mêle point avec l'eau, mais qui est inflammable et propre à nourrir la flamme. Il y a deux especes de cette huile naturelle; la volatile et la fixe. Je ne parlerai pas de l'huile volatile que les chymistes savent extraire. La fixe, par une nécessité méchanique de l'organisation et nutrition des plantes, reste déposée dans quelques-unes de leurs parties déterminées, d'où les hommes la tirent avec un peu d'art pour en faire différents usages.

D'abord l'huile naturelle se rassemble et se dépose en plus grande quantité d'elle-même, en forme d'huile, de baume, ou de résine, dans les canaux, les vaisseaux, ou les réservoirs particuliers qui se trouvent dans les écorces des troncs, ou des branches de quelques plantes, dans les cimes et les bourgeons de quelques autres, dans les écorces et pulpes corticales dures ou tendres de certains fruits, à peu près comme la graisse dans les animaux se dépose dans la membrane cellullaire et dans les spongiosités des os. Ainsi par exemple, le pin, le sapin et le cyprès donnent de l'huile, ou de la résine, lorsqu'on y fait des incisions; ainsi les olives, les bayes de lentisques broyées donnent de l'huile.

L'huile naturelle se trouve encore rassemblée dans les semences de quelques plantes, dont on a trouvé le moyen de l'extraire, comme dans le cacao, dans les amandes, les noix, la graine de lin, &c.

La Toscane fournit assez d'huile d'olive à ses habitants pour la préparation des aliments; on en fait cependant une plus grande consommation pour les lampes, le travail des laines, celui des peaux, pour la fabrique de quelques savons et pour plusieurs autres usages ; cependant quoique l'huile d'olive soit pour nous une branche très-considérable de commerce, on regarde comme perdue toute celle qui ne sert pas à la nourriture ; c'est ce qui m'a engagé à publier le 25 novembre 1765, un avis sur la nécessité et la facilité de tirer de l'huile pour les manufactures et pour brûler, des différentes substances végétales indigenes de la Toscane, qui y naissent et s'y maintiennent spontanément et sans culture. Outre l'avantage d'une nouvelle manufacture, on pourroit épargner l'huile d'olive et en vendre une plus grande quantité à l'étranger.

Parmi toutes les huiles que l'on peut retirer en quantité des productions spontanées de la Toscane, je placerai d'abord celle, de lentisque, ensuite celle de baie de mirthe, décrite par Pline, puis celle de baie d'alaterne appellée bois *putine*, celle de baie de sanguine qui se fabrique dans la vallée *Danania*, décrite par Pierre-André *Mattioli*. La graine de lin, le chennevis, enfin les pepins de raisin fournissent des huiles propres à différents usages, quoique ce soient des productions de plantes étrangeres, et dont la culture a un tout autre objet. On fait à la vérité, de l'huile de lin en Toscane; mais on en pourroit faire davantage. On en emploie beaucoup dans les vernis. On en pourroit faire aussi beaucoup avec le chennevis, comme en Bourgogne et dans d'autres pays; les pepins de raisin en fourniroient beaucoup davantage pour l'usage de la Lombardie. L'huile de baies de laurier dont se servoient les anciens, au rapport de Dioscoride, ne seroit pas à négliger.

De toutes les substances végétales indigenes et spontanées de la Toscane, il n'y en a pas qui puisse fournir de meilleure huile et en plus grande quantité que la graine que l'on devroit nommer gland de hêtre, et que l'on appelle *fagiuole* (en Français *faîne*) dans plusieurs endroits de la Toscane, et dans les montagnes de Pistoie *fane*. La plûpart des cimes de nos montagnes sont couvertes de hêtres, qui rapportent des faînes régulierement de deux années l'une. Ces fruits murissent en septembre, et tombent à terre en octobre et novembre, à peu près quinze jours avant les châtaignes. Aussi-tôt après leur chûte, elles sont dévorées par les loirs et les cochons. Les habitants de quelques pays en mangent aussi parce qu'elles ont une mouelle blanche plus tendre et plus délicate que les amandes et d'un goût approchant des amandes douces et des pignons. *Giovacchino Struppio* assure que dans le comté de Solm, on s'en sert pour faire du pain. *Baldassar et Michel Campi*, célébres apothicaires de Lucques, remarquent que les fruits du hêtre mangés frais, causent des maux de tête, et qu'ils ne peuvent nuire aucunement, lorsqu'on les mange secs, ce qui fait que dans les montagnes de Lucques, ceux qui se piquent de prudence, au lieu de les laisser manger aux loirs, les ramassent, les font sécher, et les mangent ensuite au lieu d'amandes, auxquelles elles sont préférables pour faire des ragoûts et rendre plus agréable la chair des agneaux. Je crois que le pere apothicaire du monastere de Vallombreuse est le seul dans toute la Toscane, qui ait extrait de l'huile de faîne en 1664, pour faire un remede qu'on lui demandoit depuis long-temps, en suivant le procédé usité pour les amandes douces. Une livre de faînes ne donna qu'une once d'huile, parce que le pere apothicaire se contenta de les presser à la main. Je reçus du monastere de Vallombreuse, un petit échantillon de cette même huile de faînes ; lorsque je la reçus elle étoit claire et de fort bon goût, et plus douce encore que celle des amandes ; mais elle ne tarda pas à rancir et à devenir trouble. Ce qui justifie ce que dit Léonard *Fioravanti*, (trésor de la vie humaine) « que l'on tire » des fruits du hêtre, une huile très- » claire et très-douce, assez agréable au » goût, de laquelle on peut faire du savon » comme avec l'huile d'olive ; très-saine, » mais un peu solutive, et ne se conservant » pas long-temps. » Mais qu'importe qu'elle soit rance pour être brûlée, puisque c'est-là sa destination. Jean-Baptiste Delaporte nous a laissé les notes suivantes sur l'huile de faine.

« On tire, dit-il, du gland de hêtre une » huile excellente à manger et propre à » brûler. Elle jette une lueur claire et sa sa- » veur est préférable à celle des amandes » douces; ce fruit se convertit presque tout » en huile, et son marc est excellent pour » nourrir les bœufs et les cochons. On le » ramasse, on le broye et on le presse à

» peu de frais, en différentes parties de l'Al»
» lemagne, et sur-tout en Alsace et en Si-
» lésie, les pauvres gens retirent une très-bonne huile des faînes, et s'en servent pour préparer leurs aliments, au lieu de beurre et d'huile de noix. On en fait autant dans quelques endroits de la Flandre. Si nous n'avions pas d'oliviers en Toscane, nous nous serions attachés à y suppléer en tirant de l'huile des faînes que nous fournissent tous les ans nos montagnes sans aucune espece de culture. Songeant donc à présent à ménager l'huile d'olive afin de vendre à l'étranger celle qui nous reste, nos besoins prélevés, et cherchant quelqu'autre huile de moindre prix, pour brûler dans les lampes et l'employer dans différentes manufactures, je n'en vois pas de plus propre à ces usages que celle que l'on retire des faînes. La récolte de ces fruits n'exige d'autres soins que de les ramasser sous les arbres qui les ont produits, et de les transporter dans certains endroits. Une rétribution honnête détermineroit les bergers et les pauvres montagnards à s'adonner à cette récolte aisée, pour soulager leur indigence en les vendant dans le temps, aux huiliers.

Les frais d'extraction, en supposant faite la dépense du bâtiment, seroient peu considérables, car il ne s'agiroit que de sécher les faînes au soleil ou au four, ensuite de les broyer sous la meule, puis de les chauffer et les passer au pressoir et après les avoir réduites en pâte, de les faire bouillir dans une chaudiere d'eau, ou de les arroser avec de l'eau bouillante, et de les remettre au pressoir pour la seconde ou troisiéme fois, afin d'en tirer toute l'huile secondaire, comme cela se pratique à l'égard du marc des olives ; cette nouvelle branche de commerce seroit un grand avantage pour les malheureux montagnards privés dans ces pays sauvages, de toutes les commodités de la vie, et courants les risques de mourir de faim, lorsque la récolte des châtaignes vient à manquer, comme cela arrive souvent. J'ai observé dans mes voyages que les montagnards au-dessus de quatorze ans abandonnent, au commencement de septembre, leur pays, où les neiges les empêcheroient de trouver leur subsistance, et descendent à petites journées vers les côtes, avec leurs troupeaux et leurs instruments de labourage, pour gagner leur vie à la sueur de leur front, jusqu'à la fin du printemps, époque à laquelle ils retournent à leurs montagnes. L'insalubrité de l'air des côtes, la gêne dans laquelle ils vivent, les fatigues qu'ils éprouvent, les exposent à des maladies, qui tôt ou tard leur causent la mort. De là vient que dans les villages de ces montagnes on ne voit que des femmes veuves et des enfants, qui ont beaucoup de peine à subsister pendant l'hiver, sur-tout si la recolte des châtaignes n'a pas été bonne. Voilà donc un nouveau moyen de subsister pour les pauvres gens, qui pourront pourvoir à leurs besoins, en ramassant les faînes et en les débitant aux manufacturiers d'huile. Il est bon de savoir que les sommets des montagnes de la Toscane, sont couverts de neige une grande partie de l'année, et que c'est pour cette raison que la récolte des faînes qui sont d'un très-petit volume, ne peut se faire avec une égale facilité pendant tous les mois de l'automne et de l'hiver. Il faut donc choisir le temps où il ne pleut pas, et où les neiges laissent la terre à découvert. C'est un hasard de trouver vers la fin de l'automne un jour propre à recueillir les faînes sur le penchant des montagnes situées au nord et au couchant ; on pourroit seulement au printemps, lorsque les neiges se fondent, en faire une copieuse récolte, qui pourroit servir à faire de l'huile ; mais sur les flancs plus bas, exposés au midi et au levant, où la neige ne tombe pas si abondamment et reste peu de jours sur la terre, on peut en octobre et novembre, faire sans peine une immense récolte de faînes, qui produiroit plusieurs milliers de barils d'huile. Il faudoit donc construire des bâtiments, ou fabriques d'huile dans des endroits commodes pour transporter les faînes ; par exemple, au pied des forêts de hêtres situées au levant, ou au midi, où l'on trouve des courants d'eau propres à faire mouvoir les meules et les pilons, et voisins des villages où l'on puisse trouver des ouvriers à un prix modique. Dans les environs de Florence la pente *Prato Magno*, qui s'abbaisse du côté de *Valdarno di Sopra*, fourniroit une grande quantité de faîne aux fabriquants qui pourroient élever leurs manufactures à *Cascia*, à *Loro*, à *Castel Foco Magno*, &c. Les montagnes du *Casentino*, pourroient aussi fournir de faînes à ceux qui s'établiroient à *Strada*, à *Stia*, à *Partina*, &c.

Celles

Celles du *Mugello* , qui regardent le levant et le midi , en donneroient aux fabriquants de *Barberino* , *Ronta* , *St. Godenzo* , *Dicomano* , &c. Enfin celles des montagnes de Pistoie , qui jouissent d'une semblable exposition , n'en laisseroient pas manquer ceux de *St. Marcello* , de *Lizzano* , de *Cutigliano* , de *Spedaletto*. La Toscane pourroit tous les ans tirer de ces endroits , une quantité incroyable de barils d'huile propre à brûler , à faire du savon , à préparer les laines , à peu de frais , avec peu de peine , et au grand soulagement des pauvres gens qui manquent d'occupation ; il est certain que cette nouvelle branche de commerce mérite que l'on y fasse attention par l'avantage qu'en retireroit le pays , en épargnant l'huile d'olive que l'on pourroit vendre aux étrangers pour y conserver une partie de cet argent qui en sort tous les ans pour entretenir un luxe ruineux. Il est bon d'observer que les faines sont quelquefois rares, comme il arriva en 1765, par le froid du printemps et de l'été, les pluies , et sur-tout la gêlée dommageable qui se fit sentir sur les deux et les quatre heures du matin du mois d'avril , et qui fit tant souffrir les châtaigners et les hêtres des montagnes ; les faines manquerent encore en 1766, à cause du froid rigoureux de l'hiver et de celui qui se fit sentir au printemps. Il sera donc prudent dans les années abondantes, d'en recueillir autant que l'on pourra, et d'en conserver l'huile en magasin, afin de suppléer aux mauvaises années. Pour pouvoir dire quelque chose de certain sur cette huile, j'ai fait au mois de novembre 1767, différentes expériences. Je reçus un sac de faines des forêts de *Badia à Taona;* je priai le Sig. *Côme Puccini* d'en faire une épreuve dans sa manufacture d'huile de lin établie à Florence, je les lui envoyai presque toutes ; lorsqu'elles furent mises sous la meule, elles pesoient quatre-vingt-dix-huit livres, avec leur écorce ; broyées et pressées, elles donnerent onze livres d'une huile claire et belle, et six livres d'une autre huile trouble, en tout dix-sept livres ; selon ce calcul, il faudroit pour tirer un baril de quatre-vingt-huit livres, à peu près cinq cent livres de faine.

Je reservai dix livres et une once de faines pour faire les expériences suivantes : j'en pilai quatre livres avec leurs écorces chez un épicier de mes amis ; je les fis ensuite cribler et échauder au dégré usité pour tirer l'huile d'amande douce, puis je les mis dans un morceau d'étoffe lié en forme de sac, sous le pressoir; je lui donnai la presse nécessaire à l'extraction, et le laissai pendant une heure et demie avec toute la charge; mais l'huile imbiba à peine l'étoffe. Je changeai donc de procédé, je remis la pâte dans le mortier, je la pilai plus menue, et l'ayant mise réchauffer, je l'arrosai peu à peu avec huit onces d'eau chaude, de maniere qu'en étraignant la pâte avec les mains j'en formai une masse que je remis toute chaude sous le pressoir dans le même sac. Il en sortit alors trois onces seulement d'une huile très-pure ; d'où l'on peut conclure qu'avec celle que contenoit l'étoffe et celle répandue sur le fond du pressoir, chaque livre de faines auroit donné une once d'huile, ce qui est un peu moins que la quantité produite par l'épreuve du *Sig. Puccini*, mais l'huile étoit toute semblable. L'on trouvera la raison de cette différence dans celle de la manipulation et la perte de l'huile restée attachée aux instruments dont je me suis servi.

Comme les écorces séches et ligneuses des

faînes, sont un grand obstacle à l'extraction de l'huile et en absorbent beaucoup, je voulus essayer si l'on pouvoit les en dépouiller facilement et avec promptitude; les doigts, ou bien un couteau sont les meilleurs instruments pour y parvenir, puisque dans un quart d'heure, on peut de cette maniere en éplucher une livre, qui rend plus de sept onces d'amandes. Lorsqu'on ne veut faire de l'huile que pour le besoin d'une maison, cette méthode est la plus simple; car dans les longues soirées de l'hiver, les femmes et les enfants peuvent, pour plus de célérité, les uns rompre les écorces, et les autres en tirer les amandes. J'en ai fait ainsi éplucher chez moi trois livres, qui m'ont donné quarante-cinq onces d'amandes et vingt-sept onces d'écorce. J'ai pris vingt onces de ces amandes, et j'en ai fait tirer l'huile par l'épicier dont j'ai parlé, avec les procédés usités pour les amandes douces. Il n'en est sorti que trois onces d'huile très-pure semblable à celle des amandes, et j'ai fait broyer et arroser d'eau chaude, pétrir avec les mains, et remettre sous le pressoir, le marc qui resta; mais il n'en sortit que quelques gouttes d'huile. Peut être aussi la méthode dont je me servis n'étoit-elle pas bonne. J'en fis légérement rôtir quelques-unes : elles s'éplucherent avec plus de facilité et conserverent leur couleur ordinaire. Mais de cette maniere je n'en retirai qu'environ une once sur douze, d'huile très-pure, un peu moins colorée que la précédente. Il resta une pâte semblable à un massepain assez imprégnée d'huile, outre celle qui se perdit dans l'étoffe et dans le pressoir. Ainsi cette méthode n'est pas bonne, puisqu'une livre de faines auroit dû produire environ quatre onces d'huile.

Si l'on vouloit cependant fabriquer de cette huile en assez grande quantité pour en faire une branche de commerce, cette maniere d'éplucher les faines deviendroit trop dispendieuse et prendroit trop de temps, et je ne sais pas même si la recette égaleroit la dépense. Il est certain, qu'en broyant, pilant et pressant les faines avec leurs écorces, on seroit obligé d'employer beaucoup de temps et douvriers, et que mille livres de fruits donneroient à peine deux barrils d'huile, tandis que mille livres épluchées, en donneroient presque le double et épargneroient beaucoup de peines et d'instruments. Il résulte d'un calcul en gros fait par l'Avocat *Fuccini*, que l'on broyeroit et presseroit cinq sacs par jour de faines avec leurs écorces pour la somme de cinq livres, et que l'on retireroit dix bouteilles d'huile, ainsi ce seroit un profit sûr.

Si l'on trouvoit cependant une maniere plus prompte de monder les faines. J'ai essayé de les écraser entre deux tuiles, à peu près comme font les paysans pour broyer la farine de fêves; et cela me réussit assez bien, car plusieurs amandes sortirent intactes de leurs écorces, mais beaucoup furent écrasées ; peut-être aurois-je eu plus de succès si je les eûs bien fait sécher ; on pourra au moins, après les avoir écrasées de cette maniere, faire un choix et enlever le plus que l'on pourra de fragments des écorces, de sorte qu'elles deviendront plus faciles et plus promptes à moudre et qu'il ne se perdra pas autant d'huile dans les écorces.

Les faines sont des petits fruits triangulaires, que l'on trouve deux à deux dans des bogues, qui s'ouvrent en quatre; débarassées de leur écorce, elles ressemblent à un petit pignon triangulaire. On m'en envoya quelques-unes de Vallombreuse en 1764, qui se sont assez bien conservées et qui paroissent encore imprégnées d'huile, ce qui prouve que ce fruit bien choisi et tenu dans un lieu sec, peut se conserver pendant plusieurs années, et faciliteroit assez dans le besoin l'extraction de l'huile. On doit encore considérer que les pains de marc sorti du pressoir, s'ils sont de faines mondées, peuvent servir à engraisser les poules, les coqs-d'inde et les cochons, et peut-être encore les veaux, ce qui doit faire préférer la méthode proposée ; et ceux des faines avec leur écorce font un feu aussi ardent et d'aussi longue durée que le marc d'olives.

Il me reste encore à observer, que lorsqu'on aura reconnu l'utilité de l'huile de faine ou de quelques-uns des fruits dont j'ai parlé, il faudroit songer à en faciliter l'expression, et à la rendre moins dispendieuse. Il y auroit fort peu à changer à la méthode dont se servoient les Egyptiens pour tirer de l'huile du ris. Dioscoride qui parle de cette méthode, parle aussi de celle usitée chez les Grecs, pour tirer de l'huile de différentes semences; elle consiste à prendre ces semences bien mûres et bien seches, à les piler légérement dans un mortier avec un pilon de bois, et jetter ensuite dessus de l'eau bouillante qu'on y laisse une demi-heure, à les piler plus fortement, à en mettre la pâte sous le pressoir pour la repasser au mortier avec de l'eau bouillante, et à en exprimer l'huile de nouveau.

Pour broyer ces semences oléagineuses, il ne faut pas se servir des meules qui tournent horizontalement, comme celles qui servent à moudre le grain, mais de celles qui tournent verticalement, comme les meules à broyer les olives. Il vaudroit mieux, pour éviter du travail aux hommes et aux bêtes, les faire tourner par le moyen de l'eau, ou du vent; il seroit encore bon que les pilons fussent mus par l'eau, comme ceux des moulins à poudre.

Pour épurer ces huiles exprimées par le moyen de l'eau, il faut les garder pendant plusieurs jours dans un vase chauffé au soleil, ou à un feu modéré, afin de les tenir fluides et de donner le temps aux parties aqueuses de se précipiter au fond, ensuite les transvaser pour les clarifier; afin de maintenir cette chaleur nécessaire, on peut mettre dans l'huile un vase de cuivre, ou de terre, plein d'eau bien chaude, ou tenir le récipient de l'huile dans un bain marie pendant un certain temps: pour la clarifier, les uns conseillent de jetter dedans, ou de l'alun, ou du sel, ou du nitre, ou d'y mêler de l'eau bouillante et de laisser déposer. Voyez Charles-Etienne dans la *Maison Rustique, liv. 3, chap. 50*. Noël Chomel *Dictionnaire Économique*. L'huile étant clarifiée, pour la conserser saine et qu'elle ne contracte aucune mauvaise odeur, il faudra mettre au fond des cruches, environ six doigts de bon vinaigre ; alors les parties aqueuses et la lie de l'huile s'y déposeront et elle ne se gâtera pas.

De la culture des patates.

La récolte des châtaignes ayant déja été et pouvant être encore très-mauvaise, les habitans devroient avoir appris à leurs propres dépens à ne pas fonder leurs espérances sur la seule récolte de ce fruit, qui, venant à manquer, les jette dans la disette. Que n'imitent-ils d'autres peuples qui, condamnés comme eux à vivre dans des montagnes, se sont judicieusement appliqués à cultiver pour leur subsistance certaines plantes étrangeres, et qui ont vu leurs tentatives couronnées par le succès. Tel est en premier lieu le *selamun tuberosum esculentum* , originaire de l'Amérique, et connu aujourd'hui en Europe sous le nom de *patate* ou *batate*. Elle réussit très-bien dans les terreins des montagnes. On la cultive en grande quantité dans le nord de l'Europe, et nous avons aussi été témoins des récoltes abondantes de cette racine, faites à Vallonbreuse par le célébre abbé Don Henri Hugford. On loua beaucoup son zele et les patates qu'il recueillit furent très agréables aux Seigneurs Anglais, qui demeuroient dans cet endroit. Mais il eut peu d'imitateurs et ceux qui voulurent suivre son exemple se contenterent d'en planter dans des jardins, ou dans des champs trop bas, ou sur des collines exposées au soleil où elles croissent trop promptement et perdent leur vigueur dans une terre trop legere, et dans laquelle la chaleur de l'air pénétrant avec trop de facilité, cuit les racines et les desséche. C'est là ce qui fait dire injustement au peuple que la culture des patates est impraticable parmi nous.

Certainement on ne doit pas les cultiver dans les terreins situés favorablement pour les vignes, les figuiers, les oliviers, &c. mais dans les lieux froids, parce que le froid de l'air obligeant le suc végétal à se rassembler en plus grand quantité, et à séjourner plus long-temps dans les racines, elles se multiplient davantage et augmentent de grosseur sans s'étendre sur terre avec une profusion inutile de branches et de feuillages. La théorie de la culture des patates, est de les planter dans de bonne terre médiocrement tenace avec peu de pierres, observant que le terrein ne soit point marécageux ou aquatique, et qu'il ne soit trop desséché par la chaleur du soleil; il faut à cette plante un air chaud à certaines heures du jour, tempéré à certaines autres, et frais pendant la nuit, qualités qu'il a dans les montagnes; alors on sera sûr que la patate travaillera bien sous la terre, que ses racines se multiplieront et grossiront merveilleusement et qu'elle ne jettera au-dehors qu'un petit nombre de branches et de feuillages que la fraicheur de la nuit empêchera de s'élever. Les neiges qui tomberont dessus pendant l'hiver, et les glaces qui durcissent la surface du terrein ne préjudicieront point aux patates, qui ne s'en trouveront que mieux. Et si dans le printemps ou dans l'hiver quelque gelée extraordinaire, ou quelque grêle faisoit périr les tiges, les racines auxquelles le chaud est plus nuisible que le froid, n'en recevroient aucun dommage. Les terreins favorables aux châtaigners, le sont aussi pour les patates. Si les Montagnards pouvoient se pénétrer de cette vérité, ils pourroient tous les ans assurer leur subsistance, soit en châtaignes, soit en patates, soit avec ces deux especes ensemble ; ils pourroient en outre se servir du superflu pour engraisser les cochons et vendre de la farine de châtaigner pour se procurer d'autres commodités. Au moins la récolte des patates seroit presque toujours certaine, parce qu'elle n'auroit rien à craindre de la gelée, des neiges, de la grêle ni des vents de nord qui soufllent pendant l'été, ni de quantité d'autres inconvenients qui nuisent souvent aux châtaignes. Les lieux les plus propres à cultiver les patates, seroient le voisinage des maisons situées dans les montagnes, où l'on seroit plus à portée de les défendre contre les animaux, sur-tout des sangliers et des cochons. Les tiges et les feuillages des patates serviroient à fumer les champs où l'on pourroit semer alternativement du seigle, de l'orge, &c. Plût-à Dieu que les pauvres Montagnards fussent une fois persuadés de l'utilité et de la facilité de cette nouvelle culture ! mais comment attendre cette révolution de gens, qui ne lisent pas et ne s'informent pas des nouveautés ? Il faudroit qu'un agriculteur charitable, et sur-tout un de leurs Curés, pour son propre avantage, étudiât un peu cette partie, et fît des essais qui venant à réussir instruiroient le peuple et le disposeroient à les tenter de son côté. Je ne peux donc faire autre chose que de désirer dans MM. les Curés, cette bonne volonté qui soulageroit beaucoup leur troupeau.

Un des grands inconvéniens que pourroient éprouver les cultivateurs de patates, seroit le dégât qu'en feroient les sangliers et les cochons en les déterrant avec leur grouin. Je ne vois d'autre remede à ce mal que d'environner de haies et d'épines les lieux de la plantation, ou celui dont se servoient les paysans de quelques provinces de la Suéde aussi malheureux que nos Montagnards, remede dont parle Charles Linné (Amœnit. Acad. tom. 5, diss. 100, dont le titre est Sus Scrofa, §. 5, pag. 470 et 471). Cet animal, dit ce savant Naturaliste, peut déterrer avec son grouin les racines les plus profondes ; il n'en est pas qui fasse plus de dégât ; car par la disposition de cet instrument naturel et cartilagineux dont il fait agir le bord relevé, à l'aide de deux muscles tenants à la mâchoire supérieure, il peut creuser et relever la terre à une très-grande profondeur. Pour prévenir la ruine des prairies, la loi oblige les laboureurs à leur mettre tous les ans un anneau de fer au grouin, ou à le leur percer, et y introduire un fil de fer tourné de maniere qu'il puisse causer une vive douleur à l'animal lorsqu'il veut fouiller, et que cette douleur lui serve de frein. Cette opération ne se fait pas sans qu'il pousse des cris horribles. On pourroit encore leur rogner le grouin, de maniere qu'il leur fût impossible de fouiller, en coupant les tendons qui en font mouvoir le bord; cette opération est d'une exécution très-facile dans les jeunes porcs; on peut couper ces tendons à un pouce de l'extrémité du grouin. Si on les coupoit plus près, on pourroit blesser le cartilage nazal; les cultivateurs n'auront de cette maniere rien à craindre de leurs ravages et leurs oreilles ne seront point au printemps importunées de leurs cris. Ce procédé répugne cependant à la pitié mal entendue du peuple.

De la culture du bled sarrazin.

Nos Montagnards, ainsi que les autres peuples que le sort a fait naître dans des terreins ingrats, pourroient trouver dans cette semence, d'une culture, facile un aliment substantiel. Les François l'appellent *bled noir*, ou *bled sarrazin*, et les Italiens *fromentone*, ou *saracino*. Cette plante qui est la *facopyruno vulgare* de Pline, n'est pas originaire d'Italie, ni d'aucun autre endroit de l'Europe. On dit que la semence en fut apportée d'Affrique par les Sarrazins, dans le temps de leurs conquêtes, ce qui lui a fait donner le nom bled sarrazin; réduite en pain, ou en gâteau, elle donne une nourriture saine et de bon goût. Elle est encore fort bonne pour nourrir et engraisser les cochons, les poulets et autres animaux domestiques; sa tige fraîche est une bonne pâture pour les bœufs. On la seme pour cela à la fin de juillet ou d'août, après la récolte du grain. Les feuilles mûres qui tombent à terre engraissent le champ, et enfin les fleurs fournissent aux abeilles un miel exquis et abondant. Elle a cela de commode, qu'elle réussit parfaitement bien dans toute sorte de sol, même dans les terrreins arides et maigres et dans les climats frais. Elle aime la pluie, ne souffre pas beaucoup des injures de l'air, leve promptement, murît de même et se seme au printemps, c'est-à-dire, en mars ou avril dans les climats tempérés, et se recueille en juillet; mais dans les montagnes, elle se seme aussitôt que les neiges sont disparues et se moissonne en octobre. En Bretagne, en Champagne, dans la Savoie, dans le Tirol, dans la Carniole et en différentes autres provinces d'Allemagne, du Dannemarck, on en fait des récoltes immenses qui nourrissent des peuples nombreux et servent de pâture aux animaux.

Il croît peut-être en trop grande abondance dans nos campagnes les plus fertiles deux especes de *fagopiro*, appellées par les paysans *herbe à lievre*, l'une avec un fruit aîlé et l'autre portant un fruit sans aîles. Elles réussissent à merveille en toutes sortes d'expositions ; mais on ne fait aucun usage de leurs semences ; je crois cendant qu'on en pourroit

pourroit faire du pain. On pourroit leur destiner des emplacements séparés pour se procurer une recolte de plus sans frais et sans fatigues.

Dans les pays montueux, on pourroit tenter la culture du *fagopyrum erectum, fructu aspero ginel*, de la semence duquel on fait du pain dans plusieurs endroits de la Sibérie; je m'en procurai quelques graines que je semai dans le jardin Royal des simples ; elles produisirent de fort belles plantes, qui bientôt donnerent du fruit. La race en subsiste encore. Le Sign. *Stenc. Bielcke* en proposa la culture pour la Suede et en démontra les avantages, et le Sign. *Manetti* voulut l'introduire en Toscane; je fais des vœux pour que leurs instructions produisent quelqu'effet.

Observations sur le sasso morto ou pierre morte.

La pente de la montagne qui conduit de *Stazzemma* aux mines, est toute composée de gros filons de *sasso morto* ou pierre morte dont on se sert à *Stazzemma*. Ces filons sont inclinés, ont leur extrémité plus élevée du côté du midi et plus basse du côté du nord.

Ainsi dans le Capitanat de *Pietra Santa* le marbre est la pierre la plus estimée et dont les habitants retirent le plus d'utilité, et l'autre pierre qui domine dans ces montagnes, est appellée *pierre morte* pour exprimer son inutilité. La pierre morte un des matériaux le plus abondant de ces montagnes, se trouve disposée en filons très-élevés et très-vastes, mêlés de plusieurs substances hétérogenes du régne minéral. Elle est composée d'un grain fin et aussi poudreux que l'alberese ou pierre à chaux, mais disposée en feuilles subtiles, qui se divisent facilement en lames unies, tortueuses ou ondées; lorsqu'elle n'est pas mêlée avec d'autres substances elle est dense, assez dure, de couleur cendrée ou plombée, à cause de ses filaments semblables à ceux de l'amiante; elle n'est bonne que pour les travaux unis. J'en choisis quelques échantillons pour mon cabinet et les ayant fait scier, je vis qu'ils prenoient un beau poli. Quelques-uns laissoient voir leurs filaments semblables à ceux du bois. Dans l'origine, la pierre morte semble avoir été une déposition de limon très-fin, dans laquelle la cause lapidifique inconnue, a disposé les sacs pierreux, non en spheres, mais en lames ou feuilles; ce limon a été probablement déposé dans cet endroit avec plusieurs autres substances minérales, chacune desquelles s'est coagulée selon sa propriété et selon son dégré d'activité. Les substances qui se trouvent le plus communément mêlées avec la pierre morte, sont le quartz et le fer et différentes terres métalliques.

Le quartz en se coagulant comme tous les sels fixes, s'est rassemblé en veines tortueuses, coupant irrégulierement les filons de la pierre morte, formant comme une espece de cloison entre les filons. Là où l'espace étoit étroit et la pâte de quartz en grande quantité et serrée, il se montroit sous la forme du tarse blanc, compact et se rompant en petits morceaux anguleux : là où l'endroit étoit plus spacieux et où l'eau dominoit la pâte quartzeuse, il s'est formé des matrices garnies d'aiguilles très-déliées de cristal de montagne ; souvent encore le quartz lui-même étoit mêlé de pâte de marcassite, d'argent, de cuivre, de fer, de mercure. Lorsque cet amas s'est consolidé et a formé une pierre, chacune de ces substances minérales s'est coagulée selon sa propre nature, ce qui fait qu'on rencontre souvent dans ces montagnes, des veines de quartz dans lesquelles on trouve des noyaux ou petites pierres de marcassite, de fer, de cuivre, d'argent. Enfin il est arrivé que ces substances n'ont pu bien se trier et se séparer mutuellement ; ce qui fait aussi que dans le quartz, le mercure lié avec le soufre de la marcassite, s'est coagulé en cinabre minéral, &c.

Il seroit impossible de nombrer les combinaisons et complications qui se sont faites de métaux et de minéraux dans le quartz. J'en parlerai en différents endroits. Je dirai seulement qu'en les examinant sur les lieux, on voit clairement que les métaux et les minéraux étoient dans l'origine des liquides aqueux, et que leurs concrétions se sont formées dans l'humidité comme les sels lixiviaux.

Cette même théorie que les pétrifications, les cristallisations et les concrétions métalliques, ont été dans l'origine des liquides aqueux et se sont coagulés et consolidés par le moyen de l'humidité comme les sels lixiviaux, a été clairement démontrée par le Docteur Joseph *Baldassari*, au tom. II des *actes de l'Académie des Sciences de Sienne*, pag. 10 et 11 ; il faut donc regarder comme une fable les feux souterrains ou centraux, producteurs des métaux, puisque ces feux se trouvent dans fort peu d'endroits de la terre où ils ne peuvent s'allumer sans supposer la préexistence des minéraux, et qui, quand ils sont allumés, non-seulement ne favorisent pas la production et la concrétion des minéraux ; mais au contraire s'y opposent et la détruisent.

Les alchymistes sont partisans et admirateurs très-zèlés de ces feux centraux. Il est cependant certain qu'il n'existe point de feux ardents sous terre, parce que l'air supérieur par son poids, éteint tous les feux, comme on peut le voir dans les mines les plus profondes et les vases urinatoires, dans lesquels, malgré qu'ils reçoivent suffisamment d'air par des canaux, la flâme s'éteint lorsqu'on la descend au plus profond.

Je ne crois pas plus à la théorie de la régénération et de l'accroissement des minéraux, (Voy. Tournefort, *Voyage du Levant*, tom. I, lett. 2, pag. 27) à moins que ce système ne s'entende de leurs particules désunies, dont quelques-unes séparées du corps qu'elles composoient, ont été portées et déposées dans un autre endroit. Pour moi je crois que les particules élémentaires des minéraux ont été dispersées par l'Auteur de la nature, dans la masse de ce globe, en nombre déterminé, et qu'elles ne peuvent, ni croître, ni changer d'espece.

Les observations fecondes du grand Homberg sur la génération du fer, publiées dans les Mémoires de l'Académie Royale des Sciences, ne me feront pas changer d'avis, car je trouve les particules élémentaires du fer répandues si généralement et en si grande quantité dans tous les matériaux qui composent le globe, que je ne suis plus surpris qu'elles s'altèrent mutuellement tous les jours et se réunissent en une masse qui nous est sensible ; voyez la Disertation de M. Lémery fils, insérée parmi les mémoires de l'Académie Royale des Sciences, année 1706, pag. 352, et dont l'objet est de prouver que les plantes contiennent réellement du fer, et que ce métal entre nécessairement dans leur composition naturelle.

Le suc ferrugineux, conjointement avec les autres sucs minéraux, est non-seulement resté renfermé dans le quartz, mais encore s'est coagulé en grande quantité dans le limon, ou pâte propre de la pierre morte, et ces substances se sont rencontrées dans la suite; il s'y est aussi mêlé un limon d'une autre espece et d'une autre origine, qui a fait varier dans la pierre morte, la compacité, la couleur. Je parlerai ailleurs de ces variations, car je n'ai eu d'autre intention de donner ici une idée générale de cette pierre très intéressante en Histoire Naturelle. On trouve aussi dans la pierre morte des taches qui la rendent absolument semblable au marbre violet de Flandres, ce qui me fait soupçonner que ces pierres, dans l'origine, sont de même nature. Parmi les échantillons de pierre morte que j'ai choisis pour mon cabinet, dans les différentes montagnes de ce Capitanat, l'on distingue les suivants.

1°. Trois morceaux d'une pâte très-fine, laminaire, ondée et filamenteuse à peu près comme celle de l'amiante, toute couverte de talc argentin brillant. Parmi ses lames on voit renfermés plusieurs petits morceaux isolés, d'autres pétrifications, comme de quartz de différentes couleurs, et tenant plus ou moins de la nature du marbre; d'autres morceaux d'une pierre de différentes couleurs, aussi de la nature du marbre, mais toute mêlée de parties brillantes de talc argentin. On voit encore entre ces lames, quelques incrustations d'ocre ferrugineux, jaunâtre et couleur de rouille, qui ont communiqué au talc une couleur jaune.

2°. Un morceau de veine de quartz cristallin à grain de sel, disposé en écailles laminaires ondées, enveloppées de plusieurs lames de pierre morte toutes couvertes de talc argentin. On y voit encore mêlés certains molécules noirs très-menus que je crois pyritiques, partie desquels s'étant décomposée en ocre couleur de rouille, ont taché les lames de talc adjacentes.

3°. Un morceau de veine de quartz marbré d'une pâte composée d'écailles séparées et enveloppées par des lames de pierre morte à fond verdâtre, toute incorporée et enveloppée de talc argentin brillant.

4°. Trois morceaux de pierre morte semblable au n°. 1, dont les bords sont mêlés et vernis de pareil talc argentin brillant, parmi lesquels sont enfermées plusieurs lames déliées et ondées de quartz blanc marbré, teintes à leur superficie d'ocre couleur orange et couvertes encore de parties brillantes de talc.

5°. Trois morceaux de veine de quartz cristallin et marbré, entremêlés et incrustés de lames, ou feuilles subtiles ondées de pierre morte, lisses, livides, ou noirâtres, parmi lesquelles on en voit plusieurs vernies de talc argentin et tachées en quelques endroits, d'ocre couleur de rouille.

6°. Un morceau de pierre morte avec des lames ondées vernies de talc argentin et entremêlées de lames subtiles de quartz, avec des filaments composés de petits grains de cristal tirants sur le blanc, mêlés de petites masses d'ocre couleur orange, friable et d'autres masses de pyrites couleur de laiton.

7°. Un morceau de pierre morte de couleur bleuâtre avec des lames et des feuilles filamenteuses toutes vernies de talc argentin; parmi ces lames, on en voyoit d'autres tortueuses de quartz marbré blanc taché de rouge, de couleur de rouille et de noir, d'ocre mêlé avec le quartz et entre les lames de pierre morte. Il y a en outre quelques veines subtiles et reliures de ce même quartz, qui coupent en travers les filaments de la pierre morte.

8°. Un morceau de cette pierre à lames peu dures, ondées, couleur d'azur, vernie de talc argentin et différents micas de ce même talc semés çà et là.

9°. Un morceau de pierre morte laminaire dont les fibres dans toute la longueur, de couleur azur, vernies de talc argentin tirant sur la couleur de plomb, étoient très-semblables aux fibres du bois.

10°. Un morceau de pierre morte de couleur de plomb rembruni, à lames ondées et tortueuses, semblables à certains nœuds que l'on voit dans le bois, entremêlées de quelques lames épaisses de quartz blanc marbré.

11°. Un morceau d'une certaine pierre à lames ondées et minces de spath blanc marbré, ou plutôt de vrai marbre blanc, entremêlées de quelques autres très-minces de pierre morte de couleur plombée, couvertes de talc argentin, et de quelqu'autre mélange terreux, ou d'ocre pâle avec quelques petites places couleur de rouille; en dehors, sont quelques croutes minces et interrompues de spath taché de couleur de rouille, couvertes d'embrions fleuris de cristallisations ; parmi elles se trouvent mêlées certaines plaques de noir de la nature du crayon, quelques autres d'ocre couleur de rouille, d'autres enfin, de terre, ou d'ocre friable de couleur citron.

12°. Une boule de gravier que j'ai prise dans le fleuve de *Seravezzo* près *Corvaia* ; c'est de la pierre morte à feuilles paralleles très-minces, bleuâtres, vernies de talc argentin très-brillant et entremêlées d'un côté, de lames très-subtiles de quartz à grains cristallins très menus, enveloppés du même talc argentin. A l'inspection de ces morceaux, mais sur-tout à celles des vastes filons natifs de pierre morte, j'ai conjecturé qu'il devoit avoir existé originairement un sédiment, ou lavure de talc, mêlé de quelque partie de différentes terres et d'ocre, et que ce dépôt auroit successivement inondé d'un liquide quartzeux, qui ayant trouvé les molécules de ces lavures unies étroitement et la plûpart en contact immédiat, n'avoit pu pénétrer les masses uniformément et s'étoit seulement insinué où il avoit trouvé quelques ouvertures ou cavités, en se coagulant en formes de lames, ou de veines irrégulieres, mêlées avec le talc contigu, et il paroît que cette pierre morte de la Versilia est de la classe *des fissilis solidus durissimus, in lamellas non divisibilis, fissilis rudis, fissilis inutilis, schistus difficulter scindendus*; *Waller mineralog. Cl. 2, Gen. 9, sp. 69, pag. 113.*

OBSERVATIONS FAITES AUX ENVIRONS DES MINES DE FER DE SELVANO.

A *Selvano*, sur le ravin *delle Mulina*, on voit quatre ouvertures anciennement faites dans la montagne pour en tirer les veines de fer qu'on portoit, comme disoient les habitans, fondre à *Rosina*, éloigné delà d'environ quatre milles. Trois de ces puits sont près l'un de l'autre, sur la pente qui regarde le levant, et l'autre est situé environ deux cent pas plus loin, sur la pente occidentale. Tous les quatre sont creusés en baissant, suivant la direction des filons de la pierre morte, qui composent la montagne, c'est-à-dire, du nord au sud. On voit clairement que c'est l'industrie des hommes qui les a creusés, car les traces des pics sont encore apparentes. On voit d'ailleurs qu'ils ont été délaissés depuis plusieurs années, car ils sont tellement obstrués de terre et d'eau, qu'on ne peut pénétrer dedans qu'à quelques coudées. Il en est de même un où l'on ne peut pénétrer qu'avec beaucoup de peine à cinquante coudées, parce qu'alors on ne rencontre plus que de la terre et de l'eau. Je ne pus y observer autre chose que le filon supérieur de pierre morte, qui sert de voute au canal ; c'est peut-être celui-là que l'on appelle *toit de la veine métallique* ; on y voit beaucoup de veines larges et irrégulieres de quartz blanc, dans la plus grosse desquelles étoit vraisemblablement renfermé le métal. Il y avoit de distance en distance, une pâte de terre jaunâtre, qui est peut-être de l'ocre martiale ; des intervales des masses qui composent la voute, tomboit de l'eau, qui ne trouvant point d'autre issue, se répandoit dans le fond du canal. A la voute de l'embouchure de l'un de ces canaux, j'observai de larges inscrustations de *Bisso*, ayant des rameaux gros comme des cheveux, qui ressembloient assez à des poils de lievre. C'est peut-être le *bissus major speluncis, et cellis vinariis innascens primum alba, deinde aurea, postea fulva, filamentis crassioribus et longioribus fissilibus. Mich. N. P. G. P. I. pag. 211, num. 9, tab. 90, fig. 1.*

Autour de ces canaux naissent en grande quantité les plantes suivantes.

Lingua cervina foliis costæ innascentibus inst. R. H. 543.

Lingua cervina officinarum C. B. pin. 353, *inst. R. H.* 544.

Hemionitis vulgaris C. B. 353, *inst. R. H.* 544, *filicula*......

Marchantia.......

Hepatica......

DESCRIPTION DE LA VALLÉE DU CARDOSO.

ME trouvant frustré de l'espérance de voir quelque chose d'intéressant dans ces mines, je descendis sur le flanc du nord de la montagne de *Stazzema*, du côté où coule la riviere, ou canal du *Cardoso*, afin d'y observer une autre mine de fer que je supposai devoir être en moins mauvais état que la précédente.

Parvenu sur le haut de la montagne, j'observai que la vallée de *Cardoso* est de figure ovale, mais assez profonde, coupée et séparée en plusieurs filons creusés par des torrents qui se précipitent dans le ruisseau, ou canal du *Cardoso* ; au midi la vallée est bornée par une chaîne de montagnes très-élevées, qui s'étend du levant jusqu'à *Stazzemma*, à l'endroit où le ruisseau du moulin se jette dans le *Cardoso*. C'est dans cette chaîne que l'on trouve les écueils appellés *Poncinto et Monte Forato*; de cet endroit se détache une autre vaste chaîne appellée *Alpes de Levigliani*, qui enferme la vallée au nord et décrit une ligne courbe jusqu'au confluent du canal de *Cardoso*, avec celui de *Terrinca*, près *Rosina*; pour m'expliquer plus clairement, le canal du *Cardoso*, prend sa source dans les montagnes de *Pruno* et *Volegno*, dans une caverne appellée *Pietra Pania*; après avoir reçu dans son sein différents torrents, il laisse sur la droite une mine d'argent et de plomb, et poursuivant son cours à travers des plantations de châtaigners, il arrive à l'endroit appellé l'*Assunta*, sous le village du *Cardoso*, où il reçoit sur la gauche un torrent à plusieurs branches, qui descend des montagnes de *Monte-Forato* et du *Procinto*. Au-dessous de ce confluent, on voit sur la droite les carrieres de pierres à fours dont je parlerai dans la suite; un peu au-dessous le village de *Malin Ventre* et un peu plus haut, ceux de

Pruno et *Volegno* ci-dessus nommés, dont les maisons sont couvertes d'ardoise très-commune dans cette vallée.

Parmi les châtaigners on rencontre fréquemment des précipices effrayants, qui prouvent la vérité de mes conjectures que ces vallées ont été creusées par les torrents. Des fentes de rochers qui bordent ces précipices, s'échappent à quelques intervalles des troncs de chênes dont on trouve fort peu dans ces cantons, tout le pays des environs étant planté de châtaigners. Les souches, si je ne me trompe, démontrent qu'anciennement ces lieux étoient couverts de bois de chênes, qui ont depuis été coupés ou détruits pour y substituer des châtaigners, puisque dans les précipices où les hommes n'ont pu pénétrer, les chênes se sont maintenus en possession du terrein.

Observations sur les pierres a fours de Rosina.

On m'indiqua sur le flanc d'une montagne comprise dans la communauté de *Pruno*, la carriere des pierres dont on se sert pour construire les fourneaux où se fond la mine de fer,

fer, le feu de ces fourneaux est très-vif et dure très-long-temps, de sorte qu'aucune autre pierre que celle là ne pourroit résister à son action sans se vitrifier. Elle est de la nature de la pierre morte ; mais elle a le grain un peu plus gros, plus filamenteux, de couleur de bleu de mer, et parmi ses faisceaux de fibres, on voit des lames de talc, larges et fréquentes, mais très minces, brillantes comme du vernis argentin, de sorte qu'elle ressemble beaucoup à quelques especes d'amiante. Ce mêlange considérable de talc, ou si l'on veut d'amiante, est, je crois, la cause qu'elle résiste si bien au feu sans se calciner, ou se vitrifier. On l'appelle communément *pierre de Rosina*, quoiqu'on la tire dans une autre communauté et même fort loin de *Rosina*. C'est sûrement de cette pierre qu'entend parler le *Cesalpin*, lorsqu'il dit, *il y a dans la* Toscane une montagne dont les pierres brillent d'une couleur d'argent. Cette pierre résiste au feu, quoique fragile et peu propre aux ouvrages quarrés ; je me souviens d'en avoir vu de semblable à l'extérieur, dans les montagnes de Pise, mais je ne peux assurer qu'elle résiste également au feu. Philippe *Sassesti*, célébre voyageur dans les Indes orientales, fait mention de cette pierre à fourneaux, dans une lettre écrite à *Baccio Valori*. Cet Écrivain dit que la pierre dont on se sert pour faire les bouches des fourneaux à fondre le fer, à *Piettra Santa*, situé à deux milles au-dessus de *Sare Wezza*, ressemble beaucoup à celle de *Rosina* pour la blancheur ; elle est très - tendre et pourroit presque se pétrir lorsqu'elle sort de la carriere ; elle se tire dans un village appellé *Stazzemma*, devient très-dure à l'air et quitte sa couleur grisâtre, pour en prendre une blanche comme du lait.

Dans la même lettre de *Sassetti*, après plusieurs particularités alors nouvelles, d'Histoire Naturelle du nouveau monde, dont il parle au Sénateur *Baccio Valori*, philosophe très-érudit.

Observations sur les ardoises.

La vallé du *Cardoso* est aussi très-abondante en ardoises appellées *piastre* dans le pays. On en tire beaucoup dans plusieurs endroits, pour couvrir les toits des maisons ; les carrieres les plus accréditées sont dans la communauté de *Minventre* ; mais les ardoises n'y sont pas aussi belles, ni si bonnes que dans le pays de Genes, parce qu'elles ont des veines très-minces de quartz, le long desquelles elles se rompent facilement; il y en a beaucoup de carrieres dans la communauté de *Stazzemma*, notamment à *Muscoso*, aux *Bache*, à *Bosco dell' Opera*, à *Ceragioli*, à *Prato*, dans la *Bardinaia*, à *Metatacci*, au *Marcone*, au *Capannello* et au *Metatello*. Les ardoises de ces pays sont communément d'une couleur plombée plus ou moins claire; j'en ai aussi vu d'un rouge foncé, ou clair, de verdâtre, de jaunâtre et d'un blanc pâle. Je ne sçais si l'on pourroit en trouver dans la *Versilia*, de noire, qui pût se tailler en grandes tables comme celle du pays de Genes. Peut-être qu'en cherchant avec un peu de soin, on réussiroit à s'en procurer. Outre diverses tables que j'ai dans mon cabinet, j'en posséde une très-longue, d'un quarré allongé, large de trois coudées, haute d'une coudée et demie, épaisse de deux doigts, sur laquelle le fameux peintre *Pietro Dandini*, a peint l'adoration des Mages et des Bergers, avec des figures d'une très grande expression. On voit parmi ces figures, le Roi Maure et plusieurs

Maures ses courtisans, dont les visages sont pris sur le fond même de l'ardoise avec quelques légers coups de pinceau qui en déterminent les traits; le même fond uni, sert encore à exprimer l'obscurité de la nuit. J'ai encore du même Auteur, l'enlévement de Proserpine et la délivrance d'Euridice, peints sur de l'ardoise, dont la surface noire représente les ténébres horribles des enfers. *George Vasari*, dans sa Vie des Peintres, part. 1, introduction, pag. 17 et 51, parle de l'usage qu'on fait des ardoises pour peindre à l'huile, et l'on voit dans les palais de Florence plusieurs tables d'ardoise sur lesquelles se sont exercés les meilleurs pinceaux de la ville; mais on en voit sur-tout dans le sallon de l'ancien Palais-Royal, quatre grands cadres posés de face sur la muraille, de la main de Jacques *Ligozzi*. *Raphaël Borghini* dit, que celui qui voudra peindre sur la pierre, pourra se servir de certaines tables qui se trouvent dans la riviere de Genes, sur lesquelles il faudra d'abord appliquer un mastic et puis travailler immédiatement; mais *Pierre Dandini* y peignoit directement sans mastic.

Parmi les différents usages que l'on peut

faire de l'ardoise, un des plus importants est de doubler des puits, ou conservatoires d'huile, comme on en voit un très-grand et très-ancien dans la maison de campagne de MM. *Pulci*, à *Uliveto*, dans le *Valdelsa* et plusieurs autres. On pourroit aussi en faire des citernes à conserver le vin, équivalentes aux tonneaux, comme celle que Jacque *Schenchzero* dit avoir vue à Herrhberg. On ne risqueroit rien d'en faire des cuves. Philippe *Baldinucci* (Vocabulaire Toscan de l'art du dessin car. 80) dit que l'ardoise est une espece de pierre noire qui se trouve en lits et se divise en lames : on l'emploie à couvrir des toits, et en la liant avec un certain mastic, elle sert à faire des conservatoires pour l'huile. Les artificiers s'en servent aussi dans leurs ouvrages. Elle prend un beau poli, et l'on peut dessiner dessus avec du plâtre et même y peindre. La couleur appliquée sur l'ardoise, ne s'étend pas autant que sur la toile, ou sur le bois. On trouve cette pierre dans la riviere de Genes dans un endroit appellé *Lavagne*, d'où elle a pris ce nom, qui en Italien veut dire ardoise. L'ardoise sert à remplacer les tables de marbre pour les ouvrages d'écaille, de cire et pour y dessiner des figures géométriques, pour faire des livres, ou tablettes de souvenir ; elle sert encore de pierre à aiguiser les rasoirs et autres instruments.

L'ardoise est une matiere appartenante aux montagnes primitives et non aux collines. Elle est analogue à la pierre morte et de la même espece, disposée en vastes filons qui se divisent en lames à peu près comme le talc de la nature duquel elle tient un peu; sa masse ne s'est pas beaucoup restreinte en se coagulant et n'a pas laissé un grand espace au suc quartzeux qui y étoit mêlé, mais qui n'a pas bien pu s'y incorporer, et dont on trouve des veines capillaires. Je ne sçais si dans les ardoises de notre pays, on a rencontré des corps marins; mais en Allemagne on y a trouvé renfermés des cadavres et des momies de poissons ; d'où l'on doit conclure que dans l'origine la pâte d'ardoise étoit du limon de mer. A Genes on a des ardoises de toutes les grosseurs. On les découvre et on les taille avec le pic à la grosseur que l'on veut, on les laisse ainsi pendant la nuit, et le matin on les détache de la masse. Cette pierre a des veines et des filets comme le bois et sert à doubler toutes sortes d'ouvrages. Gio. Godescalco Wallerio, place les ardoises sous le nom de *fissilis, scissilis, schistus Linnaei*, ardoise parmi les pierres vitrifiables. Il en note plusieurs especes et en détaille les propriétés qu'on a remarquées dans quelques especes d'ardoises de la Suisse, de l'Allemagne et de la Suéde, et qui ne se retrouvent pas exactement dans notre ardoise du pays de Genes et de la *Versillia*, sur-tout la propriété d'être entierement vitrifiable.

Les échantillons de l'ardoise dont on se sert le plus, et la plus estimée du pays de Genes, que je conserve dans mon cabinet, sont d'un grain très-fin, noirâtres. On découvre en les sciant en travers plusieurs grains, plus gros et plus durs que les autres. Ses lames sont très-minces, presque paralleles, couvertes d'une envelope très-fine de talc noirâtre et étroitement unies ensemble, de sorte qu'étant sciées, elles se polissent uniformément et prennent une couleur de plomb tirant sur le noir avec quelques veines plus foncées. J'ai trouvé parmi les fragments des fabriques de Pise, des morceaux d'ardoise assez bonne et assez solide, de différentes couleurs, c'est à-dire, de cendrées, d'azur, de verdâtres, de rouges de diverses nuances, qui viennent vraisemblablement des montagnes de Pise, puisqu'en novembre 1773, je trouvai sur le flanc du mont Saint Julien des filons d'ardoise de différentes couleurs, entremêlés de filons tortueux de certaines pierres qui sont un composé de pâte d'ardoise, d'alberese et de marbre et d'un peu de quartz dont on se sert aujourd'hui pour paver les rues de Pise.

DESCRIPTION DE LA MINE DE FER DE STAZZEMMA.

SUR la pente de la montagne *Stazzemma*, qui regarde le nord, dans un endroit appellé *Sotto il poggio delle prada*, est une mine de fer dite la *buca della vena* ; c'est un canal profond, creusé dans des filons de pierre morte, qui composent le flanc de la montagne. L'ouverture de cette mine, très-large, va en retrécissant, mais on peut toujours y marcher droit sans incommodité ; ce canal est long de 500 coudées, va déclinant du nord au midi, s'abaissant toujours vers le centre de gravité, dans une direction tortueuse et de profondeur inégale, quelquesfois plus large, quelquefois plus étroite, se divisant en différentes branches et canaux latéraux, mais courts et creusés avec le pic.

On y marche cependant avec facilité et sans aucun danger, puisqu'il n'y a pas une goûte d'eau et que de distance en distance, on trouve des escaliers très-commodes taillés dans la pierre. Tout le canal est creusé dans la pierre ; la voute est aussi de pierre mais d'une épaisseur inégale, et soutenue en plusieurs endroits de pieces de bois, que le temps et l'humidité pourrissent et dont l'écorce est devenue friable comme la terre. Remarquez que je n'ai pas trouvé la plus petite partie de ce bois pétrifiée.

Le long des coupures du canal, j'observai que les filons de pierre morte sont assez élevés, bossus, tortueux et n'ont point de direction déterminée et réguliere ; mais qu'ils sont la plûpart inclinés, ayant l'extrémité la plus élevée du côté du couchant et la plus basse du côté du levant.

J'observai aussi que la voute n'est pas une continuation de filon ; mais qu'elle est composée en plusieurs endroits de masses liées, de maniere qu'elles ressemblent à des ruines, et comme je me rappelle de les avoir vues dans la grotte où dormoit St. François dans la montagne de la *Vernia*. La superficie du canal est le plus souvent recouverte d'une terre jaunâtre qui, dans quelques endroits, est d'un très-beau jaune qui teignit mes habits. Autour de l'ouverture du canal couloit goute à goute de l'eau de pluie, qui étoit tombée les jours précédents. Mais une fois entré dedans, il n'en tombe plus ; seulement les parois sont humides et recouverts de quelques petites goutes semblables à la rosée, qui, à la lueur du flambeau brilloient comme des pierres précieuses. On voit cependant qu'il y a eu des stalactites dans quelques endroits, car on rencontre de grandes croutes de tartre sélénitique à feuille ou croutes ondées et dures, semblables à l'albâtre ondé ; ce tartre à la superficie est tout couvert de petites aiguilles de spath très déliées à trois faces, légerement teintes d'une couleur rougeâtre, qui brille à la lumiere ; d'autres eaux qui séjournent depuis long-temps sur la voute, ont formé une trace tortueuse de stalactite avec des courtes canelures ; (voy. au sujet de ces especes de stalactites, *Fortunii Liceti liteosphorus, sive de lapide Bononiensi* Cap.) Dans un certain endroit vers la moitié du canal, je trouvai de la terre jaune d'une couleur très-vive et très-belle, dont on se sert à *Stazzemma* pour peindre les planchers des maisons des plus notables. Un peu au-dessons on trouve dans le parois gauche une grande trace de terre blanche très-pesante, mais d'un grain rude comme la poussiere de marbre, dans laquelle on voit des traces de veine de fer décomposé et dissous, qui peut-être n'a jamais bien été coagulée et restée éparse dès son origine. On voit dans ces cantons beaucoup de veines de fer pulvérisées, rouillées et presque réduites en terre jaunâtre.

Voilà tout ce que je trouvai de fer dans ce canal, et vraisemblablement tout le reste de la veine a été tiré, ou bien les ruines et les éboulements souterreins, empêchent d'en suivre la continuation. J'éprouvai tout le temps que je restai dedans une grande température, c'est-à-dire, que je n'y sentis ni chaud, ni froid, ni mauvaise odeur. Je n'y trouvai d'autres animaux que quelques papillons de nuit accrochés aux parois, qui ne firent aucun mouvement en appercevant la lumiere. Le plus bas fond du canal est rempli de cailloux qui empêchent d'aller plus loin. On y entend le murmure très-fort d'une fontaine souterreine que les habitants croient être la source du *Cardoso* ; ils disent que le canal se prolonge jusqu'à cette riviere ; mais ils se trompent, car au lieu de s'étendre du côté du *Cardoso*, il est dirigé du côté de *Stazzemma*. Cette fontaine souterraine n'a rien d'étonnant, car, partout où il y a des montagnes avec des cavernes tant naturelles qu'artificielles, on trouve des fontaines souterraines, souvent en si grande quantité qu'elles servent souvent d'obstacle ou au moins augmentent les frais du travail des mines. Les voyageurs et les minéralogistes nous apprennent que ces singularités existent dans toutes les parties du monde. Ces fontaines n'ont pas d'autre origine que les pluies abondantes, ou les neiges entassées sur les sommets des montagnes qui pénétrant à travers les interstices des filons et des masses de pierre qui composent ces montagnes, gagnent, comme elles peuvent le centre de gravité et sont pour la plûpart, la premiere source des fleuves.

Les observations exactes faites par des philosophes célébres, sur ces fontaines souterraines, sont le fondement principal et le plus solide du systême de l'origine des fontaines par les pluies, qui a fait la réputation de *Vallisnieri* : non-seulement les réservoirs souterrains ont jetté de grandes lumieres sur la physique, mais encore ils ont été un grand sujet de perfection pour l'hydraulique, en obligeant d'inventer des machines merveilleuses pour extraire les eaux superflues des mines les plus profondes, en les faisant remonter.

Devant l'ouverture du canal de cette mine à *Stazzemma*, on voit sur une esplanade de la montagne, plusieurs centaines de morceaux de veines de fer très-bonnes autour; mais un peu plus haut que l'ouverture de la veine, du côté du couchant, est un autre canal commencé et abandonné, devant lequel on voit beaucoup de mine tirée.

Ces matériaux démontrent clairement que la mine de fer a été déposée par la nature entre les filons de cette montagne, dans le temps même de leur formation, c'est-à-dire, que dans la masse du limon, ou sédiment de mer étoient mêlés en grande abondance et épars çà et là les sucs quartzeux et ferrugineux ; ensuite tout ce sédiment venant à se coaguler et à se consolider en pierre, chacun des matériaux qui le composoient, s'est rangé selon sa nature. Delà vient qu'on en voit des morceaux dans lesquels la veine de fer d'un grain plus ou moins menu, dégénere insensiblement en pierre mate qui, aux endroits où elle est plus imprégnée de veines de fer, paroît plus dure et d'une couleur plus foncée, s'éclaircissant et devenant plus tendre, à mesure que la dose de fer diminue, jusqu'à ce qu'elle devienne de la pierre morte toute pure, comme le reste de la montagne. Outre cela la veine de fer plus pure et plus prompte à se coaguler, a suivi le caractere de la pierre morte et s'est disposée comme elle en lames et en filaments ; il y en a plusieurs morceaux dans lesquels le grain du fer a certaines fibres semblables à celle du talc, mais métalliques. Enfin on en trouve des morceaux à qui ces empreintes de talcs donnent à la premiere vue l'apparence du *lapis piombino*. Ainsi cette veine doit être considérée comme une masse de pierre morte dans laquelle s'est trouvé renfermé le suc ferrugineux. Je fais cette remarque, parce que plusieurs philosophes, en expliquant la génération des métaux, ont supposé que la nature a pris beaucoup de peine à former ces métaux, tandis que l'expérience démontre qu'il ne lui en a pas plus coûté pour faire un morceau de fer, qu'un morceau de pierre morte. Qu'on observe, en second lièu que le fer dans cette mine est une matiere primitive, c'est-à-dire, formée en même temps que la pierre morte, qui constitue la montagne, & non une matiere secondaire ou parasite, comme quelques-uns le prétendent. En troisiéme lieu, l'on peut conjecturer qu'il y a beaucoup de fer dans cette montagne, puisque vraisemblablement cette déposition de suc ferrugineux, s'est faite en plusieurs endroits et d'une maniere très-étendue; enfin on voit qu'il n'est pas vrai que les montagnes qui recélent des mines soient stériles, puisque celle-ci est par-tout revêtue de châtaigners très-élevés, qui doivent étendre au loin leurs racines sur les masses de fer. J'y ai aussi observé de beaux bouquets d'arbres fruitiers et d'herbes.

La raison pour laquelle les montagnes minérales sont la plûpart nues, est plutôt parce que les hommes, lorsqu'ils se sont avisés d'exploiter les mines, ayant détruit les bois, la terre, qui couvroit ces montagnes, a été délayée et entraînée par les eaux, de sorte qu'à présent il est impossible d'y faire croître des plantes comme il est arrivé au sommet du mont *Murello*, pour avoir coupé les bois de sapin qui les recouvroient.

Plusieurs morceaux de cette veine de fer ont un grain filamenteux, comme s'ils étoient composés de poils très-fins de couleur plombée, mais brillante; parmi ces fils, on voit des facettes, ou des petites écailles métalliques, brillantes, la plûpart quarrées, semblables à la poudre de fer mêlé de talc, qui vient de l'Elbe : on voit de ces facettes dans la veine plus dense et d'une substance uniforme.

Il y a des morceaux de ces deux sortes de veine, c'est-à-dire, de la filamenteuse et de la dense, qui dans l'intérieur sont criblés de petits trous ou spongiosités semblables à celles du pain, remplis d'une poussiere très-fine de couleur de terre d'ombre, qui n'est autre chose qu'une solution, ou une boule d'acier faite naturellement sans feu, avant que la veine fût extraite de la montagne. Il est vrai qu'ayant été pendant plusieurs années exposée aux injures de l'air, elle n'en a pas du tout souffert, et qu'il ne s'est formé dessus aucune rouille, au contraire elle s'est toujours maintenue brillante et polie

comme

comme si elle eût été tirée de la veille. Pour preuve de ce que j'avance, j'observerai qu'il étoit cru sur plusieurs morceaux, de petites plantes de mousse qui s'y conservoient vertes, ce qui ne seroit pas arrivé, si l'eau avoit dissous en rouille caustique la superficie de la veine.

J'en pris deux morceaux de cette qualité coupés en forme de table, raboteux par dehors, à cause d'une croûte informe de spath, qui laissoit voir quelques cristallisations pyramidales à trois faces, mais le plus souvent mêlée, et fondue avec beaucoup d'ocre couleur orange, et foncée avec plusieurs brillants de fer.

On y voit cependant de la pâte de fer presque pure, disposée comme les lames de la pierre morte, mais semblable au *lapis piombino*, mêlée de plusieurs facettes brillantes de fer ou de plomb et de cristallisations de fer très-menues et pyramidales à quatre faces triangulaires avec la base quarrée.

La substance de ces tables n'est pas partout de la même densité. Elles sont vers leur milieu remplies de petites cavités, ou spongiosités irrégulieres incrustées d'ocre obscur, semblables à du pain qui a fermenté; ces cavités paroissent devoir leur origine à la matiere ferrugineuse qui s'est retirée en se consolidant, vers les faces extérieures de la table, où le suc spatheux, ou quartzeux étoit plus actif.

Cinq autres morceaux sont des lames de pierre morte composée d'un amas sans ordre de sa propre pâte confondue avec le fer, ces morceaux bien examinés, prouvent que dans l'origine, il se trouvoit dans cet endroit un limon composé de molécules de talc et de fer, dans lequel très-peu de parties de quartz et de spath avoient pu s'insinuer et se mêler: ensuite la coagulation de la matiere adjacente venant à se faire, il resta une cavité remplie d'un liquide imprégné de fer et de talc, où le quartz et le spath dominoient; ces deux dernieres substances ne purent étendre leur sphere d'activité sur ce liquide.

Ces cavités devinrent donc une espèce de vase, où les substances mêlées avec le liquide, se coagulerent chacune suivant leurs propres loix d'attraction, c'est-à-dire, le talc en lames, formées d'écailles qui se sont réunies comme elles ont pu, et le fer en très-petits octogones, ou demi-octogones, c'est-à-dire, en pyramides à base quarrée à quatre faces triangulaires qui sont restées attachées au talc ou renfermées dedans.

Comme il paroît que ces concrétions se sont faites irrégulierement de cette maniere, il y reste plusieurs matrices semblables aux trous que font les vers dans les bois ; mais tous ces vuides sont remplis d'ocre poudreuse couleur de châtaigne , tirant sur le noir, mêlée de cristallisation et de facettes de fer et de petites écailles de talc. Il pàroît donc que l'on peut conjecturer que le suc quartzeux manquant dans ces endroits, et la substance de fer s'y trouvant seulement dissoute dans un liquide aqueux, une de ses parties la plus pure, s'est cristallisée, et l'autre est restée en forme de résidu poudreux, peut-être parce qu'elle est imprégnée de sels acides.

D'autres morceaux de cette veine sont mêlés de quartz, ou blanc, ou teint de couleur orange. Ce quartz altere visiblement la densité et la substance de la veine dans laquelle il est mêlé, puisqu'il ne s'est pas rassemblé en veines distinctes, comme dans le reste de la pierre morte, mais qu'il s'est réuni au suc ferrugineux et a formé une pâte irréguliere, peut-être parce que la force de coagulation dans le suc ferrugineux, étoit très-analogue à celle du suc quartzeux ; il y a cependant des endroits, où il a pu se rassembler en plus grande quantité, et c'est-là qu'il a formé des matrices avec des aiguilles très-déliées de cristal de montagne ; j'en ai pris les différents échantillons suivants.

1°. Un morceau de veine de fer noir, dense, tout couvert de petites écailles de talc luisant, avec des lames semblables plus amples, qui pourroient être de la galena et quelques cavités remplies d'ocre obscur. On y rencontre éparses des veines de quartz cristallin, qui forment des matrices remplies d'aiguilles de cristal de montagne le plus souvent tachées de jaune, et de couleur de vin de Cypre, et autour de ces matrices on voit quelques masses dures d'ocre jaune, orange et rousse, mêlées de particules de fer.

2°. Deux morceaux de concrétion quartzeuse, semblable à un marbre mêlé, c'est-à-dire, dont le fond est de quartz cristallin, d'un grain salin nuancé d'une couleur livide, ou rougeâtre, irrégulierement mêlée de fer d'un bleu noirâtre, d'un grain fin avec plusieurs facettes de talc luisant et quelques petites matrices remplies d'ocre rouge, foncée ou obscure; on y voit quelques reliures très-minces de quartz à deux tables combinées; et à l'une de ses extrémités, le morceau finit en une espece de pierre de fer obscure, sans brillant dans aucune de ses parties, incrustée par dehors d'ocre jaunâtre avec quelques cavités pleines d'ocre rouge noirâtre, poudreuse, et quelques autres remplies de jaune.

3°. Un morceau, à l'une des extrémités duquel on voit un mélange de quartz et de fer, comme au nombre précédent; mais dans le reste on ne voit presque que le fer seul, avec plusieurs facettes brillantes, ou écailles de talc incorporées, et différentes cavités, remplies d'ocre couleur orange et obscure, de laquelle il est aussi incrusté par dehors; j'en pris un petit morceau où l'on voit dans quelques endroits la pâte de quartz distinguée en veines déliées et matrices teintes de rouge; dans d'autres, elle est confondue avec le fer et a formé de larges facettes, ou lames de fer à peu près comme celles que l'on voit dans certaines mines de fer de l'Elbe. On y voit en outre mêlés de pareils corpuscules métalliques, qui présentent une face triangulaire parfaite et semblent des pyramides à quatre faces triangulaires plongées par la pointe dans le reste de la pâte métallique ; ces pyramides sont peut-être des cristallisations propres au fer, puisque dans la collection de *Micheli*, je conserve une espece de veine de fer de l'Elbe avec des petites pierres pyramidales très-déliées et bien détachées ; qui sçait si les petites écailles plus haut décrites, ne sont pas des embrions de ces pyramides?

J'en apportai avec moi un morceau très-pésant avec sa base de pierre morte ; mais ce n'étoit autre chose que du fer pur noirâtre d'un grain très-fin non luisant, dans lequel étoient incorporées et mêlées plusieurs parties brillantes, la plûpart de figure irréguliere, mais dont quelques-unes visiblement triangulaires. On distingue encore de petites pyramides, à trois faces, triangulaires avec la base, formant également un triangle rectangle : dans quelques endroits ces facettes sont très-rares et dans d'autres très-abondantes ; dans quelques autres très-fines et si serrées entr'elles, qu'elles forment une superficie presqu'unie, lisse et luisante comme du talc ou du *lapis piombino*. Les reliures de quartz y sont très-rares ; mais dans une des bases, on voit certaines cavités irrégulieres ; aux endroits où la masse de fer est plus dense et plus dure, et dont le voisinage abonde en pyramides, une des superficies est incrustée d'une concrétion de crayon noir en globules, autour desquels sont différentes tablettes d'ocre obscure, dont la surface est teinte de couleur orange; les autres faces du morceau sont incrustées de beaucoup d'ocre obscure et jaunâtre.

Un autre morceau presque tout fer pur, tout couvert de petites facettes brillantes qui lui donnent l'air d'un vernis de talc. A l'extérieur il est incrusté d'ocre noire.

Un troisiéme morceau ramassé dans le même endroit avec le suivant, par *Micheli*, est assez pesant. Presque de fer pur, avec des filaments longitudinaux et luisants, qu'au premier coup d'œil on prendroit pour du *lapis piombino* ; ces lames qui ressemblent à la pierre morte, sont très-minces, et ont entre l'une et l'autre une feuille très-subtile de substance ferrugineuse, à grains comme le sable, et à facettes brillantes, la majeure partie desquelles sont des faces triangulaires rectangles de petites pyramides à quatre faces pareilles ; on y voit une reliure blanche et mince, que l'on reconnoît pour du spath ; et à l'une des extrémités de ce morceau est une incrustation de spath blanc fragile, avec des inscrustation cuboïdes qui présentent un angle, et sont divisibles en lames paralleles parmi lesquelles se trouvent beaucoup d'ocre couleur orange.

Dans le quatrieme très-semblable au précédent, parmi les lames filamenteuses se trouvent enfermées différentes couches de fer à grains sablés, mais très-menus, dont quelques-uns ont des facettes brillantes. Parmi ces grains se trouvent éparses certaines masses plus grandes, qui présentent des facettes quarrées et brillantes. Mais je ne peux déterminer si ces masses sont de fer ou de de plomb ; la plûpart d'entr'elles sont isolées, mais on en voit quelques-unes de grouppées.

Un cinquiéme morceau choisi par moi est de fer presque pur d'un grain dense très-fin, non luisant, sans lames ou filaments de talc, et tout couvert de semblables particules brillantes de fer, ou de plomb, sans que j'aie pu distinguer lequel des deux. J'ai cependant trouvé parmi elles en deux lames, des cristallisations de fer noir non luisant qui offrent une pyramide à base quarrée avec quatre faces triangulaires rectangles. Il reste vraisemblablement une pyramide analogue, mais opposée, plongée dans la pâte de fer. Ces cristallisations sont peut-être le fer octogone nud de Linné, nomb. 1.

Dans un autre morceau plus petit on distingue les bases triangulaires de quelques pyramides de fer et une incrustation de spath en molecules cristallines très-menues.

Enfin j'y trouvai quelques morceaux qui sembloient être de la pâte métallique similaire ; mais ayant des veines plus dures que le reste, peut-être à cause du mêlange des sucs quartzeux ; le quartz n'est pas la seule substance qui ait coopéré à la consolidation des filons de cette montagne, quelques-uns doivent leur consistance au spath; c'est pour cela que parmi les échantillons que j'ai pris devant l'ouverture de la mine, j'ai trouvé un morceau de pétrification spatheuse et ferrugineuse, dans laquelle on voit le fer en partie noir d'un grain ou fin ou un peu sabloneux, partie décomposée en ocre dure et pierreuse, jaune, de couleur orange, ou obscure. Le spath qui étoit mêlé dans la pâte de ce fer, s'est réuni en tablettes, en forme de reliure, de veines, et de croûtes, l'une desquelles plus étendue a formé une espece de matrice incrustée de mamelons qui, observés au microscope, paroissent autant d'hémispheres, portants à la superficie de petites cristallisations transparentes, les unes de figure cubique ou approchants de cette forme, les autres ayant celle d'un prisme à huit faces rectangles avec l'extrémité supérieure octogone, composés cependant comme la sélénite, de feuilles placées les unes sur les autres, la plûpart grouppés, se pénétrant mutuellement et mêlés avec des pyramides de fer, qui offrent une face triangulaire et des cubes de marcassite couleur de laiton. Les centres rompus de ces hémispheres, laissent voir quelques amas de molecules de fer, décomposées en ocre, ce qui démontre que le suc ferrugineux, s'est en grande partie coagulé le premier sur les parois de cette cavité et que le suc spatheux surabondant, s'est de lui-même consolidé dans les vuides où il étoit plus libre ; j'en ai encore trois petits morceaux dans lesquels les veines de spath tachées de couleur orange, présentent des lames luisantes, comme les selenites, sans cristallisations distinctes, elles doivent sans doute leur origine au fer.

D'autres échantillons pris dans le même endroit, paroissent être des morceaux de pierre à chaux de couleur obscure ; mais bien observés, on découvre qu'ils sont une concrétion de fer, en grain poudreux noirâtre, et de terre très-fine mêlée irrégulierement avec ce fer, de maniere que ce métal domine en certains endroits, que la terre est plus abondante dans quelques parties, et que dans quelques autres il s'est fait un mêlange irrégulier des deux substances.

On sçait que dans l'origine, la matiere de cette pétrification étoit un limon de terre fine, de fer avec du spath, et quelque peu de talc, et qu'en se consolidant, ou se coagulant, le fer et la terre sont restés liés en une pierre moins dure que le caillou ; mais plus dure que l'alberese ; en se réunissant plus étroitement, on voit que ces particules se sont retirées laissant des cavités et des matrices dont quelques - unes ressemblent à des éponges, et où le spath venant à manquer, le fer s'est réuni en facettes brillantes ou en pyramides qui présentent un triangle rectangle, ou bien il est resté en forme d'ocre obscure, rouge foncé, ou jaune, ou blanche et friable, ensuite le talc s'y est réuni en petites écailles argentines et luisantes. On sait en outre que le spath étoit assez rare, puisqu'on en voit que deux veines ou reliures interrompues et caverneuses avec quelques embrions imparfaits de cristallisations mêlés de parties brillantes de talc. Par dehors on voit attaché à l'un de ces morceaux, un petit globe de marcassite décomposé en masse fragile verdatre, ayant le goût du vitriol.

Je possède encore, parmi les objets choisis dans cet endroit, un morceau de cristallisation de spath en forme de croutes minces ondées, tachées en dehors d'une couleur de terre et composées de cristallisations minces, transparentes, serrées ensemble, parties desquelles revêtent par dehors, et parties séparent en dedans en forme de reliure, certaine pierre arénacée semblable à la pierre morte de *maiano*, d'un grain rude et noirâtre avec un mêlange considérable de fer et d'ocre obscure et couleur de rouille, où se trouvent beaucoup de parties brillantes de talc argentin. On y voit encore éparses de petites masses et facettes brillantes de spath qui vraisemblablement s'est coagulé de cette maniere parce qu'il n'a pas pu pénétrer la masse terreuse, qui cependant n'a pas acquis toute la dureté dont il paroît qu'elle étoit susceptible à proportion de l'abondance du spath qui s'y trouvoit ; peut-être encore le mêlange du fer a t'il empêché une consolidation plus parfaite.

Un autre morceau de veine de spath disposé en feuilles, ou en lames irrégulieres entrelacées, laissant entr'elles des cavités et des lacunes incrustées pat-tout de petites aiguilles, à trois faces triangulaires, luisantes, d'une eau claire et d'une couleur tant soit peu livide. Cette couleur provient du mêlange d'une ocre ferrugineuse obscure, noirâtre et très-fine, qui se trouve dans la pâte du spath. Cette ocre paroît dans certains endroits être restée pure en forme de terre obscure ou noirâtre, peu dure, dans laquelle on distingue plusieurs petits cubes noirs de pirite. Dans quelques autres, ayant été incorporée avec le suc spatheux, elle s'est consolidée avec lui et lui a communiqué sa couleur ; on voit sortir de deux faces opposées du même morceau, qui vraisemblablement étoient contigus avec le filon natif, certaines lames de matiere ferrugineuse décomposée en ocre friable de couleur orange. Remarquez que le spath qui domine dans quelques variétés de cette veine de fer, peut servir à faciliter la fusion de quelques autres variétés de la même veine.

Je ne peux déterminer la richesse de cette mine de fer de *Stazzemma* ; n'ayant trouvé aucuns mémoires de ce qu'elle rendoit par cent et n'ayant ni la commodité ni l'occasion d'en faire l'essai. Cependant mes observations quoique superficielles, me font croire qu'elle est très-riche, puisque les morceaux les moins mêlés sont très-pésants et paroissent du fer pur et rafiné. En la comparant avec d'autre veine de fer que je conserve dans mon cabinet, elle m'a paru semblable à celles de *Schimdeberg* en Saxe, de *Presberget*, de *Nordberg* en Dalécarlie, et à celle de *Grythyttam* en Suede.

Il est vrai que la Toscane peut se passer

de mines de fer, puisqu'elle peut en tirer pour ses besoins, de l'isle d'Elbe. On ne doit donc pas s'étonner si celles-ci ont été abandonnées.

En repassant à Florence, parmi les morceaux de veine que j'ai pris à *Stazzemma*, j'en ai trouvé un qui n'est pas de la mine de fer; mais bien de la mine de plomb assez pésante, toute couverte de petites écailles quarrées luisantes, que l'on pourroit réduire au *plumbum particulis cubicis*, *Linn. Syst. Nat. pag. 180, n. 4.* Il y en a aussi de mêlés de pyrite ferrugineux, et l'on y trouve des veines de quartz; sans doute ce morceau de plomb a été tiré de la mine de fer, puisqu'il étoit mêlé avec plusieurs morceaux de ce métal; ce qui me feroit croire que dans l'origine, le plomb étoit un liquide aqueux mêlé avec la pâte fangeuse de la pierre morte, avec laquelle il s'est depuis coagulé et consolidé suivant sa propre nature.

Cette mine de *Stazzemma* devroit donc être examinée soigneusement, pour voir si on ne pourroit pas retirer un bénéfice considérable du fer et du plomb qu'elle produit si on vouloit en tirer ces deux métaux.

Parmi les objets que je choisis dans ce

voyage , je retrouve encore deux échantillons de pierre d'aimant. Le premier est une concrétion de matiere ferrugineuse bleue noirâtre , à grains très-fins non luisants , unis étroitement ensemble ; on voit parmi eux plusieurs petites masses de fer presque sabloneux , qui offrent des facettes brillantes , quarrées , triangulaires ou rondes. On y voit aussi quelques particules de quartz taché de couleur obscur ; mais quelques superficies du fer sont lisses et luisansantes comme si elles étoient vernies et en quelque sorte pareilles au lapis piombino. Le morceau est incrusté à l'extérieur d'ocre couleur orange , jaunâtre , obscure et noirâtre ; couvert dans un endroit d'une croute de couleur verd de montagne semée de petits mamelons. Auprès de ce verd de montagne , on distingue dans la pierre d'aimant deux petites veines de cuivre pyritique , mêlé avec des petites lames de talc semblable à celui de lapierre morte.

L'autre morceau très-pesant , paroit être une veine de fer d'un noir de suie , à grains très-fins , denses , ferrugineux , parmi lesquels se trouvent mêlées plusieurs petites

cristallisations

cristallisations de fer, qui présentent des faces triangulaires et quadrangulaires luisantes, mêlées de parties brillantes de talc argentin, dont les deux faces se réunissent en formant une espece de croute et une incrustation à écailles dans une cavité. Je n'aurois jamais pu deviner que ces deux morceaux fussent de l'aimant, si le hasard ne me l'eût fait découvrir par le moyen de certaines molécules de poussiere noire, qui s'y attacherent sur ma table à écrire. Cette poussiere n'étoit autre chose que de la mine de fer. Cette particularité m'apprit que la différence entre les veines de fer et d'aimant, ne consiste que dans une combinaison de particules imperceptibles à nos sens. Cette conjecture est d'autant plus probable, que le fer même quoique fondu se transforme souvent en aimant, soit spontanément, soit par quelques procédés artificiels.

Il n'est pas surprenant que dans l'ancien fond de la mer où croupissoit tant de sédiment ferrugineux, mêlé avec différentes autres especes de limon, comme devoit être autrefois celui que nous voyons à present dans la montagne de *Stazzemma*; il n'est pas, dis-je, étonnant que ces divers sédiments se consolidant successivement, il en soit résulté une aussi grande diversité de pétrifications. Si je pouvois actuellement retourner à l'ouverture de cette mine, et y rester tant qu'il me plairoit, je ferois un bien plus grand nombre d'observations qu'en 1743 ; mais puisque cela n'est pas possible, je me contenterai de faire quelques réflexions sur les morceaux que je choisis alors et que je conserve dans mon cabinet.

Parmi ces fragments j'en retrouve un diamant, que nous appellons *manganese*, très-pesant et très-dur, de couleur d'azur, tirant un peu sur le noir, d'un grain très-fin, très-compact, avec quelques petits points brillants, disposés en masses très-serrées, en forme de cônes d'inégales grandeurs. On voit entr'elles de fréquentes reliures de spath marbré de couleur de terre ; là où le spath étoit plus abondant, il s'est formé en pâte marbrée, avec quelque apparence de lames, à plusieurs desquelles on voit attachées certaines feuilles de ce talc qu'on rencontre dans la pierre morte, taché d'un peu de jaune. Enfin en d'autres endroits, on voit certaines concrétions globulaires de crayon noir. Dans quelques autres, la superficie est lisse et luisante comme dans le *lapis piombino*. On ne voit ni en dedans, ni en dehors de cette ocre poudreuse qui s'attache aux mains. Mais il est absolument solide et compact.

Deux autres morceaux dans lesquels on voit des concrétions de crayon noir qui est encore une variété de veine de fer. Le premier paroît être une veine de quartz dont la base de pierre morte est mêlée de beaucoup de fer en molécules farineuses de couleur azur foncé, partie luisante, partie non luisante et partie décomposée en ocre obscure, qui ont taché le peu de terre qui a concouru à former cette concrétion dans laquelle on voit plus de fer que de terre et de quartz ; cette derniere substance y étant en quelque sorte maigre, ce qu'indiquent sa fragilité et ses interruptions. On voit éparses de distance en distance dans la pierre quelques facettes de fer assez luisantes. Sa superficie extérieure dégénere en croute presque terreuse, blanchâtre et cendrée, avec des incrustations semblables à du cuivre pyritique décomposé, en écailles de talc blanches, vertes et dorées, avec de petites masses sabloneuses mêlées de fer, parmi lesquelles on en distingue de triangulaires. Cette matiere en se consolidant a laissé plusieurs cavités et fentes irrégulieres, toutes incrustées de crayon noir luisant, dont la superficie est toute semée de très - petits hémisphères , qui s'entrelacent et se pénétrent mutuellement, coupés seulement par quelque lame de quartz taché de brun foncé ; quelques-unes de ces croutes paroissent décomposées en ocre obscure et toute spongieuse. Dans les cavités les moins exposées aux injures de l'air , on voit que lorsque le crayon s'est coagulé, il s'en est séparé une matiere terreuse ou d'ocre blanchâtre, ou couleur de chair, ou couleur orange, que l'eau , en s'évaporant , a laissé déposée , comme du limon , derriere la croute de crayon , laissant polie et luisante la croute qui formoit la voute de la cavité.

L'autre morceau est une concrétion de crayon noir , disposée en feuilles déliées qui se répandant en tout sens , en forme de mamelons et d'hémisphères, s'entrelassent et se pénétrent respectivement , de maniere qu'ils laissent entr'eux plusieurs cavités et fentes irrégulieres , qui donnent à ce fragment l'apparence d'une éponge. La substance des feuilles, est en beaucoup d'endroits noire, luisante, très-épaisse, et l'on y distingue les traits rayés de fibres du crayon; dans quelques autres elle est moins dense, non luisante, paroît être du fer grossier de premiere fusion, ayant certaines facettes luisantes, la plûpart triangulaires et étant mêlées de beaucoup d'ocre, de terre, et de petits cubes de marcassise couleur de laiton. Cependant presque toutes les cavités de ce morceau sont doublées d'une grosse croute d'une ocre très-fine et très-délicate, de couleur d'or très-vive, disposée en lits très-minces les uns sur les autres, et dans laquelle on distingue quelques particules de rouille ou de verd de gris natif.

Il me semble que ces mines de fer de *Stazzemma* ressemblent beaucoup à celles que l'on voit sur la *Mersa* derriere *Montieri*, car il y a par dehors dans celle de *Stazzemma* des écoulements d'eau qui laissent une incrustation couleur orange, comme sur la *Mersa* et aux environs de *Boccheggiano*. Cependant la pierre de la Mersa se fend comme de l'ardoise et n'est pas comme ici de la pierre morte.

On m'a raconté dans le pays, que quelques années auparavant, un frere Augustin faisoit exploiter cette mine; que presque tous les habitans de *Stazzemma* vivoient de ce travail; qu'il y avoit un directeur à la tête de cette exploitation, et qu'on portoit fondre le minérai plus bas, dans le voisinage du *Cardoso*. On dit que le Frere y gagna beaucoup d'or et puis disparut, sans qu'on en ait entendu parler depuis, et que la carriere n'ayant plus de directeur, fut abandonnée; d'autres me dirent qu'elle fut délaissée sur les instances des administrateurs d'une autre mine de fer à laquelle elle étoit préjudiciable.

Peut-être que parmi tant de différentes mines de fer, qui se trouvent dans un seul endroit et que j'ai décrites, et parmi beaucoup d'autres dont je n'ai pas pris d'échantillon, il s'en trouvera de celles qui sans mêlange, ou mêlées avec d'autres, pourront fournir de bon acier dont manque la Toscane, qui est obligée d'en tirer des autres pays. Au sujet de cette importante manufacture qu'on devroit établir, voyez le Journal d'Italie, concernant l'Histoire Naturelle, tom. 3, pag. 306 et 307, &c.

Description des carrieres de marbres mixtes et des cailloux de Stazzemma.

L'envie de voir les carrieres des fameux marbres mixtes, vulgairement appellés *de Seravezza*, parce que ceux qui en font trafic demeurent à *Seravezza*, me conduisit en cet endroit. Les carrieres sont situées dans le flanc escarpé de la montagne de *Stazzemma*, entre le midi et le levant, au-dessus du ravin, ou Canal du *Cardoso*. La rapidité de la pente oblige à faire rouler en bas les morceaux de marbre tirés, comme à la *Golfolina*. Remarquez que les filons de cette pente sont inclinés ayant l'extrémité la plus élevée au midi et la plus basse au nord.

En descendant donc de *Stazzemma*, on trouve d'abord la pente d'une montagne de marbre blanc veiné de noir, coupée presque à pic, au-dessous de laquelle sont les carrieres du marbre mixte dit de *Seravezza*. Elles sont en grande quantité ; mais ni si grandes, ni si belles que celles de *Fiesole*. Ce sont des cavernes peu profondes, creusées çà et là selon le caprice des travailleurs, qui laissent de cette maniere beaucoup de très-beau marbre, ce qu'ils ne feroient pas s'ils suivoient d'accord le filon qui a presque une coudée et demie de hauteur. Audessus de ce filon on en voit d'autres de marbre blanc, mais cassant, peu propre à être mis en œuvre et par cela même dédaigné.

Sous le filon de marbre mixte, se trouvent les filons des plus beaux cailloux de *Stazzemma*, appellées aussi vulgairement *caillou* de *Seravezza*. Ce caillou, lui-même, est un marbre qui paroît composé d'une innombrable quantité de petits morceaux de marbre d'un blanc de lait, anguleux, sans être séparés, de différentes grandeurs, liés et pétrifiés dans une pâte entre le rougeâtre et le noir, qui font un fort bel effet. Il y a des filons dans lesquels la pâte pierreuse est d'un beau rouge clair. Cette pâte est la plus belle et la plus estimée; mais aussi c'est la plus rare. La couleur et la substance de cette pâte qui renferme des cailloux blancs, varient cependant dans le même filon, car il s'y trouve de la teinture de verd de gris, ou de verd de montagne natif. On y voit souvent des lames minces et tortueuses et des écailles de talc argentin, qui font un beau changeant, comme dans la pierre morte, et des petits cailloux ; outre les blancs qu'on y trouve en plus grande quantité , on y en rencontre souvent de jaunes, de verdâtres, de rouges, de couleur de chair, de violets, &c. On y trouve en outre de petits cubes de marcassite couleur d'or , des amas et des veines de quartz appellé *calcédoine* , que les travailleurs n'aiment pas rencontrer , parce qu'ils alterent la superficie des tables ; de ces cailloux , quelques-uns sont poreux et friables ; cette espece s'appelle *crue.*

Sous le dernier filon de caillou , on retrouve le marbre blanc inutile , duquel il existe vraisemblablement plusieurs filons que l'on ne peut pas distinguer parce qu'ils sont couverts par les retailles des carrieres qui servent à faire rouller les cailloux nouvellement tirés.

En continuant de descendre à travers ces retailles , on arrive au filon merveilleux de marbre mixte , appellé *filon du grand duc* , duquel fut tirée la grande colonne dont on voyoit les fragments épars sur la place de S. Marc à Florence et qui fut enterrée dernierement au milieu de cette même place ; ce filon est très-long , sans solution de continuité, haut à ce qu'il me parut de six coudées, d'une pâte tachée et ondée comme on le voyoit dans la colonne.

On s'apperçoit par le vuide de cette carriere, qu'il en a été tiré beaucoup de marbre, car outre cette colonne, je crois qu'on en a tiré aussi celle de St. Felix en place, les deux aiguilles de la place de Ste. Marie nouvelle, les colonnes du chœur et les tabernacles du dôme de Florence, outre une infinité de morceaux plus petits que l'on voit mis en œuvre à Florence et ailleurs.

On avoit laissé un très-gros prisme de ce marbre, peut-être afin d'en tirer une colonne pour faire le pendant de celle de St. Marc; mais en creusant par derriere, ils ont tellement affoibli la voute de la carriere, qu'elle a cédé et que tombant à faux sur le prisme, elle l'a rompu presque au milieu, de sorte qu'il n'est plus possible d'en tirer une colonne; cependant on en détache des blocs du marbre le mieux veiné pour en faire des tables. On a fait pour tirer les blocs, une large ouverture.

Sous le filon du grand duc, sont d'autres filons de beaux cailloux de différentes especes, parmi lesquels on en distingue une composée de petits cailloux blancs, liés dans une pâte rouge et livide.

Remarquez qu'entre tous les filons de marbre de cette montagne il n'y a aucune cloison, ou liaison d'autre pierre, ou de terre, non plus qu'entre les masses qui composent un même filon ; ces masses sont très-grandes, posées l'une autour de l'autre. J'observai seulement sous les carrieres de marbre mixte, un lit mince d'une terre assez pesante de plomb, très-grasse et très-onctueuse.

Dans la montagne située vis-à-vis celle de Stazzemma, sont quelques carrieres de marbres mixtes et de cailloux, dont les filons, c'est-à-dire, ceux du marbre, suivent la même direction que ceux de Stazzemma, et font clairement connoître que ces deux montagnes n'étoient que la continuation de la pente d'une montagne coupée depuis par la violence des eaux du canal *delle Mullina*. Parmi les carrieres de marbre de cette montagne, situées vis-à-vis *Stazzemma*, sont les plus fameuses, celles du *formetto* et du *fontanetto*, d'où l'on tire ce marbre mixte de *Stazzemma* taché de beaucoup de violet, et que sa ressemblance avec le marbre d'Affrique, a fait surnommer *Affricain de Serravezza*. Mais il est un peu crud et se rompt avec un peu trop de facilité.

On trouve encore du marbre mixte appellé *viperino* et d'autre appellé *pertichino* à cause de la couleur qui domine dans les taches.

La hauteur de la montagne et la rapidité de sa pente, jointes à la disposition incommode des filons, empêchent de faire des excavations aussi considérables que dans la montagne opposée de *Stazzemma.*

Plus haut se trouvent les carrieres de *Bardiglio*, au niveau de celles qui sont vis-à-vis cette même montagne de *Stazzemma*, aux environs des carrieres de marbre mixte. Vis-à-vis cette même montagne de *Stazzemma*, sur le penchant d'une montagne qui décline vers le canal du Cardoso, sont des carrieres de marbres mixtes, qui ne font que confirmer dans l'opinion que la continuation et l'union de ces filons remontent à la plus haute antiquité.

Quant à la formation du marbre mixte de ces lieux, je ne sçais trop qu'en penser; ils paroissent avoir été originairement un sédiment de pâte de marbre blanc, dans lequel se sont mêlées et enveloppées diverses particules métalliques, sur-tout ferrugineuses, et diverses terres impregnées de sucs spateux, quartzeux et de talc &c. La coagulation s'étant depuis faite tout d'un trait selon la nature du suc dominant, les filons de marbre mixte se sont formés, presque sans solution, veinés, tachés et marquetés de diverses couleurs, mais principalement de rouge, duquel on trouve toutes les nuances depuis la couleur de chair jusqu'à la couleur tannée. Les nuances graduées des couleurs, font le plus grand prix de ce beau marbre dont les pieces les plus étonnantes exposées au public, sont les pilastres de l'église de la Sainte Annonciade de Florence.

A la vérité le blanc domine dans le filon du grand duc, mais il y a des veines majestueuses d'un rouge clair, qui relevent infiniment la beauté de ce marbre. Celui du filon le plus élevé est aussi le plus beau, sur-tout lorsqu'au milieu des grouppes de taches, il se trouve de larges veines, ou des matrices de spath transparent. Il est impossible de se faire une idée de ce beau marbre, en voyant les petits échantillons que l'on envoie aux amateurs pour orner leurs cabinets, car il est si varié que ce n'est que sur de grandes tables qu'on peut juger de sa beauté.

Il est plus difficile de s'instruire sur la formation des cailloux. Elle me semble avoir été originairement un sédiment, ou lit de pâte de pierre morte, dans lequel se sera mêlée une nombreuse quantité de mottes de pâte de marbre blanc. Soit que ces mottes se soient d'abord formées d'une maniere solide, ou qu'elles aient été converties en pierre, plutôt que la pierre morte, elles ne furent point arrondies ni isolées, elles conserverent au contraire leurs angles et leurs côtes tranchantes ; ce qui me fait croire qu'elles ne furent pas parfaitement pétrifiées avant la formation des cailloux, c'est que plusieurs d'entr'elles sont restées enveloppées et teintes d'une couleur rougeâtre brune à cause du voisinage de la pierre morte impregnée de sucs minéraux.

Cette pâte en se coagulant a formé tout le composé de la pierre qui se leve en lames; on la fend selon la disposition des lames de talc de la pierre morte.

Parmi les morceaux de marbre mixte que j'ai pris sur les lieux, il s'en trouve un d'un blanc livide et violet, dans lequel on voit incorporés quelques morceaux irréguliers de marbre blanc de différentes grandeurs, à grains salins très-fins, rassemblés et renfermés dans une pâte de marbre semblable, toute mêlée de petites lames et de paillettes très-menues de talc argentin, d'ocre cendrée ou couleur de plomb, qui a taché les molécules spatheuses du marbre.

J'ai scié et poli un autre morceau de ce marbre mixte à cailloux. Il étoit couleur de fleur de pêcher, et livide. On y voyoit différents petits morceaux de diverses grandeurs et de forme irréguliere, de marbre à grains salins menus, de couleur blanche, rougeâtre, fleur de pêcher et noirâtre, incorporés et liés par une substance spatheuse verdâtre, toute mêlée de très-petites lames brillantes de talc argentin, tirant sur la couleur de galene, et quelques-unes sur le verd d'émeraude ; on voit parmi elles des corpuscules ou petits grains noirs, peut-être métalliques et de l'ocre rougeâtre et couleur de rouille ; parmi les petits cailloux incorporés dans ce marbre, on en rencontre de très-petits, plus durs que les autres, et qui ont pris un plus beau lustre.

Remarquez que dans toutes les branches des montagnes de *Pania*, on trouve en abondance du marbre blanc ou veine de noir ; mais on ne rencontre du mixte et des cailloux que dans ces montagnes et dans celle de *Levigliani* : on a cependant trouvé des filons de ce marbre dans le *Monte Altissimo*, lorsqu'on rouvrit l'ancienne carriere de marbres à statues ; ce n'est pas que la nature manquât de la pâte de marbre blanc pour en former de mixte et des cailloux. Mais cette combinaison devoit être rare, parce qu'il falloit que tous les autres sucs nécessaires à cette composition y concourussent en même temps.

Wallerio (minéralogie, tom. I, pag. 97) prétend que les couleurs des marbres dépendent des substances sulphureuses et bitumineuses, qui contribuent à la liaison et au lustre des particules, et de quelques vapeurs métalliques.

Ceux qui ne sont pas prévenus en faveur des systêmes chimiques, ne reconnoîtront pas dans ces montagnes le moindre indice de feux souterrains, ou de chaleur ; mais ils verront au contraire que tout s'est fait par le concours du froid et de l'humide et par le moyen des substances terreuses et métalliques, déliées et mêlées dans un liquide aqueux en forme de lotions ou de limon. L'Auteur du roman physique intitulé *Telliamed* (pag. 50, 51, 54, 83) a 'etté une espece de clarté sur cette partie de litogénie ;

mais

mais il confond les montagnes avec les collines ; et croit bonnement que la couleur verte des marbres provient des herbes qui s'y sont trouvées renfermées ; autrement il dit franchement (pag. 57) que toutes les montagnes et tous les terreins de ce globe, ne sont originalrement que sable, ou pierre : que la pierre est composée, ou de sable endurci ou de vase, ou d'un mêlange de l'un et de l'autre, ou faite d'argile et de ces autres dépôts des eaux de la mer que l'on trouve dans son sein, en y jettant la sonde, ou en y plongeant ; que la diversité de couleur dans les pierres, procéde de la diversité du grain et des matieres qui sont entrées dans cette pétrification.

On ignore le temps où l'on commença à tirer cette espece de marbre de ces montagnes. Strabon a peut-être entendu parler de nos marbres mixtes, en décrivant les marbres variés des monts *Limensi*. Les colonnes du dôme de *Pietra Santa*, prouvent qu'on tiroit des marbres mixtes, à la fin du quatorziéme siécle. Mais on donne au grand duc Côme premier la gloire d'en avoir fait tirer avant tous les autres. Plusieurs Auteurs s'accordent à dire que ce grand duc a fait tirer de ces carrieres, la plûpart des monuments qui ornent la ville de Florence, tels que colonnes, pyramides, obélisques, pilastres, &c.

Au-dessous et autour des carrieres de marbres mixtes, croissent en abondance les plantes suivantes.

Lingua cervina foliis costae innascentibus inst. R. H. 545.

Ruta silvestris, foliis tenuiter laciniatis, lobis rarioribus, et brevioribus, flore luteo, petalis angustis ad marginem villis longioribus praeditis Mich. H. flor. pag. 167, num. 3.

Gramen folio junceo tenuissimo.

Lithymatus fruticosus semper vireus; appellé en Toscane *herba Lezza*. On s'en sert pour enyvrer les poissons ; mais son usage est prohibé par la Loi, et le Savant Louis-Antoine Muratori, est d'avis que les poissons morts de ce venin sont nuisibles à la santé.

Enfin on y retrouve beaucoup de ces plantes que l'on rencontre partout et dont il est inutile de donner ici la nomenclature.

Satisfait de mes observations, et le soir approchant, je me mis en chemin pour aller à *Seravezza* ; la route assz commode pour les voitures, commence, sous les dernieres carrieres de cailloux ; elle a été construite principalement pour transporter commodement des marbres jusqu'à la mer, sur des voitures. Elle suit la rive droite du canal, et a été creusée en grande partie à l'aide des instruments de fer, d'abord dans des masses de marbre blanc, ensuite dans la pierre morte qui domine sur les flancs de ces montagnes; une inscription gravée dans un endroit retiré, annonce qu'elle a été achevée à la fin de 1564. J'ai de la peine à me persuader que la grande colonne de St. Marc ait été amenée par ce chemin, à cause des courbures et détours fréquents qui s'y trouvent à chaque pas ; je croirois plutôt qu'elle a été transportée sur de vastes radeaux, par le canal de Seravezza. Dans l'espace de chemin qui est sous les carrieres, j'observai quelques filons de marbre blanc, avec de grandes veines de quartz blanc plus dures que le marbre qui les recele et qu'elles rendent inutile en l'empêchant d'être mis en œuvre.

La Montagne de Stazzemma, où se trouvent les carrieres de marbre mixte et de cailloux, forme un angle aigu au confluant du canal delle Mulina avec celui du Cardoso. C'est à ce confluent que l'on voit les ruines de l'édifice, servant à rafiner le vitriol dont je parlerai plus bas.

Le canal de Seravezza qui prend ce nom après avoir reçu sur la droite, le canal de Rimagno, et qui le conserve jusqu'aux marais dans lesquels il se perd, passe par une fosse ou vallée très-étroite, tortueuse, dont les rivages escarpés sont couverts de châtaigners, au-dessous desquels est une legere couche de terre labourable et beaucoup de maisons sur la route.

Le long de ce vallon on voit sur la droite des villages et des bourgades situés, les uns en haut, les autres en bas ; il faut passer au milieu de cette enfilade vraiement pittoresque, pour arriver à Seravezza, situé lui-même sur le fleuve.

L'eau de ce canal est retenue par une multitude d'écluses pour l'usage de différents édifices ; elle ne tarit jamais, n'est presque jamais trouble ; elle roule un peu de sable blanc détaché du marbre et trop tendre pour être bonne à scier cette pierre. Elle roule plus volontiers de gros cailloux, elle s'est sans doute ouverte cette route dans l'espace de plusieurs siécles, en rongeant le flanc de la montagne, toute formée de vastes filons ondés et tortueux, de pierre morte, inclines, ayant au midi leur extrémité la plus élevée, et la plus basse au nord. Ces mêmes extrémités se correspondants exactement de l'un et de l'autre côté de la vallée, le démontrent évidemment.

En avançant auprès de Seravezza, je vis à la droite du chemin une grosse masse de pierre morte, qui se prolonge jusqu'au fleuve. Sur cette masse est une base de marbre blanc sur laquelle sont gravées les armes de la grande duchesse Christine de Lorraine, et sur cette base la statue d'un poisson ; on lit sur la base l'inscription suivante en Italien.

La Ser. grande duchesse Christine de Lorraine, prit sous cette masse une truite du poids de treize livres, l'an 1603 ; une statue de poisson semblable à celle-ci, mais sans aucune inscription, se voit sur l'architrave de l'ornement de la citerne dans la cour du palais royal de Seravezza. La statue d'un poisson est quelque chose de singulier et de bizarre ; une truite du poids de treize livres, est certainement une chose prodigieuse dans notre pays où les plus grosses, à ce que j'ai oüi dire, n'excédent pas onze livres.

Les truites de ces pays sont de deux especes, l'une marquetée en grouppe de taches rouges, comme des gouttes de sang, et l'autre qui vient plus grosse que la premiere, couverte de taches larges et rouges.

Après avoir payé aux différents objets que je rencontrai sur mon chemin le tribut d'attention que je me suis imposé envers tout ce qui concerne l'Histoire Naturelle, j'arrivai à Seravezza.

Les habitants du pays sont pour la plûpart riches ou aisés, à cause du trafic qu'ils font du marbre, dont presque toutes les maisons sont des palais de marbre bâtis avec beaucoup de goût.

Auprès de Seravezza, de l'autre côté de la riviere, est un beau palais, appartenant à notre Auguste Souverain, bâti presque tout en marbre, situé dans une plaine très-étroite, entre le fleuve et le pied de la montagne. Une inscription posée sur la porte du jardin, annonce qu'il fut bâti par Côme premier, alors seulement grand duc de Florence et de Sienne. Je ne vis rien de remarquable dans ce palais, qu'une table très-longue d'un seul morceau de marbre mixte de Stazzemına, la plus grande je crois que l'on puisse voir de cette espece de marbre. Je crois qu'elle a été sciée dans le même filon, et peut-être séparée de la même masse que la colomne de St. Marc; car j'ai peine à croire qu'un autre filon puisse fournir une table d'une grandeur aussi démesurée ; il est vrai que les taches en sont plus belles que celles de la colonne ; mais on pourroit l'avoir tirée de quelque partie plus agréablement variée. On voit dans la même salle, une autre table du même marbre, mais plus petite.

Le Sign. Rinaldo Angerstein, Suédois, m'envoya un morceau de pierre sous le nom de *chaux forte*, que l'on trouve dans le voisinage du palais du grand duc à Seravezza. Elle est d'une pâte moyenne entre l'alberese et le marbre des montagnes de Pise ; mais pleine de fentes et de gerçure, comme si elle étoit cuite. La pâte est de couleur d'yvoire ; mais la surface est toute marquée de jaunâtre, et l'on y voit certaines taches comme dans les dendrites. J'ai reçu depuis un autre morceau de pétrification trouvé dans la montagne voisine du même palais ; c'est un mélange de pâte de talc et de quartz, entre les lames de laquelle sont renfermées plusieurs petites masses presque sabloneuses de cuivre piritique et de marcassite, couleur de laiton.

Mines de la vallée de Rimagno.

J'allai peu de tems après mon arrivée, visiter les carrieres de marbre de Seravezza, situées sur un des flancs du Monte altissimo. Je passai d'abord par Rimagno, village situé sur une riviere du même nom au nord de Stazzemma, endroit auquel il tient, quoiqu'il soit dans une communauté différente, c'est-à-dire, dans celle de la *Capella*, nom que quelques personnes donnent à cette riviere, ou à ce torrent, tandis que d'autres l'appellent *Rimagno.*

Au-delà de Rimagno, sur le bord de la riviere, et sur l'attelier des marbres du sign. Fortini, on me fit observer les ruines des fourneaux, où, il y a peu d'années, on fondoit du fer et d'autres métaux. On me dit qu'un certain pere Paci, mineur conventuel, docteur de Sorbonne, et un certain capitaine Allemand, nommé Escoviel, homme très-inquiet, étoient directeurs des mines, dans lesquelles étoient intéressés deux riches marquis Florentins. Ils tiroient le fer de la montagne de Palatina voisine, et à la droite du chemin, et située derriere Stazzemma, ils tiroient l'argent de plusieurs endroits de la montagne de Gallena, l'or de..... et le cuivre de...... les vieillards du pays disent que cette compagnie faisoit de très bonnes affaires, sur-tout les deux directeurs, mais que sur les remontrances des Ministres au département des mines, ils furent obligés d'abandonner leur entreprise. J'ai trouvé dans les papiers de Micheli une note qui contenoit les détails suivants.

Noms des endroits où l'on trouve des mines de fer, &c. dans le capitanat de Pietra Santa, délaissés par le révérend pere Bonaventure Paci, de l'ordre de.....

1°. A Palattina en plusieurs endroits, en diverses montagnes.

2°. A Stazzemma, en plusieurs endroits en abondance, il y en a de deux qualités, on y trouve aussi de l'aimant.

3°. Aux Mulina, en plusieurs endroits.

4°. Aux Boscore ou Roscore, en plusieurs endroits.

5°. A Sainte Anne, en plusieurs endroits.

6°. A Computi.

7°. A Monte Ornato, en plusieurs endroits.

8°. Au Corsinello, en plusieurs endroits.

9°. A Lours, en un seul endroit.

10°. Au Chiappino, en un seul endroit.

11°. Au Mont Arsiccio, en plusieurs endroits et en abondance.

12°. A Ombrione, dans un endroit.

13°. Au Pansutero, en plusieurs endroits et en abondance.

14°. Au Grifo Nuovo, en plusieurs endroits.

15°. Au Palais della Nuova Versaglia, en plusieurs endroits en abondance.

16°. A l'Armena.

17°. A Desiata.

Jusqu'ici l'Auteur ne parle que des mines de fer.

18°. A Bettigna, plusieurs filons dans un endroit appellé *Arno*, avec des signes d'or, d'argent et de plomb.

19°. A Sainte Marie-Madelaîne in Arnî, sous le chemin qui conduit à Massa, il y a une mine de cuivre.

20°. Au-dessus de l'Argentiere, dans un endroit appellé le *Bottnio*, est une mine d'argent mêlée de plomb.

21°. Dans la vallée *di Cartello*, on trouve une mine d'argent en tarse avec des améthistes et des chrisòlites.

22°. Dans le même endroit, au-dessous du moulin appellé..... on trouveroit peut-être une mine d'argent.

23°. A Pancola une mine en tarse, qui a déja été exploitée.

24°. A Levigliani, une mine de mercure et de cinabre, qui se trouve en plusieurs endroits.

25°. Aux *Mulina*, une mine de vitriol.

Autant que j'ai pu m'en instruire, Palaina, l'Armena, Desiata, il Forno, la Salita et Pancola, sont des flancs de montagne dont la pente se dirige vers le Rimagno, et qui par conséquent sont voisins des fourneaux, où l'on fondoit le fer; cette veine avoit sans doute été déposée par la nature dans la pierre morte, puisque ces montagnesne sont composées que de cette pierre. Je ne peux rien dire de certain, au sujet de cette veine, n'ayant pu l'observer sur les lieux; j'en conserve cependant dans la collection de Micheli, un bel échantillon de celle de palatina, qui n'est pas très-pesante, parce qu'elle est caverneuse; on y voit beaucoup de veines et de groupes de quartz un peu taché de rouille de fer avec beaucoup de larges écailles et de lames de fer dures et brillantes, comme de l'acier bruni : le reste de la pâte métallique est incorporé avec le quartz, et forme une pierre de couleur de rouille ; le quartz est marbré et les lames de fer pourroient être de la *minera ferri specularis lamellosa*, Waller, minéralog., Cl. 3 ord. 4, Gen. 46, Sp. 257, num. 1 p. 469.

Outre ces lames, on voit encore beaucoup d'autres fers en forme de grains sabloneux noirs avec des facettes brillantes, partie incorporée dans la pierre, et partie rassemblée en masses dans quelques cavités de la pierre, peut-être parce qu'il manquoit de la substance quartzeuse coagulante. Enfin la pierre qui lie ce morceau est formée d'un limon de fer, et d'ocre de couleur fauve, orange et brune ; consolidée par le quartz à qui elle doit le mêlange de ces couleurs. Le Sign. Rinaldo Angerstein, Suédois, m'en envoya un autre échantillon en 1751. Ce sçavant avoit pris la peine d'examiner les mines de ce capitanat sur mes renseignements, il lui a donné le nom de *minera ferri nigro cerulescens*;

cum terrâ precipitatâ fuscâ ochra dictâ. Elle est aussi caverneuse, mais elle a de plus, une cavité inscrustée d'une certaine pâte ferrugineuse toute couverte de petits globes lisses ; cette pâte au contraire est toute à feuilles concentriques comme les agathes, et c'est un vrai crayon noir. Les sections perpendiculaires de ces croutes, offrent plusieurs traits de fibres capillaires très-menues, serrées et amalgamées l'une derriere l'autre, comme les cristallisations du plâtre. Dans le creux de cette matrice, on trouve des grouppes d'ocre décrite par le sig. Angerstein; cette ocre est d'une substance rude, d'une couleur tanée changeante, et sa superficie est en partie couverte de petites saillies en forme de petites pointes. Dans une autre partie de cette cavité on trouve mêlés avec l'ocre certains floccons de pâte, à ce que je crois de quartz blanc coagulé en forme de miettes de pain. En d'autres endroits de ce morceau de mine, on trouve des matrices glus petites avec une pareille incrustation globulaire de crayon, mais sans aucun autre mêlange; enfin, le reste de cet échantillon de mine, est une pâte de pierre quartzeuse et de fer dure et dense, noire en quelques endroits, dans quelques autres de couleur tannée avec quelques écailles métalliques semblables à celles de l'échantillon de Michelli que j'ai décrit, avec de petites veines de fer plus pur et des veines ou reliures desdites croutes globuleuses d'ématite. Ces croutes ne différent que par la subtilité de celles que les minéralogistes Allemands appellent *platus*, c'est-à-dire, tête de fer, dont je conserve un bel échantillon recueilli par Michelli en Saxe.

Je crois donc que dans la cavité que j'ai décrite, il s'est formé une végétation imparfaite de suc quartzeux mêlé avec le ferrugineux, de sorte qu'à proportion de la force respective d'attraction, la croute métallique s'est coagulée ; mais manquant de matière propre, elle n'a pu développer ses cristallisations propres et naturelles. Le suc le plus aqueux s'est répandu dans le milieu de la cavité; mais il est resté troublé par la matiere ferrugineuse, et s'exhalant peu à peu, il a déposé l'ocre et la pâte quarteuze dont il étoit mêlé. En comparant donc cet échantillon de mine de fer avec la matrice tortueuse, et divisée en plusieurs celulles que nous avons décrite, on se persuadera facilement l'analogie qui existe entre ces productions. Quant à moi, je ne doute point que dans toutes les deux la nature se soit servie du même méchanisme.

Je crois qu'un échantillon que j'ai trouvé dans la collection de Micheli avec cette indication : Orso num. 7, appartient à la mine de fer de ce nom. C'est un morceau assez pesant de veine de fer qui paroît être, au premier coup d'œil, du lapis piombino. La majeure partie de cette pâte de fer, est d'un grain très-fin, presque farineux, de la nature du talc brillant, dont les parties sont étroitement unies par les faces planes, sans mêlange de terre. Ce qui lui donne la couleur, le lustre et la texture du *lapis piombino* ; elle est cependant en tout sens incorporée de cristallisations de fer, partie piramidales, à quatre faces triangulaires équilateres, partie cuboïdes et partie grouppés, et entrelacés et présentant seulement un angle ou une côte. On y voit outre cela incorporées des molécules de quartz cristallin, mêlées de quelques lames d'ocre couleur orange ou brune. Un côté de la superficie est incrusté d'une ocre couleur de tabac. L'aimant attire les fragments de ce morceau et quelques-unes même des pyramides que j'ai détaillées.

Réflexions sur la formation des cornalines.

Je me rappelle avoir avancé que les pierres appellées *cornalines* pouvoient être des croutes de matrices de cristal imparfaites, et qui n'étoient pas entierement développées. J'ai depuis vérifié cette conjecture et je suis en état de démontrer la vérité de ce systême, ayant reçu du Sign. *Ferdinand Morozzi*, ingénieur très-habile, divers échantillons de cornaline qu'il a recueilli lui-même dans un voyage qu'il a fait dans l'isle de Patmos en montant dans le chemin de Saint Jean.

Parmi ces amas, il y en a un du plus beau rouge que l'on puisse trouver parmi les cornalines taillées anciennement. C'est une croute de matrice de cristal, non formé, absolument semblable à celle de monte Ruffoli, qui décide absolument la question sur la nature des cornalines. Parmi ces croutes de cornaline de Patmos, il y en a une claire comme du cristal, une autre cristalline, mais

embrouillée

embrouillée de blanc, une enfin veinée en feuilles comme l'agathe ; ces quatre morceaux sont en tout semblables aux calcedoines violettes de *Monteruffoli*, ou pour mieux dire c'étoit autrefois des matrices de quartz, qui, à cause du peu d'étendue du lieu, n'ont pu jetter au-dehors des aiguilles de cristal de montagne ; mais ont été forcées de former une pâte similaire, transparente et d'un blanc tirant sur le violet. La croute de ces matrices de calcédoine a dû rester tendre, et les injures de l'air l'ayant depuis dissoute, ces amas sont restés isolés avec une espece d'enveloppe brune et fragile et un nombre considérable de cubes de marcassite d'or, qui a vraisemblablement contribué à faciliter la dissolution de la croute.

J'ai encore reçu du Sign. *Morozzi* un petit morceau de calcédoine transparente avec une teinte rougeâtre et livide, d'une pâte semblable aux calcédoines noires d'Angleterre dont nous nous servons à Florence, en guise de pierre à feu. Cette pâte est cependant plus dure et je la crois plutôt d'un filon de montagne primitive que sortie d'un lit de colline, comme sont vraisemblablement les calcédoines d'Angleterre. Enfin j'en ai reçu une noire, qui ne brille que lorsqu'on la rompt, légere, mais très-dense, dure autant que la cornaline, transparente seulement à ses côtes les plus minces, telle enfin qu'à moins de la toucher, on ne la prendroit jamais pour une pierre précieuse ou dure, comme elle l'est effectivement.

Ces présents me furent très-agréables parce qu'ils ont servi à me faire connoître la famille d'une grande partie des pierres dures, taillées par les anciens; que nous admirons dans les cabinets, beaucoup plus parce que les anciens écrivains ne nous ont laissé aucuns mémoires à cet égard, qu'à cause de leur beauté réelle; cependant Tournefort, qui, dans son voyage du levant, a visité l'isle de Patmos, a fait mention de ces pierres qui méritent l'attention des Naturalistes; il dit seulement en général, qu'elles ont été tirées de quelques masses et des montagnes; mais je conçois à présent que ces montagues doivent être semblables à celle de *Monteruffoli* et aux circonvoisines dans la composition desquelles a dominé le quartz.

J'ai trouvé au commencement d'avril 1773

de pareils fragments de cornalines en croûtes comme les précédentes, mais de différentes nuances de couleurs, dans l'estomac de trois grues femelles que j'ai anatomisées; ces animaux les avoient sûrement avalées pour triturer les aliments. On sçait qu'un grand nombre de grues passent l'hiver le long du bosphore de Thrace, sur les plages de la Natolie et dans les isles de l'Archipel, où elles font un choix et se munissent de ces pierres.

Quant à la mine d'or qu'exploitoit le pere *Paci*, je ne sçais où elle étoit située, si ce n'est point celle dont parle *Micheli* dans un de ses ouvrages intitulé : la Toscane illustrée, que je con erve dans ma bibliothéque, où il dit : » l'*alima* est une espece de sable ainsi appellé par les Alchimistes, qui se trouve dans la mine d'or. On en fait du plomb. Au rapport de ces derniers, les carrieres qui en fournissent, sont situées dans quelques endroits des montagnes de *PietraPania*, et sur-tout dans ceux que le duc de *Massa* a fait abandonner par ses ouvriers, où l'on croyoit avoir trouvé une mine d'or. »

DESCRIPTION DU MONTE ALTISSIMO ET DE LA VALLÉE DE RIMAGNO.

LE *Monte Altissimo* est, comme je l'ai dit, la seconde branche des montagnes de la *Pania*, dont la pente, du côté du midi, est dirigée vers les états du grand duc, et du côté du nord, vers le territoire du duc de Massa. Sa cime est entierement formée de marbre blanc comme la pietra pania, nue et escarpée comme elle et à peine couverte d'un peu de terre. Parmi tant de marbre blanc on en trouve aux lieux appellés *Vincarelle* et la côte des *Chiens*, de parfaitement blanc et propre à faire des statues sans aucune veine noire ou livide, et outre cela d'un grain uniforme, d'une substance dense sans être cassante, sans madrosité, et susceptible d'un beau poli. Enfin ce marbre égale en tout le fameux marbre à statues, de *Carrara*.

Il est sans doute bien honteux, pour nous, Toscans, de n'avoir jamais pensé sérieusement à ouvrir la carriere de marbre à statues du *monte Altissimo*. Car depuis le grand duc Côme jusqu'à présent, on a importé dans les états de ses successeurs des milliers de blocs de marbre de *Carrara* en retour desquels il en est sorti des sommes immenses dont la circulation auroit vivifié le commerce; perte double, en ce que nous aurions pu nous-mêmes en exporter comme on fait à *Carrara*. Je n'ai rien à démêler avec les habitans de *Seravezza*, ni avec ceux de *Carrara*; l'intérêt seul de mon pays, me fait déplorer l'aveuglement de mes concitoyens qui méprisent les dons que la nature leur a prodigués avec tant d'abondance. Le mal est encore qu'on laisse faire à des étrangers le commerce de ces marbres, ainsi que des mixtes et des cailloux qui ne se trouvent que dans le capitanat de *Piëtra Santa*. Peu de temps avant mon voyage à *Seravezza*, la fameuse et riche carriere de marbre à statues de *Carrara*, appellée le *Polvaccio*, s'étoit écroulée, de sorte que pendant un grand nombre d'années, il étoit impossible d'en tirer du marbre. Celle de *Piannello* au même endroit fournissoit bien du marbre; mais n'étant pas aussi propre à faire des statues, on l'employoit à faire des ouvrages plats.

Cette circonstance engagea quelques marchands de *Seravezza* à se disposer à rouvrir la carriere du *Monte altissimo.* Non-seulement je les encourageai dans ce dessein, mais de retour à Florence, je les mis sous la protection des Ministres ; j'ignore le succès qu'eût cette opération, parce que peu de temps après, il mourut deux intéressés, et j'ai appris qu'on n'avoit pas pu faire la dépense nécessaire pour rendre les chemins pratiquables pour les voitures et creuser à la profondeur convenable ; ils ont cependant trouvé en abondance d'excellent marbre à statues, en outre un très-beau marbre mixte d'un genre nouveau, différent de celui de *Stazzemma.* Je ne peux le décrire, n'ayant pu en obtenir le plus petit échantillon, quoique je me fusse donné bien des soins pour mettre les exploitants sous la protection du gouvernement. J'en ai seulement reçu de l'abbé *Marc-Angelo Angiolini* de *Seravezza,* un beau morceau de marbre mixte du *Monte altissimo* qui ne le céderoit pas en beauté et en variété à celui de *Stazzemma.* Il est de la carriere ouverte par M. le docteur François-Antoine *Fortini*, diversement nuancé de blanc, de rouge et de livide. Il paroît que des mottes de marbre blanc de différentes grandeurs, sont restées plongées dans un limon de couleur rouge qui a communiqué une teinte rouge de différentes nuances, la plûpart couleur de chair, ou fleur de pêcher à quelque portion des mottes blanches les plus grandes, et entierement enveloppé les plus petites. Outre cela on voit de distance en distance dans la substance des mottes blanches, diverses taches de couleur de plomb, ou livide qui font sortir les autres couleurs.

J'ai vu dans la maison du docteur Luc *Martini*, deux tables de marbre mixte du même endroit, d'une couleur un peu plus foncée et tenant plus de la nature du caillou que du marbre mixte, pour avoir, je crois, été tiré d'un autre filon. Le docteur *Fortini* m'écrivit de ces carrieres : le *Monte altissimo* est plein dans toutes ses parties de marbres dont il est impossible d'épuiser les filons, quand on y travailleroit jusqu'au jour du jugement. Plus on en tireroit, plus on en trouveroit; le marbre blanc différant du marbre mixte qui se trouve à la superficie, et dont les filons diminuent en s'enfonçant dans la terre ; le blanc au contraire augmentant en masse à proportion de la profondeur.

Sur les flancs escarpés du *Monte Altissimo*, est un village du même nom.

Les eaux qui tombent de ces montagnes ou rochers de marbre, prennent différentes directions ; les unes prenant la route du nord, se jettent dans la vallée de *Carrara*; les autres prenant celle du levant, se déchargent dans le canal de *Terrinca* ; enfin la plus grande partie tombe du côté du midi dans le *Rimagno*, mot corrompu du Latin *rivus magnus* ce même *Rimagno*, est plutôt un fleuve qu'un torrent qui reçoit les eaux non-seulement du *Monte Altissimo*, mais de toutes les côtes escarpées de sa vallée étroite et tortueuse, qu'il s'est creusée lui-même en rongeant une pente antique de cette montage qui tenoit à celle de la *Pania*; on ne peut douter de cette horrible brisure, en observant la correspondance parfaite des filons de pierre des deux côtés de la vallée. Ici, comme dans les autres branches de la *Pania*, les filons de marbres se trouvent en haut et ceux de pierre morte en bas des bords de la vallée ; celui qui est à la droite du fleuve du côté de la mer, est une chaîne tortueuse de montagnes nues de pierre morte qui reçoit différens noms, principalement de *Palatina*, et s'étend jusqu'à la montagne, remplie de précipices sur laquelle étoit l'ancienne et fameuse roche de *Corvaia* ; elle tourne ensuite vers la mer où elle est couverte de très-beaux bois d'oliviers ; de là elle se prolonge jusque dans les montagnes du *Salto della Cervaia* et du *Montignoso*, et tourne vers le territoire de *Massa* et de *Carra*. Les montagnes de ce côté de la vallée de *Rimagno*, sont plus basses que celles vis-à-vis; je crois que le voisinage de la mer y a contribué, en rendant la brisure plus considérable. Le côté gauche de la vallée est également formé de montagnes coupées, mais plus hautes sur-tout dans celle de la *Cappella*, et de *Ceragiola*, et se prolonge directement jusqu'auprès de *Seravezza*, d'où il tourne du côté de *Rosina*.

Description des carrieres de marbres della Capella.

Différentes réflexions sur les marbres.

Dans la montagne de *Ceragiola* ou della *Cappella*, se trouvent les carrieres abondantes de *Bardiglio* et de marbre blanc de *Seravezza*. Je montai avec beaucoup de difficulté la pente rapide de la montagne des carrières dont la base est composée de pierre morte. J'apperçus sur la pierre morte des filons de cailloux composés de morceaux anguleux de marbre blanc, liés ensemble par une pâte tartreuse ; je trouvai dessus des filons de cailloux semblables à ceux de *Castellare* et des écluses. Continuant à monter, on commence à trouver les filons de marbre blanc; mais taché, peu solide et peu propre à travailler; sur le marbre blanc, sont les filons du *Bardiglio*, et au sommet de la montagne, on rencontre une épaisseur considérable de filons de marbre blanc appellé marbre de *Seravezza* ; tous les filons de marbre sont inclinés ayant au levant l'extrémité la plus élevée et la plus basse au couchant. Ces filons sont composés de masses irrégulières, séparés l'un de l'autre, de manière qu'il reste entr'eux un vuide plus ou moins large. Cette séparation est entièrement vuide ou remplie de certaines concrétions ou laminaires, ou de mouchons en forme de stalactites de tartre ou de spath, remplies de cristallisations assez claires et grandes à trois faces triangulaires, disposées en lames tortueuses ; ou en feuilles concentriques comme les agathes. On en trouve des morceaux assez grands dont les habitans ne font pas de cas , mais qui , étant sciés , ressemblent à des albâtres agatisés , qui ne sont pas à dédaigner. Leurs nuances sont assez belles ; ils ont des bandes concentriques de diverses couleurs et particulièrement orange , couleur de chair ou rouge. Outre le tartre et le spath dont nous venons de parler , on voit dans les interstices qui régnent entre les masses de ces marbres , une terre ou ocre rougeâtre qui n'a pas permis au tartre de s'y rassembler en aussi grande quantité qu'il auroit pu le faire ; cette terre a teint de rouge tout le tartre ou albâtre et déposé une couleur orange sur toutes les faces des masses de *Bardiglio*. Mais cette teinture n'est que superficielle et ne pénétre point du tout la substance ; je crois fermement que tous ces intervalles étoient autrefois remplis de cette terre ou de tartre , et que lorsqu'il s'en trouve de vuides , c'est que l'eau en a fait sortir la terre. Enfin il faut remarquer que dans quelques autres de ces interstices , on trouve de petites masses de *Bardiglio* environnées et pour ainsi dire emprisonnées dans le tartre ; cette dernière substance est très-abondante dans cette montagne, ainsi l'on ne doit pas être surpris que j'aye décrit plus haut une espece de caillou formé de petits morceaux de marbre, enfermés dans du tartre. On pourroit croire que ces cailloux étoient originairement des sédiments de mer qui se sont coagulés en très-petites masses, ou pour mieux dire, en petites pierres détachées l'une de l'autre, à proportion de leur petite sphere d'attraction, et qu'il s'est successivement introduit dans les interstices qui contenoient l'eau, d'autre eau impregnée de tartre, qui en se condensant a renfermé et lié dans une même pâte les morceaux de marbre d'ardoise, &c.

M. de Maillet dans son Telliamed suppose que les cailloux sont formés des fragments des filons supérieurs des montagnes, et que le limon de la mer lorsqu'elle en baignoit le pied, les a réunis. Cela peut avoir eu lieu dans la formation des lits de sable et de cailloux sabloneux des colines, mais non pas dans celle des montagnes primitives, comme celle des écluses et de *Stazzemma* ; si les cailloux devoient leur naissance aux fragments de filons supérieurs, on devroit les rencontrer en tas, comme les éboulements des rochers, et ils devroient se trouver adossés aux montagnes d'où ils seroient tombés, comme il arrive au gravier des collines.

On ne voit rien de tout cela dans les cailloux des montagnes primitives, puisqu'ils constituent eux-mêmes des filons entiers paralleles à tous les filons supérieurs de la montagne. Outre cela, selon la théorie de M. Maillet, les filons de cailloux de *Stazzemma* ci-dessus décrits, qui se trouvent immédiatement sous les filons de marbre mixte, devroient être formés de ce marbre, et cependant ils ne sont que de marbre blanc, et le peu d'entr'eux qui paroissent mixtes, doivent cette couleur au mélange et à la teinture de la pâte de pierre morte qui les lie; de plus, selon le même auteur, les plus hauts sommets de la *Pania* et de ses principales branches étant composés de marbre blanc, on devroit trouver en grande abondance dans le Capitanat de *Pietra-Santa*, sur-tout dans la partie basse, des cailloux formés des fragments de ce marbre, liés par le limon de la mer; et cependant à la réserve de trois ou quatre filons, on n'en trouve pas, encore ne sont-ils pas formés des fragments des filons supérieurs, puisqu'ils sont plus anciens que chacun de ces mêmes filons.

A dire vrai, je crois la théorie de M. Maillet assez juste, et qu'il s'est formé des cailloux au fond de la mer, comme il l'avance, avec les fragments des rochers que les fleuves y déposent; mais elle sert seulement à expliquer la formation des *penchiné* et du gravier qui se trouve dans les collines. Je n'ai pu distinguer dans le Capitanat de *Pietra Santa*, le moindre résidu du sédiment des collines et toute la surface du terrein est indubitablement de montagne primitive. Si l'on me demande ce que sont devenus tant de millions de pieds cubes de terrein qui manque à la vallée de la *Versilia*, pour constituer une pente continuelle, depuis les lits des canaux dont elle est coupée, jusqu'à la cime de la *Pania*, je répondrai franchement que tout ce terrein a été précipité au fond de la mer moderne, et qu'il s'y est disposé en lits presque horisontaux, ou pour mieux dire s'abaissants insensiblement, à mesure qu'ils s'éloignent de l'embouchure de la *Versilia* qui est leur centre. Les cailloux se forment dans la mer moderne des fragments de marbre ; de la maniere que le suppose M. de Maillet, il a sûrement apperçu en gros la différence qui existe entre les collines et les montagnes primitives ; mais il n'en a pas fait usage, et n'a pas su en tirer de justes conséquences. Enfin il est bon de répéter que tous les morceaux qui constituent un caillou étoient dans l'origine de petits cailloux antérieurs à la pâte pierreuse qui les lie ; mais une grande partie n'étoit que de la terre, comme je l'ai ci-dessus dit.

Revenons actuellement au tartre ou spath qui se trouve entre les jointures des masses de *Bardiglio*, il paroît venir à l'appui du systême de M. de Buffon sur la formation du tartre, systême qu'il expose au tom. I. de l'Histoire Naturelle générale et particuliere. Mais je doute qu'ici le tartre soit aussi ancien que le Bardiglio, qu'il soit coulé d'en haut et qu'il ait pris, du marbre posé sur le Bardiglio, ses particules pierreuses ; je trouve aussi beaucoup de spath dans la pâte du marbre mixte de *Stazzemma*. Il est sans doute contemporain des autres substances qui entrent dans la composition de ce marbre, et il pouvoit bien se trouver tout à la fois et en même temps dans la mer, des sucs de marbre et de spath. Ce n'est pas seulement ici, dans la *Versilia*, que l'on trouve le spath mêlé avec le marbre; j'ai dans mon cabinet, un petit morceau d'albâtre agathisé à faces blanches et de couleur d'onix dont m'a fait présent M. Ferdinand *Morozzi*, qu'il a trouvé lui-même dans le port de l'isle de *Zea* ou *Cea*, disposé en forme de veines dans un grand bloc de marbre.

En tournant autour des carrieres du *Bardiglio*, j'observai dans une petite grotte naturelle, une incrustation bizarre de tartre formée d'une multitude de petits cailloux disposés en écaille de poisson comme certains ornements de marbre pour embellir les fontaines. J'en détachai quelques morceaux pour mon cabinet. Je vis clairement que cette croute étoit posée sur une croute d'albâtre; mais moins dure et point du tout spatheuse, ce qui me feroit croire qu'elle est de formation moderne.

Le *Bardiglio de Seravezza* que Wormians appelle *Marmor cinerum seravitianum*, et à qui le *Baldinucci* donne le nom de *Bardiglio*, est plus dur que le marbre de *Carrara* et prend un plus beau poli. Il est de couleur

couleur bleue ou céleste, de nuances plus ou moins claires, taché diversement de blanc, c'est-à-dire, en veines en lignes, &c. selon la facilité qu'a trouvé la teinture bleue à s'étendre et à se mêler avec la pâte blanche qui devoit l'être au moins dans l'origine, et peut-être cette teinture bleue est-elle de la même nature que celle de la pierre morte. On retrouve encore dans le Bardiglio des veines et des reliures très-fréquentes de spath blanc, comme dans l'albereze, qui en augmentent la beauté. Ce marbre est d'une grande solidité. Je me souviens d'avoir vu un énorme pilon à écraser des olives, fait d'un très-beau Bardiglio. Il est d'une pâte uniforme sans madrosité, nullement cassante, et peut résister quoique très-mince, comme on peut le voir dans les parcs en mosaïque.

Voici ce qu'en dit le pere Augustin del Riccio dans son Traité des pierres, du Bardiglio, marbre de Carrara, chap. 63.

Le pays de Carrara et les autres montagnes circonvoisines, sont très-renommées pour les pierres de diverses especes qu'elles renferment, parmi lesquelles on trouve le marbre appellé *bardiglio*, assez dur, dont on tire en abondance. Il est de couleur grise taché de veines blanches et prend un assez beau poli; on en voit de travaillé dans beaucoup d'églises à Florence; il sert principalement à faire des niches et des pavés.

On trouve dans la montagne de la Cappella des filons de marbre blanc sur les filons du Bardiglio. Ils sont très-vastes et gardent la même inclinaison que ceux du Bardiglio, c'est à-dire, que leur extrémité la plus élevée regarde le levant, et la plus basse le couchant. Ils sont encore composés de masses irrégulieres, séparés l'un de l'autre, et teints à leur superficie, d'ocre couleur orange; on en voit des blocs assez considérables pour faire des colonnes d'une taille plus que médiocre. Il est d'un grain assez beau, blanc, à peu près semblable au marbre blanc de Carrara; on pourroit même en faire des statues, s'il n'avoit pas des veines, ou des traits noirs qui feroient un mauvais effet. Mais il est admirable pour les ouvrages unis et pour faire des corniches, ses veines détruisant l'ennuyeuse uniformité qui résulteroit d'une couleur absolument blanche. Ces veines noires et obscures, varient considérablement dans plusieurs filons par les nuances de la couleur, par la grandeur et par la direction, de sorte qu'il est difficile de s'en former une idée sur un petit échantillon.

On trouve aussi dans ce marbre des veines ou reliures de spath blanc, qui en augmentent la grace ; il est de pâte similaire, nullement cassante, dense et sans madrosités. On en voit qui paroît composé de très-petites pierres de sel presque comme le sucre de Bergame. On en trouve à grains plus gros, comme de petites masses de cristal. Enfin il y en a d'une substance dense et presque poudreuse, que le son clair qu'il rend lorsqu'on y met le pic, a fait appeller *campanino*. Les masses venant d'être détachées, paroissent de couleur de perle ; exposées à l'air, elles deviennent blanches et acquierent une plus grande dureté. Je croirois volontiers qu'il est resté enfermé dans ces masses une substance humide jusqu'à la formation, et que ce liquide s'étant exhalé, elles ont subi les métamorphoses mentionnées. On y trouve les pores où pouvoit séjourner l'eau, et tout le monde sait qu'une goutte d'huile peut pénétrer de part en part et tacher une table de marbre. J'ai observé dans quelques morceaux des madrosités ou matrices, où étoit la marcassite poudreuse, qui dissoute par l'eau, avoit teint d'une couleur jaunâtre les parties adjacentes du marbre.

Il est très-croyable qu'un peu d'humidité ait entré originairement dans la composition de nos marbres; leur analogie avec d'autres pierres, et sur-tout avec les cristaux de montagne dans lesquels il s'est conservé de l'eau jusqu'à nos jours, rendent cette opinion très-probable ; plusieurs auteurs s'accordent tous à dire que les marbres ont commencé par être mous et se sont durcis à la longue.

On trouve mêlées dans les marbres de Seravezza des concrétions et veines de quartz et des aiguilles de cristal de montagne, comme dans les marbres de Carrara dont parle ainsi le pere Augustin del Riccio dans son Traité des pierres. Les travailleurs, dit-il, trouvent quelquefois des marbres blancs, mais en grands blocs; comme ces morceaux se trouvent au milieu d'une autre espece de marbre, les gens simples les appellent l'*ame du marbre*. J'en ai eu deux petits morceaux; ils étoient transparents et avoient chacun six faces et une pointe comme presque tous les cristaux ; de plus en les battant avec un morceau d'acier, il en sortoit du feu.

Je reçus en 1772 un beau grouppe de ces cristaux de montagne trouvés dans le marbre de Carrara. Il avoit des aiguilles bien caractérisées, longues presque de deux pouces et d'une eau très-limpide, mais couvertes çà et là de petites lames et raies très-petites à la superficie, qui dénotent leurs accroissements successifs, leurs bases réunies sont mêlées de substances de fer et d'ocre. On en trouvoit de temps en temps à Seravezza, mais en moindre quantité, et lorsque j'y étois, je ne pus m'en procurer; j'y réussis cependant par le moyen du pere Marcello Cortinovis, amateur distingué d'histoire naturelle, qui m'envoya en 1770, une aiguille de cristal de montagne qu'il avoit trouvée à Seravezza dans le marbre blanc. Cette aiguille est longue de sept lignes, large de quatre, d'une eau très-limpide et seulement couverte vers sa base d'une espece de voile ou de peau. Ce sçavant avoit dans sa collection, des cristaux de montagne trouvés dans des blocs de marbre de Carrara, mais ils étoient informes, groupés, semblables au quartz et peu transparents.

Il n'est pas étonnant que le quartz se soit

quelquefois introduit dans les matériaux des marbres de Seravezza et spécialement des mixtes, puisqu'il s'est également introduit dans la pierre morte et autres de ces montagnes ; j'ai rapporté plus haut des exemples de quartz trouvé dans le marbre.

On voit souvent dans d'autres pays de semblables mêlanges hétérogénes ; je rapporterai seulement ce que j'ai lu dans le Journal Encyclopédique, pag. 83 ; dans l'isle de Bornholm appartenante au Danemarck, située dans la mer Baltique, on voit dans un endroit appellé *Pecrsker - song*, une carriere de marbre au milieu duquel on trouve souvent une espece de caillou rond qui donne de véritables diamants aussi beaux et aussi précieux que ceux qui viennent des Indes. La feue Reine Louise en avoit une aigrette admirable. On pourroit vraisemblablement trouver aussi du cristal de montagne à Seravezza, puisque le quartz se trouve en abondance dans toutes les branches de la Pania.

Les carriers détachent les masses à force de coins, mais ils ne jettent point d'eau dans les fentes et dans les traces des coins, comme on fait à Fiesole. Les ouvriers de Serravezza me dirent que cette précaution n'étoit pas nécessaire, parce que le marbre, en le taillant, ne donne pas de poussiere préjudiciable aux poumons. Ils travaillent à carriere ouverte comme à la Golfolina, et là où il leur plaît, c'est-à-dire, là où se trouve beaucoup de marbre, les blocs tirés et ébauchés ; la rapidité de la pente leur sert à les rouler en bas sur les retailles et les fragments de marbre dont elle est garnie. En bas, on les charge sur des charettes qui les transportent à Rimagno pour les travailler et les polir. Il y a dans cet endroit beaucoup de boutiques, d'ateliers et de magasins de marbre. C'est une manufacture considérable. Comme le sable du pays n'est pas bon pour les applanir, on se sert d'un sable blanc qu'on tire du lac Macinccoli, et de saint Ferenzio, auprès de la Spezia, dans le golfe : malgré cela on ne donne point et l'on ne peut donner à Seravezza le lustre et le poli dont ces marbres seroient susceptibles et qu'on leur donne à Florence. Ces filons de marbre blanc furent aussi dans le principe un sédiment de mer, blanchâtre ou transparent, dans lequel étoit mêlée de la terre ou ocre métallique, obscure ; ce limon s'est successivement coagulé selon l'attraction réciproque de ses parties , formant une masse pierreuse qui paroît composée de petits grains presque cristallins plus ou moins grands , ce qui est le vrai caractère qui distingue le marbre de toutes les autres pierres et des albereses à belles couleurs qui prennent un beau lustre , ressemblent presque au marbre et même en usurpent le nom.

Qu'il me soit permis de dire ici que le caractere du marbre déterminé par l'illustre Linné , Syst. Nat. Ed. 7, Leipsick, pag. 151 , est un caractere classique, mais non générique, puisqu'il comprend le véritable marbre , l'alberese ; l'albâtre, &c. qui sont des especes de pierres très-différentes, comme je l'ai fait voir en différents endroits de cet ouvrage. Je crois cependant que son *Marmor solubile particulis impalpabilibus rasilibus* , peut être le marbre de Paros et le marbre de Salni, tant ancien que moderne. Il est vrai que le marbre salni pourroit bien être *le marmor fixum particulis arenaceis micantibus* du même auteur ; mais il lui donne lui-même le sinonyme d'albâtre. Il y a du marbre de Salni que l'on peut réduire à la classe de l'albâtre; mais la majeure partie des salins tant anciens que modernes, sont vraiment des marbres et non des albâtres, comme le prouve la collection des marbres que j'ai dans mon cabinet, et comme le démontrent sur les lieux, les pierres de Seravezza. Ce grain salin n'est pas autre chose que de très-petites aiguilles de spath laiteux, à trois faces triangulaires, groupées, serrées et partie se pénétrant réciproquement. Je crois que c'est là le vrai caractere du marbre, ainsi que de celui qui paroît salin, mais qui est d'un grain presque farineux et poudreux, parce que le grain bien observé au microscope, est un assemblage de semblables piramides plus petites ou plus uniformes; mais dans la substance c'est de la pâte de spath, qui a retenu les couleurs des molécules de terre et d'ocre qui y étoient répandues, de même que les cristallisations cuboïdes du sucre rosat sont rouges et ceux du sucre violet couleur d'azur.

L'alberese est une concrétion de spath incorporée avec une partie de limon ou de bourbe, qui y domine toujours beaucoup; et c'est la raison pour laquelle les marbres, par le mêlange d'un peu de terre ou de limon, prennent un plus beau poli que les albereses, quoique leurs couleurs soient assez belles, le spath dominant toujours dans le marbre.

Pour bien juger de la nature des marbres, il faut voyager en Italie ; on en voit une variété prodigieuse, tant de ceux du pays que des étrangers.

Le pere Augustin del Riccio fait mention du marbre de Seravezza dans son Traité des pierres ; voici ce qu'il en dit, chap. 65.

Le marbre blanc tirant sur la couleur olive, se tire à Seravezza à l'endroit appellé *la Cappella*. C'est un marbre très - solide, qui résiste à l'eau et aux vents. On en tire de très-beaux blocs. On peut voir de ce marbre, la base qui devoit porter le superbe cheval de bronze de Jean de Bologne. On en voit dans presque toutes les églises de Florence. Je crois cependant que cet Auteur s'est trompé, car le marbre de la base du cheval de la place du grand Duc, et le marbre blanc du dôme paroissent être du marbre de Carrara et non de la Cappella ; différentes sortes de marbres sont employées dans l'inscrustation du dôme de Florence et de son clocher. On en voit du *Monte Pisano* un peu de Campiglia, beaucoup de *Carrara* et un peu à ce qu'il paroît de la *Cappella* ; car j'ai trouvé une note, où il est dit que l'on a fait conduire du marbre blanc de Seravezza pour Sainte Marie del Flore ; le Capitanat de Pietra Santa étoit alors entre les mains dès Lucquois ; il n'est donc pas étonnant que les Florentins qui étoient obligés de tirer du marbre de dehors, le fissent venir de Carrara plutôt que de Seravezza, où il leur auroit couté plus cher. Campiglia appartenoit alors aux Pisans qui n'étoient pas les amis des Florentins.

Parmi les objets d'Histoire Naturelle de ce pays, envoyés à M. Ginori, étoit une terre granite propre à enlever les taches d'huile, &c.

La montagne des carrieres de la Cappella est haute, on découvre de son sommet un vaste espace de mer : derriere est le Monte Altissimo, nud et blanc comme s'il étoit couvert de neige ; j'observai que le Rimagno passe par une grande fosse qu'il s'est creusée entre la montagne de Giustignano au levant et celle de Trambiserra au couchant, formées en grande partie de filons de pierre morte inclinés, ayant au levant leur extrémité la plus élevée, et la plus profonde au couchant. Cette direction fait que les flancs de la montagne de Trambiserra et les autres contigues qui sont vis-à-vis les carrieres, sont plus escarpés que ceux du mont de Giustignano ; vis-à-vis la montagne des carrieres, on s'apperçoit que le mont appellé Trambiserra a des filons de marbre semblables en tout à ceux de la montagne de la Cappella ; on en tire aussi du Bardiglio et du marbre blanc, ce qui dénote évidemment qu'il étoit anciennement uni et n'étoit qu'une continuation de celui de la Cappella ; mais depuis il a été divisé et coupé par les eaux du Rimagno.

Sur le chemin des carrieres de marbre et en tournant à l'entour, j'observai les plantes suivantes.

Arisarum lalifolium alterum inst. R. H. 161.

Globularia rotundifolia vulgari similis, caule non folioso.

Elichrysum silvestre angustifolium, capitulis conglobatis.

Tenerium (folio subrotundo crenato) calice tubulato, flore pallido luteoto, Boerh.

Ruta silvestris....

Rhaponticum foliis angustis laciniatis, flore purpureo parvo non coronato.

An heliantemum ? Larycis folio , in margine tantum cilii instar piloso.

An saxifragu? cespitosa laevis, foliis vermiculatis, ericae instar quaternis vel quinis.

Linum Larycis folio....

Campanula hortensis folio et flore oblongo ceruleo.

La nuit s'approchant je me décidai à retourner à Seravezza, je pris un autre chemin plus commode qui passe sous la *Cappella*, du côté du village *Giustignano*, situé sur une montagne coupée en deux par un petit torrent dont nous suivimes les bords.

Sous Giustignano, sont certaines grottes dans lesquelles on voit des filons d'un marbre mixte, assez beau, mais plein de madrosités qui lui ont fait donner le nom de bâtard. Le côteau le long duquel nous descendions étoit tout composé de filons de pierre morte, inclinés de même que les précédents, c'est-à-dire ayant au levant leur partie plus élevée et la plus basse au couchant; j'y remarquai beaucoup de larges veines de quartz ou blanc, ou marqué de différentes couleurs, selon les mêlanges d'ocre métallique. Il avoit en outre de fréquentes veines et traces de matiere ferrugineuse, qui prouvent ce que j'ai dit sur la formation des mines de fer de Stazzemma. Il s'étoit renfermé et mêlé dans la pâte de cette pierre morte des terres ou ocres métalliques de différentes couleurs, qui avoient produit des variété très-agréables. J'en coupai plus d'une douzaine d'échantillons dans cette montagne et beaucoup d'autres en différents endroits de la Versiglia, et je laissai en partant l'ordre d'en tirer des petites tables que j'avois dessein de faire polir pour orner mon cabine; mais je n'ai pas pu en obtenir.

MINES DE PLOMB DE TERRINCA.

JE passai la riviere de Petriulo pour arriver à Terrinca, afin d'aller observer dans les montagnes de ce nom une mine d'argent et de plomb située dans un endroit appellé *Betigna*, dans un bois de hêtres planté sur la pente qui regarde le nord; mais le temps qui fut très-orageux, m'empêcha d'exécuter ce projet.

Le Curé de Levigliani me donna deux échantillons de cette mine de Betigna dans laquelle au milieu du quartz blanc, on trouve de petits grouppes de plomb brillants, disposés en forme de veines, et qui rendent ces morceaux assez pésants ; une petite partie de ce plomb est dissoute en ocre jaunâtre et rougeâtre, qui a teint une partie du quartz. Cette couleur, je crois, dépend de l'ocre du fer naturellement mêlé et incorporé dans cette mine et dont on voit quelques croutes, où le fer s'est rassemblé de lui-même en petits grains noirs.

J'en possede encore un échantillon pris dans ces mêmes montagnes et qui est encore renfermé dans le quartz marbré uni, avec une espece de pierre morte d'une matiere qui ressemble autant au talc brillant que celui de Venise ; mais plus dur et plus blanc, ce qui le rend semblable à celui que l'on trouve aux mines de mercure de Levigliani ; le métal est renfermé, disposé en veines et en petits grouppes brillants, dans le quartz et entre les lames de la pierre de talc. La plupart de ces grouppes de couleur foncée, contiennent du plomb, de l'argent et de l'arsenic ; les autres qui sont jaunâtres, semblables à la marcassite, sont de la Galena *inanis*, ou mine de *zinco* ; en dehors est une ocre couleur orange qui est peut-être une solution du zinco, qui est presque devenue une pierre d'aimant. Le mêlange des quatre minéraux, s'est fait dans cette pierre presqu'en même temps, et l'on ne doit pas douter que ces métaux ne fussent originairement une matiere liquide.

Le mêlange intime du plomb, de l'argent, du zinco et de l'arsenic, est cause qu'en fondant cette mine on n'en retire pas tout l'avantage qu'on devoit attendre d'une aussi grande abondance de matiere métallique, car la majeure partie s'en évapore sur le fourneau; pour en perdre moins, il faudroit avoir des maîtres fondeurs qui eussent beaucoup de théorie, et qui eussent travaillé dans les mines de Saxe, afin de donner à la fusion le dégré nécessaire.

Je me suis depuis procuré deux autres échantillons de cette mine de Terrinca, dont l'une est une espece de caillou à masses plus grandes de quartz, partie cristallin, partie marbre et partie taché de rougeâtre et d'orange, qui sont unies ensemble et entrecoupées de veines irrégulieres de plomb en forme de tissu, comme dans le morceau précédent, mêlé de fer et d'ocre, couleur orange.

Le second échantillon est une veine de plomb

plomb semblable, mais avec des fibres un peu plus grosses et plus luisantes, grouppées, unies à une baze de quartz, est attaché et tient avec force à une autre base de pierre morte d'un verd sale et taché d'ocre obscure.

On m'a dit qu'il se trouvoit dans les montagnes de Terrinca beaucoup de filons de marbre blanc à statues ainsi que d'un beau marbre mixte un peu différent de Stazzemma ; que plus haut on rencontrait des jaspes ou pierres à feu ; mais je n'ai pu les observer à cause du mauvais temps qui m'obligea de retourner à Levigliani.

Mines de cuivre de Lievora.

On ouvrit en 1752, sur le haut de ces montagnes dans une de leurs branches appellée *montagne de Lievora*, une mine de cuivre dont je me suis procuré plusieurs échantillons, et sur laquelle j'ai fait des observations, dont j'ai résolu de faire part au public.

La montagne de Lievora située à l'une des extremités du Capitanat de Pietra Santa, a de circonférence environ cinq milles et près de quinze cent coudées d'élévation. La pente de cette montagne qui regarde le midi et un peu le levant où fut faite l'excavation, est en partie nue, mais a dans quelques endroits des hêtres clair semés. Le côté opposé est plus escarpé et absolument sans arbres. Il y a environ cinquante ans, que quelques bergers trouverent différents globes minéraux, petits, moyens et dont quelques-uns à peu près de la grosseur d'un œuf, de couleur d'azur ou verte ou mêlés de ces deux couleurs, la verte y domine toujours. Ces bergers, et les personnes à qui ils les firent voir, les considérerent comme une simple matiere de couleur. Mais le curé de Terrinca et le sénateur Carlo Guiori, en firent chercher pour essayer d'en colorier leurs porcelaines. Messieurs Suardi et Formisani résolurent de tenter un essai en faisant une excavation. Ce qui les y détermina, fut que ces globes minéraux contenoient plus de la moitié de leur pesanteur de cuivre, certaines teintures vertes qu'ils apperçurent sur différentes pentes de la montagne et principalement sur celle qui regarde l'occident : outre cela l'escarpement de la montagne, ses pierres rompues, la qualité des terres, leur couleur, le manque d'herbe en beaucoup d'endroits, à la reserve du thym et de quelques arbustes aussi vivaces, les eaux qui descendoient de la montagne et laissoient un sédiment verd et visqueux dans leurs lits, dont l'un se dirige au couchant, l'autre au nord et l'autre au midi ; enfin différents morceaux de bonnes marcassites isolées et d'autres liées par un peu de terre, qui se trouvoient dans deux fossés latéraux à droite et à gauche de la pente où se rencontroit ce minéral ; tout cela, dis-je, les décida à faire les frais d'exploitation.

Ils firent commencer l'excavation le 15 juin 1752, et trouverent d'abord une ouverture large d'environ trois coudées et profonde à peu près de quatre ; ils rencontrerent dans une pierre tortueuse ou spongieuse comme celle dont on orne les grottes artificielles, médiocrement dure, d'une couleur grise claire, différents trous dans lesquels parmi la terre de même couleur dont ils étoient remplis, ils trouverent les mêmes globes minéraux de couleur verte, presque semblables à ceux que l'on voyoit dispersés au pied de la montagne, tendres et presque liquides, mais se durcissant lorsqu'on les mêloit avec quelques autres de couleur azur. Ces globes étoient en petite quantité dans ces trous et alloient finir dans une grande fente, entre deux masses dures de couleur grise, situées entre deux autres latérales d'un marbre dur de différentes couleurs.

Dans cette fente ils découvrirent de la terre jaune et un peu de noir et une autre blanchâtre saline, en forme de sel de nitre, mais toutes aqueuses, parmi lesquelles ils trouverent quelques pierres détachées spongieuses où se voyoient encore des globes ci-dessus, mais en petite quantité.

Arrivés à l'extrémité de la fente qui avoit une coudée d'épaisseur, et qui, d'un côté, étoit tournée à l'extérieur, et de l'autre à l'intérieur de la montagne, ils trouverent trois grosses lames de pierre de différentes couleurs, d'une dureté médiocre, détachées l'une de l'autre, parmi lesquelles étoit un peu de terre jaune aqueuse.

Ils trouverent encore sous ces lames une grande croûte de cristallisation humide, c'est-à-dire de tartre, de quatre doigts d'épaisseur, qui pendoit du haut de ces lames, se prolongeoit jusqu'au bas, et tenoit en partie par les côtés aux masses dans lesquelles elle étoit comme incrustée, avec un peu de terre jaune aqueuse ; mais dont elle étoit détachée à la longeur d'environ un demi pied. Parmi ces lames ils perdirent les signes minéraux à la distance d'environ quatre coudées ; mais au delà, l'excavation se trouva monter perpendiculairement à environ dix coudées : alors une exhalation fétide et sulphureuse se fit sentir et incommoda beaucoup les travailleurs. Il parut aussitôt une veine étroite en masse très-dure qu'on crut être du marbre, située vers l'intérieur de la montagne, qui communiquoit avec les lames ci-dessus détachées de cette masse; alors ils retrouverent dans cette veine les signes minéraux, et les terres dont ils avoient perdu la trace. Ils découvrirent en outre dans cette masse des teintures vertes et un filon de pierre rompue, large de près de quatre doigts, mais qui, à la profondeur de huit brasses, alloit toujours en s'élargissant. Ils trouverent épars dans ce filon, sur-tout vers la veine mentionnée, quelques globes minéraux attachés parmi les petits morceaux de pierre rompue, semblables à ceux dont j'ai parlé, avec une teinture de verd jaune sur la majeure partie et un peu d'azur, marqué de points noirâtres et mêlé d'un peu de terre, d'un grain très-fin, de couleur rouge vivace, que l'influence de l'air amortissoit et réduisoit à une couleur de rouille.

Ils trouverent encore dans le filon du marbre fusible du tarse et de très-petites cristallisations pareillement adhérentes à la teinture ci-dessus.

Ils trouverent cependant en creusant et laissant vers l'intérieur de la montagne, la veine qui paroît s'y enfoncer en s'éloignant un peu de son point perpendiculaire ; ils trouverent, dis-je, que le filon de pierre rompue continuoit. Lorsqu'ils m'envoyerent la relation de leur opération, il paroissoit large d'une demi-coudée et long de vingt-deux. Il commençoit vers l'extérieur de la montagne, et s'avançoit diamétralement vers l'intérieur, sans qu'ils pussent déterminer son extension dans cette partie, et sa profondeur presque perpendiculaire, puisqu'ils avoient suivi les teintures en question toujours croissantes à proportion de l'évaporation fétide.

En élargissant l'embouchure de l'excavation, ils trouverent encore de la terre de couleur grise et jaune mêlée confusement dans les interstices des masses; ils étoient alors parvenus à dix-huit coudées au dessous des premiers indices minéraux trouvés à découvert, et à vingt-quatre de diametre vers l'intérieur de la montagne. Ils continuerent de creuser et d'y entrer diamétralement pour arriver sous la veine déja abandonnée comme je l'ai dit, et trouverent la terre accoutumée, quelques-uns des globes minéraux mentionnés et les masses dures s'étendant en tout sens, excepté que vers l'intérieur. de la partie droite au couchant de la montagne, on commence à trouver ces masses moins dures et d'une couleur grise claire, laminées mincement dans toutes les parties latérales voisines de ce filon ; enfin ils découvrirent sur la gauche entre le septentrion et le levant une table de pierre grise obscure d'une dureté médiocre, d'une pâte sabloneuse, que je jugeai à l'échantillon être du marbre salin qui, en se sechant, a changé sa couleur grise en blanc. On y fit alors avec des pics une ouverture large d'environ deux coudées et demie et l'on y reconnut l'embouchure d'une caverne qui avoit environ trente coudées de profondeur perpendiculaire et alloit en élargissant jusqu'au fond dans une circonférence d'environ vingt coudées. En face de cette ouverture faite à main d'homme, ils virent une machine ayant la forme d'une tour de circonférence demi-circulaire, dont le sommet étoit élevé d'environ trois coudées au-dessus du sol de la caverne, avec une porte dans le fond, et toute composée de matiere cristallisée, c'est-à-dire de tartre, dont la base étoit assez épaisse, et couverte de variétés grotesques dont toute la caverne étoit incrustée. Ils décourirent dans le fond différentes variétés et cavités, et l'évaporation mentionnée augmentoit à mesure qu'ils en approchoient; ils visiterent superficiellement une partie de cette caverne du côté supérieur à cette masse en forme de tour que nous venons de décrire. Ils trouverent cette matiere tendre et aqueuse à la superficie, mais assez dure à l'intérieur. En outre ils découvrirent à la hauteur de six coudées, au-dessus du fond de la même caverne, entre le levant et le septentrion, une veine large d'environ trois doigts, de pierre blanche, mêlée de plomb et presque transparente, dans laquelle ils observerent une pelliculle minérale qu'ils jugerent être de l'argent.

Cette caverne, à ce que j'appris depuis, détruisit toutes les espérances des entrepreneurs, ce qui fut cause qu'ils abandonnerent l'exploitation de la mine, et je n'en ai plus entendu parler depuis. Parmi les échantillons que m'envoyerent les propriétaires, on distingue les suivantes.

De petites masses *de malachite* ou *cuprum viride*, *Malachites vulgò* Linn. Regni lapid. *aerugo nativa solida* Waller. Minéralog. Ces masses sont d'un verd clair au dehors et obscur au-dedans, de figures très-irrégulieres, partie en forme de petits globes ou solitaires ou combinés, partie en forme de croûtes ondées, tortueuses et caverneuses dont quelques-unes ont de petites cavités semblables à celles des cornalines. Quelques-uns de ces morceaux se sont appropriés quelque portion d'ocre ferrugineuse couleur orange ou rougeâtre. Je reçus aussi une petite baguette de cuivre pur, très-beau, tirée de ces malachites mises en fusion avec un peu de borax.

Un sédiment verd vitriolique et ferrugineux déposé par les eaux de quelques écoulements de la montagne où l'on trouve les amas de Malachite ci-dessus décrits.

Différents morceaux de filon trouvé entre les quatre coudées et les vingt-deux de l'excavation, composé d'especes de fragments formés de morceaux plus petits, semblables à des retailles très-menues réunies ensemble et tenant par quelques-unes de leurs faces liées par une espece de suc tartreux et ferrugineux ; ces grouppes de brisures sont remplis de cavités et de fentes absolument vuides. La substance de chacun de ces fragments est du marbre à grains salins médiocres, tous couverts de facettes luisantes de couleur blanche et dont les morceaux les plus minces sont tant soit peu transparents. On y voit en outre de distance en distance des veines ou lignes droites et paralleles de couleur de terre jaunâtre ou rougeâtre, qui ont pour principe des ocres martiales, qui s'y sont déposées avant la pétrification ; la majeure partie des faces de ces fragments, spécialement dans les vuides restés entre l'un et l'autre, paroissent doublées de croutes subtiles de cristallisations spatheuses très-menues, transparentes et fragiles ; la plûpart de ces cristallisations sont informes, grouppées en petits globes comme le chou-fleur ; il y en a cependant beaucoup de cubiques, ou adhérents par un seul côté qui offrent cinq faces quarrées ou d'un quarré long, ou qui tenant à leur matrice par plus de la moitié de leur tout, ne présentent qu'un seul angle.

En troisiéme lieu on en voit beaucoup de pyramidales à trois faces triangulaires avec un angle aigu à la cime. Enfin il s'en trouve d'autres qui présentent des facettes luisantes, pentagones, hexagones et irrégulieres. On rencontre en outre épars à la superficie des mêmes fragments beaucoup de fer presque tout décomposé en ocre de couleur rouge plus ou moins foncée, entre celle de la brique et celle du cinabre et en une autre de couleur orange, jaunâtre obscure et noire. Ces ocres forment le plus souvent de grosses croutes unies, caverneuses ou spongieuses, qui ont un peu teint la substance du marbre et donné une couleur de muscade aux cristallisations du spath. Quelques-unes de ces ocres et sur-tout la rouge étant dans le principe d'un plus gros volume, a laissé dans le marbre des impressions cubiques remplies de poudre rouge de l'ocre noire ci-dessus; partie est spongieuse et unie le plus souvent à des amas de verd de montagne, et partie a imprimé sur la surface des fragments et des croûtes spatheuses, des signes noirs et de très-jolis petits buissons de dendrites. Enfin on voit éparses irrégulierement derriere ces fragments, de pareilles concrétions de verd de montagne, plus ou moins foncé, toutes couvertes de très-petits hémispheres semblables à de petits boutons. On voit encore une croûte mince, de ce verd de montagne, avec des facettes luisantes dans les fentes ou interstices des fragments de marbre ci-dessus décrits et qui sont eux-mêmes teints par dehors d'une terre rougeâtre. La pétrification paroît spatheuse dans d'autres morceaux, mais avec des mêlanges de différentes ocres et terres, de maniere qu'on les prendroit pour des fragments d'alberese, de couleur jaunâtre, d'un grain fin et dense, bizarement entre-coupé de reliures très-minces de spath. Dans d'autres encore, elle paroît intermédiaire entre le marbre et l'alberese de couleur rougeâtre, tout couvert de petites taches noires dendrites. Il paroît vraisemblable que le sédiment de spath en se consolidant en pierre avec tous les mêlanges hétérogènes qu'il contenoit, s'est restreint à un moindre volume, ce qui a causé toutes les lacunes et tous les vuides dans lesquels la substance spatheuse surabondante ne trouvant point d'obstacles, a pu se cristalliser en petits cubes bien caractérisés, la plûpart spiriteux et cristallins. Il paroît que les substances métalliques qui se trouvoient déja incorporées par hazard avec le spath, et qui avoient communiqué à ses cristallisations une couleur livide ou jaunâtre, y ont pour la plûpart formé des pointes. On en voit d'autres blanches comme le strass, partie en veines serrées, et partie en croute d'embrions cristallins. Dans quelques endroits, les petits cubes sont d'un jaune opaque, comme celui du marbre. Plusieurs autres ocres n'ayant pas une grande sympathie avec les molécules salmés du spath, ne purent y rester renfermées, et durent se réfugier dans les vuides où on les voit actuellement rassemblées en forme de croutes friables de différentes couleurs.

Deux petits morceaux d'une pierre dans lesquelles les concrétions de verd de montagne rompues par hasard offrent une structure intérieure disposée en lames, presque comme celles du talc, distribuée en sphere à rayons antimoniaux. Ce qui me les auroit fait prendre pour une variété de l'*ærugo nativa striata* (Wallerius,) s'ils n'étoient plus beaux que ceux décrits par Wallerius.

Deux petits morceaux des masses latérales trouvées dans l'excavation, qui sont de la pierre de l'espece du marbre, c'est-à-dire à grain salin, mêlée avec une dose presqu'égale de terre de couleur fauve, de sorte qu'elle est un intermédiaire entre le marbre et l'alberese. Elle offre des petites lignes, presque comme des reliures noires qui s'étendent en petites, mais très-belles dendrites de même couleur, dont on retrouve quelques-unes en différents endroits de la pierre, indépendantes des reliures ; dans quelques-unes des extrémités de ces morceaux, on voit certaines veines de spath transparentes, parmi lesquelles se trouvent de petites masses de fer un peu décomposé en ocre noire ou rouge, et des concrétions de verd de montagne.

Un petit morceau d'une pierre semblable un peu décomposée et rendue friable par l'influence de l'air, qui a enveloppé différentes petites masses de marcassite décomposée elle-même en ocre obscure ; à ce morceau, tient d'un côté une grosse croute sinueuse et tuberculeuse de verd de montagne.

De la terre de couleur fauve, d'un grain rude presque sabloneux, remplie de parties brillantes très-menues de talc argentin, dans laquelle furent trouvés les amas de malachite et les fragments de marbre avec le verd de montagne plus haut décrits.

Des veines de Spath d'un blanc de lait, peu ou point transparentes, dans lesquelles on distingue quelques cristallisations cuboïdes divisibles en lames paralleles, lisses et peu brillantes ; ces veines se trouvent dans le marbre Salni, et dans la pierre ci-dessus mentionnée. Quelques-uns de ces morceaux de spath se sont imprégnés d'une très-belle couleur violette.

Un morceau de lame de pierre de la nature de la pierre morte, semblable à l'amianthe, tachée en différents endroits de verd de montagne et d'ocre jaunâtre, orange et noire, provenant de la décomposition du fer et de la marcassite incorporés dans la même pierre, et qu'on y trouve sous la forme de petites masses sabloneuses noires.

Quelques morceaux et retailles de marbre salin à petits grains, de couleur partie blanche, partie perlée, avec des filaments semblables à des lames posées les unes sur les autres, à l'union desquelles il paroît une espece de ligne livide. Cette couleur provient de certaines lames ou feuilles détachées de matiere semblable à la stalactite, d'un verd sale, disposée en petites feuilles filamenteuses ; ces petites masses de stalactite sont restées renfermées en lits épais, dans la pâte du marbre. Dans cette stalactite sont incorporés et renfermés plusieurs cristallisations brillantes et très-menues de pyrites couleur de laiton, dont quelques autres séparées de la stalactite, isolées, et d'un plus gros volume, sont renfermées dans la pâte de marbre, présentant leurs faces quarrées, qui ont jusqu'à une ligne et demie de longueur. On voit dans le marbre une autre pyrite sablonneuse, semblable au calco-pyrite, disposée en forme de veines.

Un morceau de concrétion métallique de surface inégale et caverneuse. On y voit beaucoup de fer, partie en forme de pâte graveleuse, dense, noirâtre et un peu luisante, presque semblable à du fer fondu, partie en croutes pareilles à celle de l'hématite noire, et partie en croutes et tubercules couvertes de de cristallisations poligones, ou de cinq à six côtés paralellogrames et deux extrémités pentagones et hexagones ou pyramides qui offrent trois ou quatre faces triangulaires.

Une grande partie de ce fer est décomposée en ocre obscure, orange, ou rougeâtre plus ou moins dure, et enfin pierreuse, qui incruste la majeure partie du fragment. On voit dans cette concrétion ferrugineuse un grand amas de pyrites, couleur de laiton, tirant sur le verd, d'un grain le plus souvent menu, presque sabloneux, et d'un autre un peu plus gros, qui fait distinguer plusieurs cristallisations partie cubiques et partie prismatiques.

N'ayant plus rien à observer dans ces lieux, j'allai à *Lévigliani*, gros village situé un peu plus haut que *Terrinca*, mais dans la même branche de la *Pania*. Les flancs des montagnes aux environs de *Terrinca* et de *Lévigliani* sont couverts de toutes parts de chataigners à la reserve de quelques champs contigus aux villages. On ne voit qu'une seule chênaye au-dessus le *Lévigliani*. Tous les autres arbres outre les châtaigners sont des hêtres.

On voit dans la *Corchia* un grand nombre

d'oiseaux appellés *gracchi*, noirs et gros comme des grives. Ce sont peut-être les pyrrhocorax Jonston de avib. page 44, tab. 16.

Les pierres de ces montagnes, autant que ma vue me permît de le découvrir, étoient de la pierre morte, disposée en filons diversement inclinés, à la réserve de la *corchia* qui est toute composée de marbre.

Mines de mercure de Lévigliani.

La mine de mercure de *Lévigliani* est située sur la pente opposée de la vallée qui regarde le nord, vis-à-vis *Lévigliani*. Dans cet endroit la montagne est nue, sans un pouce de terre, toute formée de pierre morte, excepté qu'au sommet appellé *alpe de Levigliani*, elle est toute de marbre taillé à pic comme dans le *corchia*. Le puits creusé plusieurs années auparavant pour tirer le mercure, s'appelle *la cavetta*; son ouverture assez large du côté du nord, s'enfonce profondément dans la montagne suivant la direction de la veine. Je ne pus pas y pénétrer bien avant, parce qu'il étoit plein d'eau de pluie qui étoit tombée les jours précédents. Le Curé de l'endroit qui connoissoit les meilleures veines de mercure, me dit que ce minéral se trouve dans les veines de quartz blanc, qui entrecoupent les filons de pierre morte de la montagne, qu'il y avoit dans la carriere plusieurs veines de quartz, l'une desquelles étoit large d'une demi-coudée, et que le mercure étoit renfermé en forme de petites gouttes dans les cavités dont elles étoient remplies ; il me dit aussi qu'une fois en fouillant une mine il en coula tant de mercure pendant six minutes, que les mineurs n'ayant pas assez de vases pour le recueillir, en remplirent deux chapeaux. Je ne sais quel motif fit abandonner cette mine, qui, bien administrée paroissoit devoir non-seulement rendre les frais, mais encore un bénéfice considérable ; on dit dans le pays que pendant qu'elle fut ouverte elle ne produisoit pas un grand avantage aux propriétaires, car les travailleurs vendoient la nuit aux habitans de l'état de *Massa*, qui confine avec ce pays, une grande partie du mercure qu'ils tiroient pendant le jour.

Le long de cette petite caverne est un petit sentier sur le bord duquel sont quelques ouvertures plus petites qui dénotent qu'on a fait d'autres tentatives pour extraire le mercure de cette montagne. Dans une de ces ouvertures, au couchant de la mine, après en avoir tiré l'eau qui s'y étoit rassemblée, je fis rompre avec un poinçon par un tailleur de pierre, que j'avois amené avec moi, une veine de quartz, épaisse de six doigts, et dans l'espace d'une demi-heure, j'en tirai environ deux onces de beau mercure d'une bonne qualité, sans autre précaution que de laisser tomber les fragments de quartz sur de la cire étendue, de le laver là dessus et de le verser dans une petite bouteille de verre ; mais je m'apperçus qu'il en restoit beaucoup aux fragments du quartz, qu'on ne pouvoit bien en séparer par le procédé seul de la lavure. Observez qu'en rompant le quartz avec le poinçon on sentoit exhaler une vapeur sulphureuse, quoiqu'il eût fait très-froid tout le jour, qu'il tombât de la neige, et que le vent de nord soufflât.

On trouve en abondance sur toute cette pente escarpée de pierre morte, qui regarde le nord, des veines de quartz qui contiennent plus ou moins de mercure. On les connoît à une couleur perlée, à certaines veines noires, et à une espece de vernis argentin qui se trouve dans le quartz. Ces signes sont plus remarquables dans les veines de quartz plus grosses, et dans les endroits où plusieurs veines concourent à en former une seule. L'escarpement et la nudité de la montagne laissant les veines à découvert, permettent d'y faire des excavations et des contre-mines, et l'on peut les déblayer sans aucune espece de dépense et jetter en bas de la montagne, les terres qui en proviennent sans préjudicier au terrein, par lui-même très-stérile et inculte à la réserve de quelques châtaigners répandus çà et là.

A cent coudées de la carriere, un peu plus haut vers le couchant, est une saillie sur le même flanc de la montagne pareillement composée de filons de pierre morte, dans laquelle est la carrierre de marbre minéral. La principale est la plus grande. Elle étoit encombrée et ruinée de maniere qu'on n'y voyoit plus qu'un amas de masses énormes de pierre morte. M. *Maggi* se rappella d'avoir vu cette carriere très - profonde, et d'y avoir trouvé entr'autres une veine de cinabre très-beau, presque pur et haute de plus d'une demi-coudée. Il me dit que la carriere fut ruinée exprès par des travailleurs florentins, pour se délivrer de l'ennui qu'ils éprouvoient à travailler de force dans cet horrible pays; je ne garantis pas la vérité de ce fait. On a fait des tentatives autour de cette carriere ruinée. J'observai dans quelques-unes de ces petites grottes, des veines minces de quartz blanc dans lesquelles on voit de petites veines tortueuses de cinabre minéral d'un rouge vif très-beau, en lames luisantes comme un rubis.

On trouve mêlé avec ce quartz beaucoup de marcassite à petites pierres cubiques de couleur presqu'argentine, dont les parties qui ont été exposées à l'air, se dissoudent en ocre de couleur de rouille. On trouve aussi beaucoup de cette marcassite mêlée dans la pierre morte, qui renferme les veines de quartz ; cette pierre morte est en outre pleine de lames semblables au talc argentin d'un brillant qu'elle doit peut-être au mercure. J'observai que la nature avoit déposé la marcassite, non-seulement dans le quartz mais encore dans la pierre morte ; pourquoi n'auroit-elle donc déposé le mercure que dans le quartz ? En observant ces fossiles sur les lieux, on conçoit facilement que dans le sédiment général devenu ensuite pierre morte, les sucs quartzeux pyritiques et mercuriels se trouvoient mêlés çà et là ; que depuis chacun d'eux s'est coagulé et consolidé selon sa nature , à l'exception du mercure qui s'est maintenu liquide et est seulement resté renfermé dans les autres. Partout où ce minéral s'est trouvé , il a , je crois, donné un lustre argentin aux lames de talc de la pierre morte , la couleur de perle et un lustre semblable à la pâte du quartz ; il est resté rassemblé et renfermé dans de petites matrices de quartz comme je l'ai trouvé , et vraisemblablement , il s'est rassemblé en grande quantité dans quelques endroits. Enfin où le hasard l'a rassemblé et là où il est resté mêlé avec le suc pyritique , il n'est résulté de cette coagulation , ni mercure ni marcassite ; mais une substance tierce , c'est-à-dire , le cinabre minéral ou natif, qui est un composé naturel de mercure et de soufre qui se trouve dans la marcassite. Voilà je pense , une courte , mais claire théorie de la formation de cinabre minéral ou natif. Il est , comme le cinabre artificiel , un mêlange de soufre , mais pyritique , et de mercure , ou de vif-argent. Je ne sais point les doses précises de ces ingrédients. Dans le cinabre artificiel, une partie de soufre peut lier trois parties de mercure (*V. Aldrov. Mus. Mettallici, pag.* 642) mais dans la marcassite, outre le soufre, il y a une grande portion vitriolique et une forte portion ferrugineuse, qui peuvent altérer la proportion des ingrédients du cinabre naturel ; et peut-être ce mêlange de vitriol et de soufre est ce qui donne au cinabre naturel cette belle couleur à laquelle ne peut atteindre l'artificiel ; il est en outre indubitable que le mêlange de la marcassite et du mercure, d'où est résulté le cinabre minéral, s'est fait à froid par le moyen de l'humidité sans aucune chaleur souterreine dont la nature s'est absolument passée pour cette opération. Parce que nous voyons que pour faire le cinabre artificiel il faut fondre le soufre et le rendre liquide par le moyen du feu et qu'après l'avoir uni avec le mercure, il faut le sublimer, nous en tirons la conséquence qu'il a fallu une chaleur souterraine, qui fondît le soufre de la marcassite, afin qu'il pût lier le mercure, et qu'après ce mêlange ce dernier minéral a dû se sublimer par la force de cette même chaleur, pour former le cinabre minéral. La nature se rit de nos systêmes, et opére avec plus de simplicité que nous ne l'imaginons. Ces feux et ces chaleurs souterreines, qui font faire tant de bevues aux chimistes et aux philosophes, sont autant de chimeres qu'enfantent leurs cerveaux, et leur jargon ne sert qu'à tromper le peuple sous prétexte de lui expliquer les phénomenes de la nature. Je défie le premier venu de me montrer ou faire sentir ces feux et chaleurs souterraines, ou seulement de m'en faire voir les traces. Je démontrerai que tout ce qu'on dit être leur ouvrage, s'est fait à froid par le moyen de l'humidité et sans aucun dégré sensible de chaleur.

La montagne de *Lévigliani* n'a, je suis sûr, jamais eu de chaleur souterraine : le cinabre minéral loin de s'y être formé par le secours de cet agent, s'y est au contraire fait avec le suc pyritique et le mercure froid. La raison pour laquelle le cinabre est devenu si beau, c'est que la marcassite étoit un liquide aqueux ce qui a facilité l'attraction et le mêlange de ses parties avec celles du mercure. Si nous avions l'art de rendre le souffre fluide sans le secours du feu, nous pourrions faire du cinabre artificiel sans sublimation, le procédé n'étant nécessaire que pour bien désunir les substances qui composent le souffre. Voyez là-dessus la dissertation de *Gothofr. Séhultz, de cinnabari per precipitationem viâ humidâ parabili, dans les éphémérides de l'académie impériale des curiosités de la nature de l'année 1687, obs. 158.*

On pourroit opposer à ma théorie, que dans mon systême les liquides aqueux ayant été les matériaux composants la pierre morte, le quartz, la marcassite, le mercure, ce dernier devoit, à cause de sa gravité spécifique, se séparer des autres liquides, se précipiter au fond du filon, et par conséquent ne pouvoit rester renfermé dans les fossiles décrits. Je n'abandonnerai cependant pas ma théorie, car j'ai de fortes raisons de croire que les matériaux de ces fossiles avoient une grande analogie avec le mercure, et qu'une troisieme substance avoit facilité l'union du mercure avec les autres liquides, ou que ceux-ci avoient une force particuliere d'attraction, qui leur avoit servi à tenir renfermés les globules de mercure en s'opposant à l'action de leur gravité.

En rompant la veine de quartz plus haut décrite, et en lavant les fragments sur de la cire étendue, j'observai avec plaisir que le mercure y étoit fortement attaché et formoit dessus un voile argentin très-mince, tirant un peu sur le plomb ; et que quelques autres fragments blancs et entierement dépouillés de mercure, agités sur la cire, lorsqu'on les lavoit, attiroient quand ils touchoient les gouttes de mercure, une feuille très-mince de ce minéral, et restoient teintes de vif argent. Je découvris ce phénomene par hazard et sans y songer, et j'eus la curiosité de répéter plusieurs fois cette expérience qui ne manqua pas de me réussir, ce qui décide completement qu'il existe entre le mercure et le quartz, une attraction particuliere et réciproque à peu près comme celle qui existe entre ce minéral et les métaux. Je joignis une autre expérience à la précédente. Craignant de verser du mercure vierge dans une poche que je m'étois procuré, en rompant des morceaux de quartz que j'avois ramassé aux environs de la carriere, je le mis dans une bouteille de verre que je pris à cet effet à *Seravezza*, il me vint dans l'idée d'achever de la remplir avec des petits morceaux de ce même quartz qui contenoit du mercure. Lorsqu'elle fut pleine je l'agitai, alors le mercure se renferma dans ces fragments, s'attacha à eux si étroitement, qu'il perdit la forme de gouttes argentines, très-mobiles qu'il avoit d'abord et teignit toute la masse de ces morceaux, d'une couleur de plomb tirant sur le noir. De cette maniere, le mercure se fixa de sorte que pendant tout le voyage je n'en perdis pas une goutte. Arrivé à Florence, je ne pus recouvrer que le tiers du mercure que j'avois recueilli dans la carriere, et les fragments resterent teints d'une couleur de plomb. Je pris quelques morceaux de la même veine de quartz, rempli de très-petites cavités, dans lesquelles étoient rassemblées de petites gouttes de mercure vierge. Ces petites gouttes ne tomboient pas quoiqu'on tournât sans dessus dessous les morceaux qui les contenoient et même qu'on les agitât avec violence; elles s'étendoient, au contraire, formant une espece de voile argentin sur le quartz adjacent aux cavités; et s'il en tomboit un peu, ce n'étoit que les parties trop éloignées des parois du quartz qui auroient pu les attirer. Ces gouttes sont restées ainsi des années entieres, jusqu'à ce qu'à force de les remuer et de les agiter, la majeure partie du mercure en sortît. Si le mercure n'eût pas été attiré et retenu fortement par les parois de ces cavités, il seroit tombé sur le champ. Peut-être aussi le temps et la chaleur des étés a-t-elle dissipé ou affoibli la matiere qui l'attiroit. Remarquez qu'en rompant le quartz, on sent une forte odeur de soufre, indice certain que sa pâte contient beaucoup de ce fossile avec lequel le mercure a beaucoup de penchant à s'unir.

Lemery dit qu'il est quelquefois difficile de séparer le mercure de certaines terres avec lesquelles il est tellement lié, qu'on est obligé de le distiller; et que lorsqu'on le trouve fluide ou vierge dans la mine, il faut le faire passer à travers une peau afin de le purifier de quelques terres qu'il pourroit avoir avec lui. Tout cela prouve que le mercure a de l'analogie avec toutes les matieres au milieu desquelles on le trouve rassemblé dans les entrailles de la terre; ce qui rend plus vraisemblable ma supposition que quand les matériaux de la montagne de *Lévigliani* étoient des liquides aqueux, le mercure s'y est suspendu et renfermé par le moyen de l'attraction, on le trouve maintenant parmi les échantillons que je pris à Lévigliani. Les plus remarquables sont :

1°. Un morceau de veine de quartz blanc avec des petites écailles ou vernis brillant argentin, semblables au talc, qui s'est approprié des petites masses cubiques ou cuboïdes de couleur fauve, qui se levent en feuilles minces, comme la selenite. Certaines veines de matiere ferreuse ou pyritique, s'y sont en outre incorporées ; cette matiere est décomposée en ocre friable, couleur orange ou obscure, qui a communiqué sa couleur à quelque portion adjacente de quartz ; ce qui rend croyable qu'elle étoit libre dans le principe, lorsque tous les matériaux de cette concrétion étoient liquides. Ces veines de quartz sont renfermées dans des filons de pierre morte, couleur d'azur, toute couverte de filaments de talc argentin luisants, disposés en forme d'amiante.

On trouve dans cette pierre morte beaucoup de quartz en petites masses dispersées. Plusieurs petites masses de la marcassite ci-dessus décrite décomposée, ou ocre de couleur obscure, de petites masses de même spath de couleur orange avec cristallisations cubiques ; on y voit des croutes d'ocre couleur orange.

Différents morceaux de la pierre morte que j'ai décrite plus haut, de couleur cendrée tirant sur l'azur et le verdâtre, à feuilles de talc très-fines, irrégulieres et ondées, avec des filaments d'amianthe luisante comme si elle étoit argentée, coupée dans toutes les directions et mêlée de veines et lames de quartz blanc de la nature du marbre. On trouve aussi mêlés et incorporés, tant dans la pierre morte, que dans le quartz, plusieurs petites cristallisations cubiques de marcassite couleur de laiton, des petites masses de spath jaunâtre avec des cristallisations cubiques comme les précédentes, des lames et petites masses d'ocre obscure, d'autres petites masses et incrustations de matiere métallique noire non luisante, quelques petites veines capillaires de couleur plus ou moins vive, quelquesfois tirant sur le jaune, le brun et le noir. Dans le plus gros morceau qui se trouve dans une veine de quartz, on en voit une qui paroît être du cuivre piritique. Dans d'autres morceaux, les veines de cinabre sont aussi plus grandes, d'une couleur très-vive, solides, ayant les facettes des sections brillantes ; dans d'autres, elles sont de couleur de chair, vraisemblablement parce qu'il a été décomposé par les injures de l'air.

Plusieurs morceaux d'une veine de quartz blanc de la nature du marbre, écrasée, presque platte, haute de sept lignes au plus, renfermée entre deux lames de pierre morte avec des feuilles ou voilures très-minces de talc argentin. On voit dans la pâte de ce quartz quelques petites veines de très-beau cinabre, et près la pierre morte adjacente, on voit aussi quelques masses friables d'ocre jaune d'un grain un peu rude qui le plus souvent confine avec le cinabre ; il paroît qu'elle a toujours été dans cet état et que ce n'est point une décomposition. Dans un de ces morceaux la veine de quartz a jusqu'à dix-neuf lignes de hauteur et outre l'ocre friable, elle a incorporé quelques petites masses semblables qui dans l'origine étoient de l'ocre ; mais qui enveloppées, de suc quartzeux, sont devenues de la pierre brune dense et presqu'aussi dure que

le

le jaspe; mais qui rompue avec le quartz, offre des lames brillantes.

D'autres morceaux de veine de quartz dans la pierre morte dans lesquelles on voit quelques petites veines de cinabre d'une couleur très-vive, et certaines incrustations d'ocre de couleur fauve et d'autre noire, avec de la marcassite cubique couleur de laiton et quelque peu de matiere métallique noire incorporée dans la pierre morte.

Quelques morceaux de pierre morte avec les lames ordinaires de talc, partie cendré, partie couleur d'azur, et des veines attachées de quartz marbré tachées de noirâtre et de rouge. On voit incorporées dans la pierre morte et dans le quartz, de pareilles cristallisations cubiques de pyrites couleur de laiton, et dans une veine de quartz on observe un amas considérable des mêmes cristallisations, se pénétrant les unes et les autres, et formant une masse solide et coupée par des reliures de quartz; quelques parties de ces pyrites sont décomposées en ocre couleur de rouille qui a taché la pierre adjacente.

On ne rencontre dans les mines de Lévigliani aucuns des indices proposés par Lemery, pour connoître les mines de mercure. On peut réduire le mercure vierge de cette carriere à l'*hydrargyrum nudum Linn. Syst. Nat. pag. 171, num. 1*, et le cinabre minéral, à l'*hydrargyrum rubrum pyriticosum ejusd. num. 3*. On peut voir au surplus sur la nature du mercure Théodore Zuingero *de hydrargyri naturâ, viribus et usu, in fasciculo dissertationum medicatum selectiorum, dissertatio 6, p. 222, &c.*

On ne sait pas précisément dans quel temps les mines de Lévigliani furent ouvertes. On lit dans une Chronique de Florence, composée et écrite de la main de *Beneditto Dei* Florentin, conservée dans la bibliothéque Magliabecchiana, sous l'année 1470 : Gino Capponi trouva les aluns et les cuivres. Les mines de fer et de vif argent furent trouvées dans le Florentin. La comté de *Santa Fiora* n'étoit pas alors unie à l'état de Florence, et je ne connois pas d'autre endroit que Lévigliani où l'on trouve des mines de vif argent. On dit dans le pays que la compagnie du pere Paci Livournois dont j'ai déjà parlé, les fit exploiter. Depuis, le grand duc Côme III voulant faire imprimer dans son imprimerie ducale, des livres ecclésiastiques rouges et noirs, on lui conseilla, pour se procurer un beau rouge, de faire reprendre le travail de ces mines. Il y envoya Joseph-Antoine Torricelli sculpteur en pierres dures de la galerie royale, pour qu'il reconnût ces carrieres et donnât la méthode à suivre dans l'exploitation. Torricelli retourna peu de jours après et présenta au grand duc cent vingt livres de cinabre minéral d'une beauté surprenante, qu'il avoit tiré lui même, et dit qu'il en avoit laissé une quantité prodigieuse. Son altesse très-contente de cette découverte eut la bonté de donner à l'imprimerie ducale, la possession de la mine de Levigliani, pour l'aider dans l'entreprise des livres rouges et noirs, quoique ses ministres lui représentassent que ce don étoit de trop de conséquence d'après la rélation de Torricelli. Il existe imprimé un privilege de faire exploiter les mines de Lévigliani et de tout le Capitanat de Pietra Santa accordé à Gio-Gaëtan Tartini et Santi Franchi, administrateurs de l'imprimerie ducale, obtenu le 31 mai 1718. Cet écrit accorde à ces directeurs le privilege des mines de cinabre qui se trouvent dans tous les états du grand duc sans aucune dîme, et avec plusieurs exemptions. On y joignit de se servir de l'édifice que le grand duc fit acheter et réparer à cet effet, pour rendre plus commode l'exploitation de ces mines.

M. Tartini me dit qu'en exécution de ce diplôme, on songea à envoyer des ouvriers à Levigliani pour tirer le cinabre. On ne put déterminer Torricelli à y retourner ; il allégua plusieurs excuses pour s'en dispenser et proposa Jean-Baptiste Farsetti carrier de Settignano auquel il donna les instructions nécessaires à son travail. Farsetti se rendit donc à Levigliani plein des plus belles espérances qui furent bien deçues car dans tout l'été il ne recueillit que fort peu de cinabre. On l'y renvoya l'été suivant, mais il en trouva encore moins que le précédent. Encore étoit-il obligé pour s'en procurer de le tirer des petites veines capillaires, de le broyer, puis de le laver ; envoyé à Florence, il falloit encore le laver pour le séparer de la marcassite qui s'y trouvoit en grande quantité ; le produit que l'imprimerie en retira pendant deux étés, n'égala pas la dépense : on crut donc plus avantageux d'abandonner ce travail, quoique Torricelli repétât que le cinabre devoit s'y trouver en abondance. M. Tartini me fit présent de quelques petites masses de ce cinabre, analogues à quelques autres que j'ai trouvées dans la collection de Micheli, c'est-à-dire, en forme de cristallisations grouppées, d'un rouge sanguin un peu transparent, avec des faces luisantes un peu livides, de figure indéterminée, dont plusieurs cependant pourroient passer pour des pentagones. Toutes offrent une base disposée en petites lames filamenteuses ; et dans l'endroit où les masses sont rompues, elles présentent une poudre de cinabre très-vif. Quelques années après, Marie proposa au grand Duc de faire rouvrir cette mine : son altesse eut la bonté de lui faire donner cent vingt écus du trésor-royal. Tant que cette somme dura, Martini fit travailler, mais il retira fort peu de cinabre.

Il y avoit à Lévigliani une maison du domaine de S. A. R. dans laquelle couchoient les ouvriers de la mine, au-dessous des carrieres ; le torrent Petrioto, étoit un hangard avec une meule, qui servoit à broyer la veine de cinabre et un lavoir. On y trouvoit les autres ustensiles nécessaires, excepté les ferrements qui venoient d'être vendus; tout auprès, étoit une habitation qui servoit de magasin, l'eau du torrent étoit à proximité; enfin cet établissement avoit toutes les commodités nécessaires.

J'ai vu entre les mains de Micheli deux beaux moreaux du cinabre tiré par Torricelli, qui pésoient trois livres. Ils lui avoient été donnés par Torricelli lui-même, et il les vendit ensuite à M. *Claude Reikardingher*.

Torricelli tira du cinabre de cette montagne, mais il en tira surement aussi du mercure, quoique l'imprimerie du grand duc n'en eut aucune connoissance. Peut-être Torricelli trouva-t-il du mercure dans un autre temps vraisemblablement avant l'excavation faite pour tirer le cinabre; et peut-être aussi trouva-t-il le cinabre en tirant le mercure. M. le Curré Maggi, témoin digne de foi, avoit vu Toricelli tirer du mercure dans une mine et du cinabre dans l'autre, selon son rapport et celui de quelques autres habitants; tant que Torricelli assista à l'excavation, la besogne alla fort bien, et l'on retiroit une grande quantité de mercure; mais sitôt son départ pour Florence, les ouvriers travaillerent lentement, ils voloient du mercure qu'ils portoient vendre à Massa et beaucoup d'entr'eux participerent au bénéfice ; pour couvrir leur vol et la lenteur du travail, ils faisoient dire à Florence que les veines manquoient. Je ne me rappelle plus si Torricelli retourna sur les lieux, ou si on y envoya des inspecteurs fideles ; le vol et la négligence des ouvriers furent découverts, les plus coupables furent renvoyés et châtiés, et l'on en fit venir de nouveaux de Florence. Ceux-ci firent ce qu'avoient fait leurs prédécesseurs ; mais la plûpart s'ennuyerent des fatigues qu'ils éprouvoient dans ces lieux horribles. Il étoit naturel que des gens qui demeuroient ordinairement à Florence, où ils étoient accoutumés à un bénéfice honnête, à un travail peu fatigant, se dégoutassent d'un travail pénible et continuel dans des déserts horribles et glacés qui ne peuvent plaire qu'aux habitants qui y ont leurs possessions, et aux naturalistes. Ils maudissoient donc l'heure et le moment qui les avoient vu arriver, et cherchoient tous les moyens possibles pour se dérober au travail et retourner à Florence ; l'excuse de la rareté de la veine n'ayant pas été trouvée bonne, et l'ordre étant venu de Florence de prolonger les travaux jusque dans l'hiver, ce qui étoit une gaucherie de la part de ceux qui l'expédierent, l'endroit n'étant pas praticable dans cette saison, les ouvriers désespérés eurent recours au dernier reméde, qui fut de mettre hors de service la carriere d'où l'on tiroit le cinabre et celle qui fournissoit du mercure vierge, en affoiblissant avec le pic la voute et les piliers ; mettant ensuite le feu aux pieces de bois qui la soutenoient, ils la firent écrouler. Ce désastre joint à ce que le bénéfice étoit trop peu considérable, à cause du mercure soustrait par les ouvriers, fit expédier l'ordre de cesser le travail, et ils obtinrent la permission si désirée de retourner à Florence.

Voilà ce que j'ai entendu dire à des personnes du pays qui se prétendoient très-instruites de ce fait ; j'ai cru ne pouvoir me dispenser de le rapporter, afin que si quelqu'un se déterminoit à r'ouvrir cette mine, il pût prendre des précautions contre la distraction furtive du mercure, et voir au premier coup d'œil si elle est ou non abondante.

Voilà la maniere dont Torricelli séparoit le mercure du quartz, qui m'a été donnée par M. *Maggi*. On portoit dans des vases de bois toute la veine de quartz détachée de la mine, au bâtiment dont nous avons parlé, situé à environ cinquante coudées de la mine, sur le torrent Petrinto. On y jettoit tous les petits morceaux dans des lavoirs faits exprès aux fonds desquels se rassembloit tout le mercure séparé du quartz, ou par le mouvement du transport, ou par l'impulsion de l'eau courante qui y étoit conduite par un canal. On enlevoit ensuite les morceaux de quartz qu'on rompoit à coup de masse; on les mettoit ensuite dans un plateau de marbre, où on les broyoit sous une meule tournée à bras; on ôtoit ensuite cette pâte du plateau et on la mettoit dans d'autres lavoirs où on la lavoit avec de l'eau courante qu'on agitoit en la tournant pendant long-temps; le mercure se rassembloit au fond, d'où on le tiroit pour le mettre dans un magasin attenant à l'édifice.

Le cinabre se tiroit de la même maniere, c'est-à dire, en broyant la matrice, en la lavant, et en recueillant le cinabre qui restoit au fond. On jettoit ensuite comme inutiles les morceaux de quartz. Mais selon moi, Torricelli et Farsetti commettoient une grande faute, et perdoient beaucoup de mercure. J'ai démontré plus haut l'attraction prodigieuse qui existe entre le mercure et sa matrice, phénomène auquel ils ne firent pas attention, et qui devoit leur démontrer qu'il est impossible par le moyen seul des lotions, de séparer le mercure du quartz, qu'en suivant ce procédé Torricelli devoit en perdre la majeure partie ; et que plus on étendoit la surface du quartz par la trituration, plus l'attraction devoit s'augmenter et la perte du mercure s'ensuivre.

Si donc on pensoit jamais à rouvrir cette mine, je proposerois d'employer les lotions comme faisoit Torricelli ; mais je voudrois ensuite que tous les morceaux de quartz tirés des treuils et séchés, fussent mis dans des vases de terre cuite sur des fourneaux, que par le moyen du feu, on fît évaporer le mercure, qui auroit résisté à l'action de l'eau. Ce minéral élevé en forme de vapeur seroit reçu dans un chapeau de terre vernissée, bien luté avec un vase placé dessous, et là réuni en gouttes par le moyen d'un long bec, plongé dans une terrine pleine d'eau, le faire couler et déposer dans le fond de ce vase.

Cette opération est une des plus faciles qu'offre la métallurgie ; c'est de ce procédé que l'on se sert pour dépouiller l'or du mercure qui s'étoit amalgamé avec lui ; l'attraction réciproque du mercure avec l'or, est plus forte qu'avec le quartz. Je sçais cependant que l'on pourroit tirer du quartz tout le mercure qu'il renferme, sans en perdre un grain. Cette opération, si on la suit avec exactitude, c'est-à-dire, si les cloches sont bien luttées, et leurs becs toujours sous l'eau, est la meilleure de toutes : elles n'est point dangereuse pour la santé comme la plupart de celles proposées par les maîtres de métallurgie ; le dégré de chaleur propre à cette distillation, doit être un peu plus fort que celui de l'eau bouillante, ainsi la dépense des braises ou du bois ne doit pas être considérable. On ne pourroit fabriquer les cloches de terre dans le Capitanat de Pietra Santa, celle de cet endroit n'y étoit peut-être pas propre; mais on le pourroit à *Monte-Lupo* ou *à Figline di Prato* et elles serviroient long-temps. Les fourneaux sont très-simples et couteroient fort peu, on pourroit les faire avec des briques crues (1).

Ainsi toute la dépense pour mettre l'édifice actuel en état de servir, se réduiroit à quelques centaines d'écus : il ne s'agiroit que de construire un hangard de plus pour les fourneaux et de refaire les fourneaux eux mêmes. Les meules et les treuils y sont ; il faudroit racheter les instruments de fer pour miner et rompre la veine. Ajoutez à cela qu'il y a à Levigliani une maison en bon état qu'on a coutume de céder à ceux qui exploitent cette mine ; mais elle est étroite et auroit besoin de quelque augmentation pour être un peu plus commode.

L'eau que je trouvai dans la carriere diminue beaucoup en été et le peu qui en reste ou qui y filtre par des canaux souterrains, pourroit facilement en être extrait par le moyen d'un canal. La pente est très-rapide, et l'on peut lui donner l'écoulement que l'on veut et se débarrasser facilement des terres provenantes de l'excavation. Je ne me contenterois pas de cette seule carriere, j'en

(1) On peut voir dans la relation du Voyage de la mer du sud, par M. Frezier, tab. 22, la figure des fourneaux dont on se sert au Pérou, pour extraire le vif argent de la veine.

ouvrirois encore d'autres sur toute la surface du flanc en suivant la direction des veines de quartz plus abondantes en mercure, qui se présentent dans tous les endroits.

Quant au cinabre j'en tirerois ce que je pourrois en petits morceaux pour l'usage des couleurs , mais celui qui est plus menu et incorporé avec le quartz , je le broyerois avec sa matrice et par le moyen du feu ; en me servant du procédé ci-dessus , j'en tirerois le mercure de la maniere usitée en Hongrie à *Gorizia* et à *Guanca Velica*, en Amérique , et pour séparer le mercure du cinabre artificiel. On tire encore ordinairement du cinabre artificiel quelque portion de bon argent , qui tient un peu de l'or. Cette opération , seroit d'un grand produit si elle réussissoit , c'est-à-dire , si l'on pouvoit tirer de l'argent du cinabre de *Levigliani* outre le mercure. Il est bon cependant d'avertir que cette veine contenant beaucoup de marcassite , il faut prendre en la fendant bien des précautions pour empêcher les exhalaisons sulphureuses et peut-être arsénicales de la marcassite , d'absorber une grande partie du mercure, ou de quelque métal plus précieux , qui pourroit s'y trouver confondu, et peut-être seroit-il nécessaire d'y mêler de la limaille de fer pour attirer et absorber la trop grande quantité de soufre.

La carriere où l'on recueille ce cinabre est éboulée, mais seulement à l'embouchure, et je crois que pour la rouvrir, il ne s'agiroit que de la déblayer et d'en tirer les masses qui y sont tombées. Cette opération entraîneroit peu de dépense et pourroit s'exécuter facilement en les soulevant et les faisant rouler en bas de la montagne. Je voudrois encore qu'on essayât d'ouvrir les autres carrieres qui se trouvent sur les flancs de la montagne, qui offrent toutes des veines de quartz avec des signes certains qu'elles recelent du cinabre. On peut donner à leur ouverture autant de diametre que l'on veut et les creuser à la plus grande profondeur sans craindre les eaux que les filons de pierre morte empêchent de pénétrer; la pente de la montagne facilitant le déblayement.

Je ne crois pas me tromper moi-même, ni induire les autres en erreur, en disant qu'il y a beaucoup à gagner en rouvrant ces mines. Le mercure s'y trouve en grande quantité non-seulement dans le quartz, mais encore dans la pierre morte. Les frais d'excavation et d'épurement coutent fort peu de chose et aujourd'hui il se vend très-cher. On en fait un grand débit particulierement pour les mines d'or des Indes. Outre ces considérations, il ne faut pas attendre des années pour connoître le bénéfice que l'on fait dans les mines de mercure ; on peut le vérifier tous les soirs. On doit en espérer tout l'avantage possible en mettant à la tête de la manufacture un sur-intendant et directeur d'une probité reconnue et très-versé dans ce genre de travail. Je conseillerai à ce directeur de choisir pour ses co-adjuteurs et ses ouvriers les plus honnêtes-gens qu'il pût trouver; avec toutes ces précautions, je ne lui répondrois pas encore qu'il ne seroit pas volé. Je ne prendrois personne accoutumé au séjour de la ville, mais plutôt des gens du pays, parce que dans ce séjour, le plus horrible qu'il soit possible d'imaginer, on ne trouve gueres à manger que quelques légumes dont s'accomodent fort difficilement les gens accoutumés à vivre à la ville. Et si l'on vouloit se procurer une nourriture plus agréable, elle coûteroit fort cher à cause des transports. Enfin il est impossible que des personnes acoutumées à vivre dans les villes ou dans des campagnes agréables, puissent se résoudre à se réléguer dans ces especes d'hermitages. Les habitants du pays y vivent très contents et sont fort bons travailleurs; il suffiroit qu'ils fussent fideles, dociles et obéissants, ces opérations n'exigeant pas beaucoup de science.

Je ferois faire à l'ouverture de la mine une porte mince que je fermerois pendant la nuit pour qu'on ne vînt pas voler de la veine, et plus encore pour que les ouvriers n'y allassent pas prendre pendant la nuit le mercure ou le cinabre qu'ils y auroient caché pendant le jour. Je croirois même plus à propos de faire faire au lieu de porte une grille de fer, afin de ne pas renfermer dans la carriere les exhalaisons nuisibles qu'elle pourroit contenir comme la plûpart des mines. Je fermerois avec beaucoup de soin le magasin dans lequel je ferois même coucher quelqu'un, parce que dans ce désert rien ne seroit plus facile que de voler. Dans les mines d'autres métaux le seul risque à courir, est d'être volé par les ouvriers, lorsque le métal est perfectionné; encore peut-on parer à cet inconvénient en le confiant à un dépositaire fidele qu'on rend responsable; mais le mercure exige bien d'autres précautions.

Il se trouve souvent très-pur dans la mine et peut se vendre sans exiger de préparation ; lorsque les ouvriers n'ont pas les vases propres à le recevoir , ils peuvent le cacher dans le creux d'un rocher , pour l'aller ensuite prendre pendant la nuit , ou bien le boire , ce qui est la maniere la plus facile de le voler. Le remede à cette derniere ruse est de les faire rester une demi-heure devant le directeur , avant de les laisser sortir , ce qu'on a coutume de faire dans les autres mines , toutes les précautions possibles ne suffisant pas pour s'assurer des ouvriers. L'essentiel est de se procurer un bon chef incapable de s'entendre avec les autres. Il faudroit encore faire venir de temps en temps des sbirres , pour fouiller tous ceux qui sortiroient des mines ou de la fabrique , et les bien payer de leurs peines ; enfin il faudroit avoir soin de tenir les ouvriers dans une défiance continuelle les uns des autres et que chacun d'eux fût l'espion de son camarade. Il faudroit encore prendre des étrangers pour diriger les travaux , les bien payer , pour qu'ils ne fussent pas tentés de voler ; cette différence préviendroit encore mieux les larcins ; car des gens qui ne seroient pas du même pays ou du même rang s'accorderoient difficilement ensemble et se surveilleroient respectivement.

Crayon noir de Levigliani.

J'observai sur cette montagne les plantes suivantes, *erica alpina procumbens prorsùs glabra, foliis juniperinis ex adverso quaternis, longioribus angustioribus et veluti marginatis ac costâ donatis, floribus dilutè purpureis bilinearibus; uno versu dispositis calice longiori. Mich. H. flor. pag. 134, num.* 4. Ces fleurs ont un double calice.

Carlina caulescens magno flore albicante C. B. Pin. Les calices des fleurs déja secs étoient remplis d'une gomme appellée *exia*, sur laquelle on peut voir ce que dit *Melchior Guilandino de Papyro, pag. 126*, Tournefort (voy. du Levant tom. 1, let. 1, pag. 13) dit que dans le levant on se sert pour mastiquer de l'exia produite par la Carlina. *Gio Bauhino (de variis fossilibus, &c. pag. 180)* dit que les sangliers sont très-friands de la racine de *carlina*, qu'ils tirent de terre avec leurs pieds et leur grouin.

J'observai sur le chemin de la mine au

bâtiment deux filons de crayon noir à dessiner aussi bon que celui d'Espagne et d'Allemagne. Le plus haut contient beaucoup de veines de marcassite dissoute en forme de fer rouillé qui le rendent dur ; le filon placé immédiatement au-dessous est assez gros et d'un crayon noir parfait, plus dur néanmoins dans quelques-unes de ses parties que dans les autres. C'étoit dans l'origine, de la pierre morte; mais de celle qui dégénère en ardoise et qui s'est métamorphosée en crayon noir, par le mêlange de quelque substance minérale, peut-être pyritique, qui, vraisemblablement n'a pas permis à cette portion de s'endurcir, comme au reste de la pierre morte. L'illustre Linné, *syst. nat., pag. 154, num. 6*, met le crayon noir du même genre de l'ardoise et l'appelle *schistus scripturâ atrâ; Waller Mineralog.* l'appelle *fissilis mollior, friabilis pictorius, nigrica, creta nigra*, et dit que *c'est une ardoise qui est comme détruite.* Je l'appellerai plutôt une ardoise imparfaite, c'est-à-dire, qui n'a pas acquis la consistance de la pierre ; je ne sais si c'est de cette espece que veut parler le Cesalpin (*de metallicis lib. 3, cap. 8, pag. 87*) en disant : *aliud genus affertur (è Germaniâ) nigrum ut carbo et crustosum, quod pictores matitam nigram vocant ;* j'en ai pris des morceaux sur les lieux, et les ayant fait scier dans la galerie, j'en ai retiré des pointes minces et très-longues de très-bon crayon noir qu'on amincit autant que l'on veut, et que les peintres et les amis à qui je l'ai fait essayer, trouvent aussi bon et aussi doux que celui que vendent les marchands. On en trouve une quantité prodigieuse à Levigliani, et Dieu sait combien mes compatriotes en tireroient s'ils vouloient s'en donner la peine, et profiter des dons que la nature leur a fait si libéralement, au lieu de laisser sortir l'argent du pays. Les filons découverts rendroient cette opération facile, et avec le seul secours de la houe on pourroit en tirer dans un jour une quantité prodigieuse, de sorte que ces frais d'excavation et de transport étant fort peu de chose, on pourroit se procurer un bénéfice honnête en l'exportant; peut-être en découvriroit-on dans quelques autres endroits en faisant des recherches dans ces montagnes. Les échantillons que j'ai pris sur les lieux et ceux que j'ai reçus dernierement du docteur *Francesco Molletta* médecin de Pise, offrent une pâte à feuilles minces un peu ondées, participant à la nature de l'ardoise et à celle de la pierre morte, unies étroitement ensemble, et couvertes, plus ou moins, d'un voile ou feuilles très-minces de talc brillant, tirant sur le plomb ou le noir selon la couleur du fond.

On trouve incorporées dans quelques morceaux, certaines petites lames de matiere ferreuse ou pyritique noirâtres, à peu près semblables aux reliures du spath dans les albereses; et lorsque le crayon se rompt, il n'est pas bon pour dessiner ; dans quelques autres, on voit parmi les lames du crayon une incrustation d'ocre brune un peu dure et dont le mélange les endurcit ; dans d'autres, les lames sont irrégulieres, et couvertes de trous dans lesquels on voit des spongiosités dont les parois sont durs, remplies d'ocre friable noire couleur de rouille, et brune; quelques autres lames ont un vernis épais de talc d'une couleur d'or que lui ont communiquée ces ocres.

J'en ai un morceau dans lequel on voit une veine irréguliere d'un peu de quartz toute couverte de cavités, remplies d'une ocre ferrugineuse noirâtre et brune, faisant corps avec le même limon qui s'est consolidé en crayon.

Enfin je pris un morceau de concrétion irréguliere de quartz et d'une pâte de crayon dans laquelle le quartz se trouve sous la forme de petites feuilles graneleuses, d'un blanc transparent, tortueuses et entrelacées, et vernies en quelques endroits de talc argentin. Dans leurs interstices est renfermée une terre noirâtre friable, et une ocre pareillement friable, brune et couleur de rouille, qui, en quelques endroits, a presque la dureté de la pierre et est disposée en lames et croutes spongieuses.

L'inspection de ce morceau et des précédents, feroit conjecturer que dans l'origine un sédiment de limon d'ardoise et de talc, fut inondé ou couvert de sucs quartzeux et ferrugineux, mais que ces sucs n'ont pu bien s'incorporer dans la substance tenace de l'ardoise, ce qui les a obligé de se consolider le mieux qu'ils ont pu et de former les croutes mentionnées laissant dans les interstices, telle qu'elle étoit, la terre avec laquelle ils n'ont pu s'incorporer.

Au-dessous et au-dessus des filons de

crayon noir, sont des filons de pierre morte qui pour la couleur et les veines ressemble parfaitement au marbre violet de Flandre. Je me souviens d'avoir vu à Pise des tronçons de colonnes d'une pierre de couleur violette avec des veines plus ou moins foncées et qui prenoient un beau poli. Je les croyois alors de marbre violet de Flandre, mais à présent, je vois qu'elles pouvoient être de cette espece de pierre morte.

Marbres mixtes de Levigliani.

Dans la montagne située au-dessus du village de Levigliani, à l'endroit où se trouve le crayon noir, on voit un précipice horrible et très-haut de marbre blanc à peu près comme celui de la Pania; dans ce précipice est un filon de très-beau marbre mixte appellé *mistio persichino di Levigliani*; je ne pus le voir à cause de la neige tombée quelques jours auparavant qui couvroit la montagne. On me dit que ce filon étoit assez grand pour qu'on pût en tirer des colonnes et des tables d'une grandeur considérable, mais l'escarpement rendant la montée et la descente également dangereuses, je ne pus m'en procurer que des petits morceaux, autant qu'un homme peut en porter sur les épaules. La couleur dominante de ce marbre est la fleur de pêcher mêlée de rouge plus foncé, de violet, de blanc, &c. Il a des veines et des nuances bien disposées, de sorte qu'il est très-beau et prend un beau poli.

L'abbé Marc Augiolo Augiolini de Seravezza, me donna en décembre 1752, un bel échantillon de ce marbre mixte de Levigliani où l'on découvroit des pieces irrégulieres de marbre blanc à gros grain salin, qui se rompt en molecules un peu grosses et pierreuses, transparentes comme du sucre candi très-rafiné, avec des facettes brillantes ; ces pieces ont perdu en grande partie et irréguliérement leur blancheur et leur transparence, pour avoir été enveloppées et tachées d'une teinture rouge foncée en certains endroits et plus pâle dans d'autres, qui forment le plus grand nombre, de sorte que parmi ces taches la couleur de rose, la couleur de chair, ou fleur de pêcher dominent, et que là où la couleur rouge s'est maintenue, la pâte du marbre paroît moins saline et moins transparente ; ces especes de mottes blanches ainsi tachées de rouge, se voyent sur une grande partie de la superficie et dans certaines fentes internes tachées de couleur livide ou plombée provenante d'un limon, qu'il avoit originairement, dans lequel sont restées plongées et séparées les mottes, et qui paroît être de la même nature que la pierre morte, disposée en lames de talc argentin, semblable à celle que je trouvai dans la veine de mercure, et qui se rencontre souvent dans les marbres mixtes et dans les cailloux des autres endroits de ce Capitanat; les mottes du marbre salin blanc, furent dans l'origine la matiere principale et plus abondante de cette pétrification ; il paroît qu'elles furent un peu plus tenaces que la pâte de la pierre morte qui les renfermoit, puisqu'elle n'a pu les pénétrer qu'en quelques endroits et le plus souvent à la superficie, et qu'elle a seulement formé une masse plus sensible dans les interstices qui demeuroient vuides entre les points des mottes, qui auroient dû être en contact immédiat ; cet arrangement a cependant suffi pour rendre ce marbre plus beau; ces veines et ces nuances livides ou plombées, distribuées avec grace, détruisent la trop grande uniformité et font mieux sortir les couleurs rouges et blanches. Il se trouve dans cet échantillon une veine de matiere blanche différente du marbre, d'une substance plus dure, qui présente des madrosités et des cavités avec certaines pierres informes de la nature du quartz, qui part d'un des points les plus considérables de la substance que j'ai dit être de la nature de la pierre morte.

Le même abbé Augiolini me fit encore présent d'un échantillon d'un très-beau caillou tiré de cette même montagne de Leviliani, formé, à ce qu'il paroît, des mêmes ingrédients, mais combinés un peu différemment. On y voit beaucoup de cailloux et de fragments de marbre blanc avec leurs angles et leurs tranchants, comme s'ils venoient d'être séparés d'une masse à coups de pic. Ils sont tous plongés et liés dans une pâte pierreuse uniforme, de couleur rouge noirâtre ou plombée, semblable à celle du marbre mixte plus haut décrit, mais avec cette différence, qu'elle se trouve en plus grande quantité dans le caillou en question, et qu'elle a enveloppé et teint de différentes nuances de rouge, une grande partie des seuls fragments plus menus de marbre blanc, laissant absolument sans tache la blancheur des plus grands qui sont rares, et les parois des plus petits, qui sont en grand nombre ; d'où résulte une espece de marqueterie fort agréable à l'œil.

Mines de cuivre de Levigliani.

Il doit y avoir aussi dans ces cantons une mine de cuivre, car le docteur Fortini de Seravezza me donna un morceau de pierre malachite trouvée dans les montagnes de Levigliani par un travailleur nommé *Carto Antonio*, mort peu de temps auparavant, qui connoissoit beaucoup ces lieux et étoit continuellement à la recherche des mines et des marbres. Cette malachite est d'une couleur verte très-vive, indice certain de la perfection du cuivre et a quelques taches d'azur, qui annoncent, je crois, une solution de cuivre, comme il s'en trouve dans l'azur de montagne de Massa que j'ai décrit, et non de l'or comme le lapis lazzuli oriental; elle est assez dure et elle prit un beau lustre lorsque l'ouvrier qui me l'avoit donnée l'eût applanie. Elle offroit des feuilles minces et tortueuses comme l'agathe, changeantes et prenant une couleur verte plus claire ; le dessus laisse voir les traces d'une matrice remplie de tubercules. J'ai dans mon cabinet deux beaux échantillons de malachite, dont l'un a été pris je ne sçais où par Micheli ; je ne me rappelle plus qui m'a donné l'autre ; seulement l'écrit qui est dessus, de la même main que celui qui couvre un échantillon de mine de plomb de Bettigua, dans la communauté de Terrinca, me feroit soupçonner que je l'ai reçue du Curé de Levigliani. Ces deux pieces prouvent évidemment que la malachite étoit originairement du quartz mêlé de liquide de cuivre, et depuis coagulé en forme de matrice de cristal imparfaite, ou bien qui n'étant pas mûre, n'a pu étendre les aiguilles ou les cristallisations du quartz, peut-être parce qu'il n'y avoit pas de matiere propre à cela, ou que le mêlange du cuivre prédominant l'a empêché. De là vient que ces morceaux de malachite se sont formés avec le même mécanisme qui a coagulé les croutes mameleuses des calcédoines de Voltera, les croutes ferrugineuses, mameleuses de la mine de fer de Palatina, et les cornalines de l'isle de Zea. En outre la malachite est très-analogue au verd et azur de montagne de Massa, excepté cependant que le spath a eu part à la coagulation de ceux-ci, et que le quartz a participé à la formation de la malachite. L'illustre Linné, syst. nat. pag. 179, mém. 7, l'appelle *cuprum viride*.

J'ai oui dire qu'un de MM. les Marquis Feroni étoit intéressé dans une mine de cuivre de ce Capitanat, vraisemblablement dans le temps de la compagnie du pere Paci; mais jusqu'à présent je n'ai rien pu sçavoir de plus précis. Il est vraisemblable que ces montagnes peuvent receler des veines considérables de cuivre. On en trouve des indices certains dans celles de Levigliani et dans celles de Rosati. Il y en a d'autres à Sainte Marie-Magdelaine sous le chemin qui conduit à Massa, d'autres dans les montagnes de Palatina, et dans celles adjacentes. On en voit aussi plusieurs dans le val di Castello. Enfin on trouve du cuivre dans les flancs de ces montagnes qui regardent le nord, comprises dans l'état ducal de Massa. Martino Poli, Lucquois, de l'Academie des sciences de Paris, fut appellé en 1717, par le duc de Massa et Carrara, pour rechercher les mines de son duché, et découvrit une riche mine de cuivre, une de vitriol verd, et une de vitriol blanc, on ne sçait pas précisément où étoient situées ces mines ; mais il est certain qu'elles servirent à enrichir ce duc, si l'on en croit l'éloge de Poli fait par le secrétaire de l'académie royale, consigné dans l'Histoire de cette académie de l'année 1714.

Voyage de Levigliani a Seravezza.

Je partis de la fabrique du mercure pour retourner à Rosina ; mais je pris un autre chemin plus commode que celui par lequel j'y étois arrivé ; il suit la pente qui est située de l'autre côté du torrent Petrinco, traverse la montagne dans une gorge, et conduit à un village appellé *Retignano*. Je trouvai ensuite d'abord une grande suite de pierre morte, je vis dans un endroit appellé l'*Incontra* une grande pente toute formée de filons d'une espece d'alberese douce, ou pierre à chaux de couleur blanchâtre. Cette alberese n'est cependant pas pure ; mais sa pâte tient un peu du marbre. Ce mêlange s'est fait vraisemblablement quand les filons étoient du limon de mer. C'est l'unique alberese que j'aie observée dans tout le Capitanat de Pietra Santa. Elle est pour cela plus digne des réflexions d'un philosophe, et mérite qu'il s'occupe à rechercher comment au milieu des vastes dépositions de marbre et de pierre morte, l'alberese a pu s'introduire ou plutôt se former dans un endroit isolé pour elle.

Arrivé à Rosina, je passai le fleuve et retournant un peu sur mes pas, du côté du palais de Seravezza appartenant à son Altesse royale, je commençai à monter par le fond d'une gorge de montagne, où se rassemblent les eaux qui s'écoulent de diverses pentes, dans un torrent appellé le canal du *Bottino*, qui se jette dans la riviere de Seravezza. Toute cette partie de la montagne est composée de pierre morte et recouverte de châtaigners, à la réserve de quelques pentes du côté du couchant où l'on voit des souches de chêne apparemment aborigenes du pays.

Les gens occupés à ramasser les châtaignes, me dirent que les arbres qui les produisent sont souvent endommagés par une espece de rosée onctueuse et douce comme le miel, qui, dans les matinées les plus chaudes du printemps et de l'été, se trouve en forme de petites gouttes, sur différentes herbes et particulierement sur les fêves et autres légumes auxquelles elle fait grand tort, parce qu'elle brûle ou fait pourrir les feuilles ou les fleurs sur lesquelles elle se pose ; mais je n'aurois jamais cru qu'elle eût pu être funeste à des arbres aussi grands que les châtaigners.

Je trouvai sur cette route beaucoup de salamandres, qui selon les habitants du pays annoncent la pluie lorsqu'elles se montrent. Il plut effectivement la nuit suivante. Le pere Don *Silvio Boscone* (cabinet de physique, pag. 140) dit que les salamandres prévoyant, lorsqu'il doit pleuvoir, que l'eau en inondant leurs celulles, pourroit les y faire périr, en sortent pour se préserver de ce danger. *Franc. Ern. Brukman* (*epistolâ itinerariâ 58, pag. 7*) met au nombre des raretés de son cabinet : *salamandram formâ ad lacertam accedentem, sed non ita longâ caudâ, capite etiam rotundiore, pedibus à Bufonum pedibus haud diversis, sed crassioribus instructam, quod ad corpus colore atro, flavis pulchrisque maculis et zonis à summo capite ad extremam usque caudam, hac illac sparcis distinctam, ex silvâ hercinia cinià in quâ haec animalcula lentipedia, tempore pluvioso inprimis, in derelictis venarum ferrearum cavernis metallicis, copiose in apricum ex latibulis suis rupium veniunt.*

Celles que je vis ressembloient au lezard commun; mais elles étoient un peu plus grosses et plus rondes, avec la queue plus courte et plus grosse, peu agiles, lentes à se mouvoir, lisses et brillantes comme si elles étoient vernies, ou couvertes d'une couleur jaune citron tachée irrégulierement de noir comme les tortues ; ce qui les rend à peu près semblables à celles que décrit Jonston. *Hist. Nat. de quadrupedibus*, pag. 144. Elles n'ont cependant pas autant de taches noires que celles qu'il représente planche 47. Je ne me souviens pas si nos salamandres correspondent exactement au *Lacerta caudâ tereti, pedibus inermibus, palmis retradactytis, plantis pentadactylis, corpore nudo punctis perforato. Linn. Amphib. Gylleub. num. 17 amaenit. acad. 131*. Je remarquerai cependant que l'illustre Linné comprend sous le même genre, le crocodile, le lezard, la salamandre, le cameléon, &c. et plusieurs autres animaux dont la structure annonce la différence des genres. Par exemple le crocodile, qui remue les deux mâchoires, l'inférieure et la supérieure distincte du crâne avec lequel elle s'articule, me semble bien différent du lezard, de la salamandre et du caméléon dont la mâchoire supérieure ne fait qu'un avec le crâne.

Je quittai Rosina et bientôt j'arrivai sur les bords d'un torrent appellé torrent de Calcaferro, parce qu'il tire ses eaux d'une gorge de montagne sur laquelle est assis un village de même nom; j'eus beaucoup de peine à gravir ces pentes rapides.

Après avoir dépassé le moulin de Pera, j'arrivai aux anciennes mines de vitriol situées au fond de cette horrible vallée. Le long du même torrent on voit des deux côtés d'énormes filons de masses ferrugineuses, c'est-à-dire, d'une pâte, à ce que je jugeai, mêlée d'alberese et de pierre morte jaunâtre. Quelques-unes de ces masses sont d'une pâte plus dense et plus dure, qui approche beaucoup de la nature du jaspe, d'autres plus spongieuses, plus tendres, semées de larges veines de matiere spatheuse et quartzeuse enveloppée et mêlée d'ocre brune et couleur orange. La différence des sucs spatheux ou quartzeux participans à la composition de ces filons, pourroit avoir produit en eux le plus ou moins de dureté. Ils sont tous imprégnés ou enveloppés plus ou moins de veine de fer, que le mêlange de marcassite rend de mauvaise qualité, et que pour cela on doit réduire au genre du Badbrekt. Ces masses en contiennent d'autres d'une espece de marcassite très-pésante, d'un grain très-fin, dense et farineuse, semblable au laiton pour la couleur, mais d'une qualité bien inférieure. Lorsque j'en fis détacher des morceaux avec le poinçon, j'observai qu'elle rongeoit l'acier, car dans peu de temps quatre poinçons furent épointés, comme il arrive souvent dans les masses de pierre alumineuse.

Parmi les échantillons que je pris sur les lieux, j'en trouvai un en forme de marcassite sabloneuse, d'un grain très-fin et très-dense, de couleur cendrée tirante sur le verd, en morceaux assez pesants, d'une matiere vitriolique très-acide, dans quelques-uns, de couleur de souffre ou blanchâtre et pure, et dans d'autres mêlée d'une ocre ou terre jaunâtre et blanchâtre.

L'autre échantillon étoit un morceau de veine de spath blanchâtre taché d'ocre ferrugineuse, orange et noirâtre qui couvre non-seulement les liaisons des cristallisations du spath ; mais encore les pénétre et les déforme, de sorte qu'on en voit rarement les faces et sections triangulaires peu brillantes.

Dans cette veine sont incorporées trois masses, la plus grande desquelles est longue de quatorze lignes, large de neuf, de la veine de vitriol ci dessus mentionné. La superficie extérieure de cette veine de spath est incrustée de vitriol, que les eaux de pluie qui l'ont fondu, y ont fait couler des masses supérieures et qui s'y est coagulé en forme de croute tuberculeuse irréguliere, dont les tubercules sont vuides en dedans. Cette croute est jaunâtre et mêlée d'une pâte poudreuse de pierre décomposée.

La troisiéme est un morceau de la même veine de vitriol, dense et très-pesante, d'un grain très-fin avec quelques parties brillantes de couleur brune tirant sur le verdâtre, dont la base est une espece de pierre morte, avec quelques veines du spath ci-dessus, avec des ondes couleur de rouille dont on voit une croute épaisse à l'extérieur.

La quatriéme est une pierre jaunâtre d'une pâte spatheuse dense et dure, de couleur blanchâtre un peu livide, avec des veines de spath qui offre des facettes quarrées.

Dans cette pierre tachée en plusieurs endroits d'ocre de couleur de rouille, et rougeâtre, est renfermée la veine de vitriol.

La cinquiéme est une concrétion qui contient peu de fer, presque tout en forme d'ocre brune et rougeâtre plus ou moins dure et d'un grand nombre de pyrites de couleur verdâtre à grains très-menus, denses et liés ensemble par un peu de terre cendrée, de maniere que toute la composition paroît une pierre colombine sans aucun brillant. Observée au microscope, on voit dans cette pâte informe une grande quantité de très-petites cristallisations de pyrites couleur de laiton qui présentent des faces luisantes quarrées, pentagones ou triangulaires. Le morceau est couvert extérieurement des ocres ferrugineuses ci-dessus, et on y distingue des reliures minces de quartz blanc taché de couleur de rouille.

On voit que l'excavation étoit autrefois très-considérable et qu'on y travailloit à carriere ouverte en plusieurs endroits. On voit au bas une carriere située auprès et à la gauche du torrent en le remontant ; mais lorsque j'y allai elle étoit presque remplie d'eau tombée les jours précédents. Une autre aussi grande, mais plus haut à la droite du torrent. Toutes les deux laissent appercevoir que les filons sont inclinés , ayant leur extrémité la plus élevée du côté du levant et la plus basse du côté du couchant , et démontrent que la pente de cette montagne a été minée et divisée par le torrent de Calcaferro.

La superficie de ces masses de marcassite exposée aux injures de l'air , étoit toute ecaillée et couverte de couperose ou d'une matiere saline d'un goût très-âcre , ressemblante pour la forme au sel de nitre que jettent au-dehors les murailles de brique dans les endroits humides. Mais le vitriol qui se trouve sur la marcassite en question , est beaucoup plus dense, d'une couleur de souffre en quelques endroits , jaune dans d'autres , et enfin de couleur de cendre , exhalant une odeur de soufre. Les eaux qui coulent en certains temps des flancs supérieurs enlevent une partie de ce vitriol, et pénétrant dans quelques concavités des masses, y déposent les parties salines vitrioliques, qui, lorsque l'eau s'est évaporée, s'attirent réciproquement et forment des cristallisations vertes d'un goût très-acre. Je détachai quelques-unes de ces cristallisations naturelles de vitriol auxquelles je pus atteindre ; j'en emportai quelques-unes entieres à Florence, les autres se liquéfierent à cause de la pluie tombée sur les fragments de pierre dans lesquels je les emportai. Une de ces croutes la mieux conservée, est inégale, remplie de tubercules caverneuses, dont les parois de leurs cavités étoient couverts de très-petites cristallisations cubiques d'un beau verd clair, comme l'émeraude, et présentoient seulement cinq faces quarrées, la plûpart se pénétrant mutuellement, d'une saveur vitriolique, mais foible; ces croutes brillantes et minces, sont posées sur d'autres croutes également minces et fragiles, de matiere terreuse aride de couleur de terre, plus ou moins foncée et quelquefois blanchâtre ; cette cristallisation ressemble beaucoup à quelques autres de la nature de l'agathe, que l'on trouve dans les madrosités du quartz. Le temps a donné à toutes ces cristallisations, une transparence et une couleur blanchâtre nuancée de verd mer. Ce méchanisme très-simple de la nature suffiroit seul pour nous enseigner la maniere de tirer le vitriol de la marcassite, et à dévoiler le secret que des chimistes jaloux gardent mal à propos sur cette opération. On dit dans le pays que MM. Carnesecchi de Florence firent exploiter à leur compte cette mine de Calcaferro ; ils faisoient raffiner le vitriol dans un bâtiment dont on voit les ruines sur le canal *della malina*, vis-à-vis la carriere des marbres de *Stazzemma*. J'observai cet édifice en retournant à Seravezza.

On voit par ses ruines que cet édifice étoit très-considérable ; l'eau y arrivoit par le moyen d'un canal, il y avoit un vaste portique supporté par des pilastres, et parmi les autres logements, on en voyoit dont les murs tachés de rouges, offroient des pierres tachées de cette couleur à leur surface et violettes en dedans. Ce sont peut-être des fragments de la pierre ferrugineuse jaunâtre dont j'ai parlé, détachés avec la veine de vitriol.

On ne sçait pas bien quelle méthode employoient MM. Carnesecchi pour rafiner le vitriol ; mais les réflexions que j'ai faites sur la mine et sur les ruines de la fabrique, les procédés indiqués par les écrivains les plus accrédités, m'ont persuadé qu'ils ne pouvoient employer que les suivants. Ils auront rompu à coups de pic ou fait jouer la mine dans la veine de marcassite, et l'ayant portée à la fabrique l'auront réduite en morceaux plus petits ; ensuite pour en séparer le mêlange de soufre inflammable qui s'y trouve en grande quantité, ils l'auront fait rotir en la mettant à la hauteur de trois coudées dans des fourneaux quarrés d'une médiocre grandeur, sur un lit de charbon et de bois haut d'une palme, et après y avoir mis le feu, ils auront laissé la marcassite brûler d'elle-même pendant un peu de temps, c'est-à-dire, jusqu'à ce que la flamme qui s'échappoit par le haut du fourneau fût de couleur bleue et répandît une odeur de soufre. Ils se seront peut-être servi pour recueillir le soufre qui s'évaporoit, des vases pleins d'eau placés sur des tables auprès du hangard des fourneaux, ensuite ils auront construit des caisses, ou treuils de planches de châtaignier, de hêtre ou de sapin, longs d'environ dix coudées, larges de cinq, avec une ouverture pratiquée dans l'un des bords, à la hauteur d'environ une palme du fond correspondante à une autre caisse placée dessous, mais plus courte et plus étroite que la premiere, quoique plus haute du double ; ils auront mis dans le premier caisson environ la moitié de la veine de vitriol ainsi broyée du poids de quatre mille livres, et auront versé dessus assez d'eau pour l'amollir et la réduire en limon en la remuant et la retournant avec des bois disposés à cet effet ; ainsi incorporée avec l'eau, ils l'auront laissé déposer quelques jours, c'est-à-dire, jusqu'à ce que l'eau fût devenue claire et que la veine restât au fond ; ensuite débouchant l'ouverture pratiquée dans le bord, ils auront laissé tomber l'eau dans le caisson placé dessous. S'il y avoit dans la veine restée dans celui de dessus, quelque résidu de vitriol, ce qui est facile à connoître en la goûtant, ils y auront versé de nouvelle eau, l'auront de nouveau bien remuée et fait couler comme la premiere fois dans le second caillou, puis en ayant tiré l'eau, ils l'auront mise dans des chaudieres de plomb pareilles à celles de Volterra et l'auront fait bouillir jusqu'à ce qu'elle ait pris un peu de couleur et de consistance, alors ils auront jetté dedans du vieux fer, continuant à la faire bouillir et évaporer pendant un assez long espace de temps ; enfin l'ayant ôtée de dessus le feu, ils auront retiré l'eau, l'auront mise dans des vases de bois qu'ils auront placé dans un lieu froid, où le vitriol se sera cristallisé et attaché aux parois du vase laissant au milieu un peu d'eau qu'on aura de nouveau mis bouillir dans la chaudiere. C'est la maniere la plus sure et la plus expéditive de tirer le vitriol de cette espece de matrice et la seule que l'on dût mettre en pratique, lorsqu'on s'avisera de rouvrir les mines de Calcaferro et du val di Castello, ce qui, je crois, seroit très-avantageux pour la Toscane.

Sur les différences des pyrites ou marcassites, comme on les appelle vulgairement, et sur les substances minérales qu'on est jusqu'à présent parvenu à extraire, *V. Martini Rulandi Lexicon Alchemicum et Franc. Ern. Bruckmanni epistola itineraria 43*, et sur la maniere usitée en Angleterre pour tirer le vitriol verd de la matrice pyritique semblable à celle de *Calcaferro*, *Voyez les Transactions philosophiques de la société royale de Londres année 1678*. mém. 14, art. 6, et deux lettres du célébre Gio Arduini, publiées au tom. 3 du Journal d'Italie concernant l'Histoire Naturelle, où l'on trouve encore une méthode pour tirer de l'alun du résidu de ces marcassites, lorsque le vitriol en est extrait.

C'est peut-être de cette fabrique que le Cesalpin a dit : *sunt hodiè qui cremato pyrite chalcantum extrahunt quod ferrum tingit colore aeris*. Enfin on trouve dans les deux endroits dont j'ai parlé une grande quantité d'excellent vitriol dont on pourroit retirer un très-grand avantage.

Je crois qu'après les mines de mercure, les premieres qu'on devroit ouvrir sont celles de vitriol, on rétabliroit le bâtiment à peu de frais ; les logements des ouvriers sont aux *Mulnia* et à *Castello* et on n'y manque ni de bois, ni d'eau ; quelques portions de la marcassite de ces carrieres incorporée dans les masses de la pierre dont j'ai fait mention plus haut, étoient dissoutes à la superficie et décomposées en rouille semblable à celle du fer. Les eaux de pluie entraînoient dehors de longues traces rougeâtres ; cette teinture donnoit à ces masses, l'air d'une mine de fer. On en voit beaucoup ici et à Val di Castello : ce sont vraisemblablement des marcassites différentes de celles qui servent de matrice au vitriol.

La nuit qui s'avançoit ne me permit pas de m'exercer à ma maniere sur les singulieres productions de la nature. Je m'assurai seulement que la pâte de ces filons est un composé de substances très-différentes, comme le quartz, le spath, le fer, le cuivre, le vitriol, le soufre, et vraisemblablement quelques autres que je ne connois pas. Leurs doses et leurs combinaisons diverses, ont sûrement mis de la différence dans la formation des pétrifications ci-dessus décrites. Ces substances étoient originairement des liquides aqueux et comme tels ont pu s'unir ensemble. Que ceux qui prétendent tirer de justes conséquences de l'analogie des choses artificielles avec les naturelles, me disent si aucun procédé chimique peut mêler et coaguler ensemble toutes les especes de métaux ci-dessus dénommées, alors je croirai que la chaleur souterraine a produit le même effet dans les entrailles de la terre ; je crois pour le présent, précisément le contraire.

Voici ce que m'écrivit de Seravezza M. Angersteni au sujet de cette mine de vitriol, le 5 septembre 1751, la carriere de vitriol située aux Mulina sur le canal de Stazzemma, étoit écroulée et presque couverte; il paroît qu'elle étoit très-abondante, la montagne qui la domine contient beaucoup de fer et de marcassite et je crois qu'elle recele encore des mines plus riches.

Il naît parmi ces masses de matiere ferrugineuse et vitriolique un grand nombre de plantes qui paroissent s'y plaire et auxquelles leurs influences minérales ne sont pas nuisibles; cette végétation dément absolument l'assertion que les montagnes qui recelent des mines, sont nues et incapables de nourrir des plantes. Celle de Calcaferro, située au nord et revêtue de halliers et de buissons très-épais, plus ou moins élevés, contient cependant beaucoup de fer.

Incultis urenda filix innascitur agris.

Les semences menues comme la poussiere, sont facilement portées au loin par les vents et ses longues racines qui s'étendent au large et à une très-grande profondeur infectent les terreins de maniere qu'on a bien de la peine à les extirper ; la meilleure maniere de les délivrer de cette plante incommode, est de les bien cultiver, et de suivre les renseignements que donne le célébre François Home, prem. partie, section I. de ses principes sur l'agriculture et la végétation. La grande quantité de fougere qui croît dans nos climats, fait que nous les méprisons comme des herbes inutiles et incommodes, et que nous n'en faisons aucun usage dans la médecine. Cependant plusieurs Auteurs proposent cette plante comme un remede très-efficace, corroborant et apéritif dans diverses maladies, comme le rachitisme, les affections hypocondriaques, et les obstructions de la rate ; la poussiere de sa racine, depuis une jusqu'à trois drachmes, infusée dans l'hidromel ou l'eau salée, tue et extirpe les vers, et l'eau distillée de toute la plante produit le même effet. Le suc mucilagineux de la même racine pilée, guérit les brûlures, et sa poudre cicatrise les plaies invétérées des bestiaux, en la répandant dessus. Le sirop fait avec la décoction substantielle des feuilles, est utile pour le rhume. La cendre de fougere contient beaucoup de sel et est excellente pour faire des lessives et rendre le linge d'une blancheur égale à celle de la neige. En Angleterre on fait une pâte de cette cendre dont on forme des boules qui séchées au soleil, servent de savon ou d'eau de lessive, pour blanchir le linge. Le sel fixe que l'on retire en abondance de la fougere, est excellent pour faire du savon. Ces cendres entrent en certains pays dans la composition du verre à laquelle il donne une couleur verte qui convient parfaitement aux bouteilles et aux vases communs. Antoine Neri (*arte vitrariâ*) enseigne la maniere dont il a fait du sel de fougere pour la composition du cristal. Il dit qu'il faut tailler la fougere quand elle est verte, entre la mi-mai et la fin de juin, et dans le croissant de la lune, parce qu'il prétend que cette plante est parfaite et donne plus de sel qu'en aucun autre temps, qu'il est meilleur, plus fort et plus blanc. Selon lui, lorsqu'on la laisse sécher d'elle-même sur le terrein, elle donne peu de sel d'une qualité médiocre. La fougere coupée, comme je viens de le

dire,

dire, est mise en tas, se seche promptement, brûle avec facilité, et laisse des cendres dont, en suivant le procédé de Neri, chap. 2 et 3, on tire un sel pur et de bonne qualité qui, mêlé avec le quartz et manipulé par le verrier, donne un beau cristal assez fort, plus maniable que le cristal ordinaire, et dont on peut faire des ouvrages très-délicats.

Réflexions sur le Quartz.

J'observai ce jour-là que parmi les filons de pierre morte, il se trouve des veines très-vastes de quartz qui sont incorporées et presque renfermées dans la pâte de la pierre morte, sont évidemment contemporaines et ne se sont pas (comme le prétendent quelques Naturalistes) insinuées dans les fentes de la pierre morte déjà coagulée et même durcie. On voit dans la Versilia plusieurs sortes de ce quartz qui varient suivant les divers mêlanges métalliques ou pierreux dont ils sont composés. J'en ai observé plusieurs, et je dirai seulement que dans une même veine de quartz on voit du *quartzum rupestre hyali-*

nun pellucidum , tinctum , album , diaphanum et subopacum, dont l'illustre Linné fait des espéces différentes du même genre. Je ne trouve réellement pas de caractère distinctif et constant entre ces espéces supposées, et j'ai reconnu qu'elles n'en font qu'une seule altérée par les divers mêlanges qui ont concouru à sa formation. L'inspection de la pâte du quartz démontre clairement cette vérité, cette variété de couleurs étant formée par des nuances sans solution de continuité. Par exemple, dans une grande veine de quartz, la pâte transparente du cristal de montagne appellée par Linné *quartzum aqueum* ou *aquei coloris*, ou *byalinun pellucidum*, devient, dans le fond, nébuleuse, blanchit graduellement, prend tout-à-fait la couleur blanche qui se charge successivement de jaune, de couleur orange, de noir, &c. sans cesser pour cela d'appartenir à la même veine de quartz. Vouloir faire de toutes ces nuances autant d'espéces, ce seroit vouloir compter pour autant d'espéces différentes de marbre, toutes les taches et les veines d'un mixte. Linné dit encore du quartz transparent : *natum ex aquâ in rupibus detentâ , parasiticum semper fuit , licet saepè dispersum ;* et du quartz blanc : *natum ex aquâ cum atomis calcariis ;* et enfin de celui qui est de plusieurs couleurs : *natum ex quartzo hyalino à metallo tinctum.* Je crois pouvoir dire que si l'illustre auteur entend par l'eau le véhicule aqueux dans lequel étoit noyée la matière quartzeuse , sa proposition est vraie , et dans ce sens on pourroit dire de l'alun : *natum ex aquâ in cupis detentâ ;* mais autrement il faudroit supposer la préexistence de la matière quartzeuse dans l'eau , pour que le quartz se coagulât , puisque l'eau seule , si elle ne contenoit pas de sel alumineux , n'en déposeroit pas aux parois des vases. La couleur transparente semble être la plus naturelle de cette pierre , et dépend de la plus grande homogénité de la pâte quartzeuse.

J'ai dit mon sentiment dans plusieurs endroits de cet ouvrage , sur la nature du quartz et du cristal de montagne. Les réflexions que j'ai faites , n'ont servi qu'à m'assurer que le cristal de montagne , le quartz , le jaspe , la cornaline , &c. sont absolument la même chose , et que ces pierres ne diffèrent entre elles que par le plus ou le moins d'expansion des aiguilles cristallines et les mélanges divers des substances hétérogènes.

La nature, selon moi, n'a formé que le seul liquide quartzeux, qui diversement mêlé et modifié, paroît à nos yeux sous les formes ci-dessus. Le célèbre Linné réduit ces différentes formes de quartz non-seulement en genres séparés, mais encore en différentes classes. Cependant leur analogie, leur identité même sont frappantes. Il est vrai que le quartz tendant de sa nature à former des aiguilles de cristal, et n'ayant pu les perfectionner à cause du peu d'espace du lieu, est composé le plus souvent d'embrions de ces aiguilles, c'est-à-dire, de petites lames anguleuses et brisées, et qui, parce qu'elles ne sont pas liées étroitement l'une avec l'autre, se rompent avec facilité suivant la direction de leurs dés, qui sont des embrions d'aiguilles cristallines, sans pointes et serrés les uns contre les autres.

Lorsque les aiguilles de cristal sont parvennes à leur perfection, et que leurs éléments sont étroitement unis ensemble, sans séparations de matières hétérogènes, elles ne se rompent pas en fragmens anguleux ou seulement aigus, mais en morceaux concaves d'un côté et convexes de l'autre. Cette particularité est commune à toutes les productions du quartz ; de sorte que la différence caractéristique de ces productions, selon le sign. Linné, se réduiroit à la seule transparence des fragments et à la figure des aiguilles de cristal ou nitre. Quant à la transparence, il paroît en faire peu de cas dans ses notes génériques, puisqu'il comprend le quartz opaque. Et quant à la forme de colonne prismatico-exaëdre, terminée en pyramide hexagone, je crois avoir démontré en plusieurs endroits que c'est la véritable et la naturelle de toutes les productions du quartz, à cette différence près, qu'elles n'ont pas pu toujours la prendre à cause de plusieurs mêlanges hétérogènes. Le célèbre Linné est le premier et le seul qui ait réduit en systême le régne minéral. C'est conséquemment le seul que l'on doive consulter dans ces espéces de recherches. Cette entreprise fut d'autant plus glorieuse pour lui, qu'il eut de grandes difficultés à surmonter. Il ne faut donc pas s'étonner qu'il n'ait pas déterminé d'une manière bien satisfaisante les caractères de quelques fossiles. Je dis cela pour qu'on ne croye pas qu'en indiquant les legers défauts de son systême, j'en aye moins d'estime pour les talents de ce grand homme que j'ai toujours fait profession d'honorer. Plusieurs Naturalistes ont dit qu'il n'y avoit pas de différence substantielle et générique entre le quartz et le cristal de montagne, mais qu'elle étoit seulement accidentelle et causée par les mêlanges hétérogènes et les obstacles latéraux.

Le célébre *Antonio Neri*, auteur de l'art du vitrier, donne le nom de tarse au quartz, et dit que le tarse se trouve en Toscane au pied de la *Verrucola* de Pise, à Seravezza, à *Massa di Carrara*, dans le fleuve Arno au dessus et au dessous de Florence. Cela est très-vrai. On en tire beaucoup dans le Capitanat de *Pietra-Santa*, non-seulement dans les lieux que j'ai indiqués, mais encore dans la vallée du Cardoso. C'est un des principaux ingrédients de la pâte du verre du cristal factice et de la porcelaine, il est un équivalent du petuntsé des Chinois, et si l'on ouvroit dans ce pays une mine de métaux, on l'employeroit utilement pour en faciliter la fusion.

Fin du tome second et dernier.

www.ingramcontent.com/pod-product-compliance
Lightning Source LLC
LaVergne TN
LVHW010122230826
846091LV00001BA/122
* 9 7 8 2 3 2 9 3 7 0 0 9 5 *